21世纪高等学校规划教材 | 计算机科学与技术

路由交换技术与实验

熊金波 刘西蒙 编著

清华大学出版社
北京

内容简介

本书以校园网建设项目为背景，以校园网的主体拓扑结构作为研究学习对象，以路由与交换技术为核心，系统地阐述了路由技术、交换技术、局域网管理各知识点的基本需求、工作原理、实例配置方法、排错方法及实战演练项目。

本书内容实用性强，逻辑结构清晰，表达通俗易懂，适合高等院校计算机科学与技术、网络工程、物联网工程等相关专业的本科学生使用，还可作为相关学科的工程技术人员和研究人员的参考用书。

图书在版编目(CIP)数据

路由交换技术与实验/熊金波，刘西蒙编著. —北京：清华大学出版社，2020.4 (2022.12重印)
21世纪高等学校规划教材・计算机科学与技术
ISBN 978-7-302-54835-5

Ⅰ. ①路… Ⅱ. ①熊… ②刘… Ⅲ. ①计算机网络－路由选择－高等学校－教材 ②计算机网络－信息交换机－高等学校－教材 Ⅳ. ①TN915.05

中国版本图书馆 CIP 数据核字(2020)第 017642 号

责任编辑：刘向威
封面设计：傅瑞学
责任校对：焦丽丽
责任印制：宋 林

出版发行：清华大学出版社
网 址：http://www.tup.com.cn，http://www.wqbook.com
地 址：北京清华大学学研大厦 A 座 **邮 编**：100084
社 总 机：010-83470000 **邮 购**：010-62786544
投稿与读者服务：010-62776969，c-service@tup.tsinghua.edu.cn
质量反馈：010-62772015，zhiliang@tup.tsinghua.edu.cn
课件下载：http://www.tup.com.cn，010-83470236
印 装 者：三河市龙大印装有限公司
经 销：全国新华书店
开 本：185mm×260mm **印 张**：18 **字 数**：435 千字
版 次：2020 年 4 月第 1 版 **印 次**：2022 年12月第3次印刷
印 数：2501～2800
定 价：49.00 元

产品编号：083670-01

前言

信息技术的演进与发展和社会的变革与进步交织交融，相互促进。计算机网络技术是信息技术的核心，大规模集成电路、数据库、操作系统等技术的快速发展推动网络技术不断变革、螺旋式发展，先后经历单机/局域网、城域网/广域网、互联网/移动互联网、云计算/物联网等发展阶段，并逐步进入到万物互联/智慧互通时代。伴随通信技术、信息技术的持续发展和广泛应用，已经形成包含移动互联网、云计算、物联网、大数据等相互交织的普适网络环境。在这种网络环境下，催生出新的信息传播方式和信息服务模式，深刻改变着人们的学习、生活和工作方式。

在这种背景下，位于服务器中的数据如何才能有效传递到网络边缘的用户终端为用户提供更好的服务呢？就像人身体中血液由心脏通过不同的脏器和血管到达全身一样，数据包从服务器出发也要经过许多不同的网络设备和链路最终到达用户终端。那么，数据包如何在不同的网络设备和链路上进行传递、转发呢？这就需要网络管理员制定一系列转发规则，大家都遵守这些规则，即网络协议，包括子网间的路由协议和子网内的交换协议。因此，路由与交换技术是计算机网络相关技术的核心和基础，读者掌握这门技术对于后续课程的学习具有重要意义。

本书共 12 章，主要内容如下：

第 1 章为计算机网络基础。站在计算机网络演变与发展的角度，系统总结了计算机网络的历史与发展趋势，然后从计算机网络的 OSI 参考模型和 TCP/IP 参考模型两个方面总结了计算机网络的体系结构；随后介绍了几种常见的计算机网络典型协议；在此基础上，详细介绍了 IP 地址的表示与子网划分方法，最后给出本书常用网络命令与工具的使用方法。

第 2 章为校园网项目设计与子项目分解。针对校园网项目规划与设计，从网络平台、功能与性能、硬件选配、软件集成、综合布线和网络管理等方面全面分析了校园网建设项目的需求；然后从核心层、汇聚层、接入层三个层面介绍校园网拓扑结构的设计方法；最后从路由、交换、安全和出口等方面对校园网网络建设项目进行子项目分解，以适应本书的内容安排。

第 3 章为思科网络设备与操作系统。思科网络设备主要指路由器和交换机，其操作系统均为 Cisco IOS；本章首先介绍这两种网络设备的外观、接口编码规则；然后给出 Cisco IOS 的基本操作与配置方法，包括各种模式的切换、命令提示与缩写、各类快捷键的使用、接口的配置方法等；最后介绍 Cisco 发现协议的配置和验证方法，通过该协议可以构建网络拓扑结构。

第 4 章为路由选择原理与静态路由协议。本章开始路由协议部分的介绍，首先阐述为什么需要路由，然后介绍路由选择原理和数据转发原理，以及路由表的结构与查表原则，再从不同角度分析路由协议的分类方法；在此基础上，介绍静态路由协议、默认路由协议、浮动静态路由协议的原理与配置方法，最后介绍排错技巧和实战演练项目。

第 5 章为路由信息协议与配置方法。首先阐述为什么需要路由信息协议(RIP)，并介绍距离矢量路由协议的原理、路由环路问题及解决办法，然后从 RIP 计时器、路由表条目、两种版本、认证、汇总、更新等方面介绍 RIP 协议的原理；接着介绍 RIP 的配置与测试方法，RIP 手动汇总以及 RIP 的认证与更新的配置方法，最后给出实战演练项目。

第 6 章为增强型内部网关路由协议与配置方法。首先阐述为什么需要增强型内部网关路由协议(EIGRP)，然后介绍 EIGRP 工作原理、主要特征、三个表、数据分组类型、命令语法和协议总结；接着通过实例介绍 EIGRP 协议的配置与测试方法，最后给出实战演练项目。

第 7 章为开放式最短路径优先协议与配置方法。首先阐述为什么需要开放式最短路径优先协议(OSPF)，然后从 OSPF 特性、数据包类型、网络类型、区域、路由器类型、链路状态类型、认证、汇总等方面系统介绍 OSPF 协议工作原理；接着从点对点网络和广播网络两方面介绍单区域 OSPF 协议配置方法；从简单口令认证和 MD5 认证两方面介绍 OSPF 认证方法，还介绍了不连续区域的多区域 OSPF 配置方法，最后给出实战演练项目。

第 8 章为交换技术与交换机配置方法。首先阐述在有路由的前提下为什么需要交换，然后介绍交换原理与交换机的功能，接着介绍交换网络中的冗余环路问题及解决方法，生成树协议的工作原理与端口状态；在此基础上，介绍交换机的基本配置方法和排错思路，最后给出实战演练项目。

第 9 章为 VLAN、Trunk、VTP 协议与配置方法。首先阐述为什么需要 VLAN、Trunk、VTP 协议，然后从 VLAN 实现方法、成员模式、标识方法等方面介绍 VLAN 原理与配置方法；从 Trunk 概念、应用、实现方式等方面介绍 Trunk 原理与配置方法，从 VTP 模式、工作原理等方面介绍 VTP 协议的原理与配置方法，最后给出实战演练项目。

第 10 章为 VLAN 间路由与配置方法。首先阐述为什么需要 VLAN 间路由，然后介绍 VLAN 间路由的物理和逻辑实现方法，子接口与单臂路由的工作原理，以及单臂路由的配置与排错方法；接着介绍交换虚拟接口和三层交换原理，以及三层交换实现 VLAN 的配置与排错方法；最后给出实战演练项目。

第 11 章为访问控制列表与配置方法。首先阐述为什么需要访问控制列表(ACL)，然后介绍 ACL 的工作原理、使用原则、类型和注意事项；接着介绍标准 ACL 的原理和配置方法、扩展 ACL 的原理和配置方法；最后给出实战演练项目。

第 12 章为网络地址转换与配置方法。首先阐述为什么需要网络地址转换(NAT)，然后介绍静态 NAT 原理与配置方法，动态 NAT 原理与配置方法，以及端口复用 PAT 原理与配置方法；接着通过四个具体的项目进行 NAT 典型应用分析，最后给出实战演练项目。

为了方便读者在无真机的情况下进行学习和实践，本书最后给出一个附录，Cisco 实验模拟器安装与使用。详细介绍 Cisco Packet Tracer 的安装步骤与使用方法，以方便初学者进行模拟实验；然后系统介绍功能全面的 EVE-NG 的安装步骤与使用方法，近似模拟真机环境，以方便读者完成本书所有实验内容。

本书内容系统性强，逻辑结构清晰，理论知识简洁，紧紧围绕校园网建设项目，以校园网的主体拓扑结构作为研究学习对象。面向校园网的实际建设需求，从主体拓扑结构延伸出路由技术、交换技术、局域网管理三大子项目，每个子项目包含多个协议知识点，这些知识点独立成章。因此，本书既具有很强的整体性，各章又具有相对独立性，各章知识点和校园网整体项目紧密结合、融会贯通，充分突出所学知识点的实用性。每章的编写也极具特色，首先以知识点之问开篇，以实际应用需求为背景阐述为什么需要学习该知识点，然后以基本概念、工作原理、实例配置方法、排错方法，以及实战演练等内容为核心主线贯穿每一章，让读者以清晰的步骤了解每个知识点"为什么、是什么、怎么做、何总结"。通过本书知识点的介绍，结合实验室真机或模拟软件的实验操作，让读者充分理论联系实际，既建立校园网整体全局观，又掌握每个知识点在实际应用中的配置与分析方法，全面提升读者的实践动手能力。

本书主要由熊金波教授、刘西蒙研究员完成，是熊金波教授团队多年来在本科课堂教学方面的思考与总结。除封面署名作者以外，本书作者还有姚志强、叶阿勇、林晖、金彪、宋考、左瑞娟、赖会霞。在本书编写过程中得到王嘉凡、张家久、陈前昕、陈卓林、陈秀华、王燕霞、陈剑强、吴晓华等学生的协助，他们做了大量细致的工作，在此表示衷心感谢！本书部分内容参考网络资料，对原作者表示衷心感谢！最后感谢清华大学出版社的大力支持，对为本书出版的所有相关人员的辛勤工作表示衷心感谢。

本书的出版得到福建省本科高校教育教学改革研究项目《结合"六卓越一拔尖计划"2.0版推进本科人才培养改革创新研究》(FBJG20180279)的支持和资助。

本书阐述的是作者对于路由交换技术与实验的观点，由于作者水平有限，书中难免有不妥之处，敬请各位读者赐教与指正。

熊金波

中国·福州

2019年10月

目录

第1章 计算机网络基础

计算机网络改变了我们认知世界的方式，尤其是移动互联网的发展和广泛应用，成就了现代年轻人全新的生活方式，与我们的学习和生活息息相关，可以说我们每天的生活都离不开计算机网络，离不开移动互联网。本书的读者都已经学习过计算机网络这门课了，本章对计算机网络技术的核心基础知识进行系统的归纳总结，包括计算机网络的发展历史、体系结构、典型协议、IP地址与子网划分、地址解析协议，介绍常用的网络命令与工具的使用。上述概念是后续学习和实践网络协议的基础。

1.1 计算机网络发展历史与趋势

谈到计算机网络，我们都不陌生。先后经历单机/局域网、城域网/广域网、互联网/移动互联网、云计算/物联网等发展阶段，并逐步进入万物互联/智慧互通时代。下面简要概述各个发展阶段的历程和主要特征。

1.1.1 单机/局域网时代

1946年，美国生产了第一台全自动电子数字积分计算机"埃尼阿克"(ENIAC)，开启了人类使用计算机的历史新纪元。此后，计算机的研究与使用得到迅速发展，先后经历了电子管数字计算机、晶体管数字计算机、集成电路数字计算机、大规模集成电路数字计算机四个阶段。

最早的计算机网络可以追溯到1967年由美国国防部高级研究计划署(ARPA)信息处理处长Lawrence Roberts领衔开发的ARPAnet，最初由美国的加州大学洛杉矶分校(UCLA)、斯坦福研究院(SRI)、加州大学圣巴巴拉分校(UCSB)和犹他大学(UTAH)共4个节点构成，是世界上最早的分组交换网络，是现代局域网(LAN)的雏形。然而，该网无法连接个人计算机。1969年，ARPA赞助夏威夷大学Norman Abramson教授研发实验性分组无线网络，于1971年成功建立ALOHAnet，实现将个人计算机组成局域网。1973年，Bob Metcalfe对ALOHAnet的随机访问广播介质机制和包冲突重传机制进行优化，编写了以太网备忘录，ALOHAnet后来改名为以太网(Ethernet)，实施局域网包交换协议。同年，Vint Cerf和Bob Kahn开始思考如何将不同协议的ARPAnet、ALOHAnet和卫星网络SATnet进行连接，后来创造出TCP/IP协议。1976年，Bob Metcalfe和David Boggs共同发表了《以太网：局域计算机网络的分布式包交换技术》的文章，以太网技术正式发表。随后，Bob Metcalfe研究团队于1977年底开发出带冲突检测的载波监听多路访问协议

(CSMA/CD),使以太网相关理论与技术被学术界和工业界广泛接受并走向标准化。

随着交换技术的发展和高速交换机的诞生,交换式以太网、快速以太网、千兆/万兆以太网、全光纤网等高速、超高速网络技术得到快速发展与应用,局域网蓬勃发展,不仅能够通过交换机连接不同的计算机和服务器实现资源共享、文件管理等简单功能,还能够通过不同的线缆将大量的网络设备、各类终端和服务器等互联成一个整体,组成如学校校园网、高新区园区网等大型现代化高速局域网,为人们提供便捷的网络服务。

1.1.2 城域网/广域网

随着局域网互联和数据新业务的快速发展,一种主要面向企业用户的、最大可覆盖城市及其郊区范围的城域网络(Metropolitan Area Network)诞生。城域网支持多种通信协议,采用具有有源交换元件的局域网技术,并以较小的传输时延、100Mb/s 以上的传输速率为多元化的业务类型提供网络保障。城域网络分为 3 个层次:核心层、汇聚层和接入层。核心层主要提供高带宽的业务承载和传输,完成和已有网络的互联互通;汇聚层主要完成用户业务数据的汇聚和分发处理,以及业务的服务等级分类;接入层则利用多种接入技术进行宽带和业务的分配,实现业务的复用和传输。

技术的发展和需求的增加促进了业务种类不断推陈出新。从传统的语音服务到图像和视频服务,从基础的视听服务到各种各样的增值服务,从 64kb/s 的基础服务到 2.5Gb/s、10Gb/s 的租线服务,多元化的服务类型满足不同的服务需求。然而,每种类型的服务要求的服务等级不同,安全保护级别也不同,对城域网的综合接入和处理也提出了较高的要求。宽带城域网是城域网的典型应用,其以 IP 和 ATM 电信技术为基础,以光纤作为传输介质,支持数据传输、语音视频等多元化的服务应用。宽带城域网的出现给我们的生活带来了许多便利,高速上网、视频通话、网络电视、远程会议、远程监控、交易系统等这些我们频繁使用的各种互联网应用,正是得益于城域网的快速发展。随着互联网业务及各种增值业务的不断发展,城域网要求的带宽也越来越宽,因此分组化网络逐渐成为业务发展的趋势。

为了实现不同地区的局域网或城域网的互联互通,达到资源更广泛共享的目的,广泛分布的局域网之间通过公用分组交换、卫星通信和无线分组交换等技术进行相互连通,进而形成了广域网(Wide Area Network,WAN)。广域网的覆盖范围较大,一般可以从几千千米至几万千米,不仅实现跨地理区域的多中心、多分支机构和移动接入用户的广域互联,并且支持多个地区、国家之间远距离通信,形成国际性互联网。广域网的重要组成部分是通信子网,包括公用电话交换网络(PSTN)、数字数据网(DDN)、分组交换数据网(X.25)、帧中继(Frame Relay)、综合业务数据网(ISDN)和交换多兆位数据服务(SMDS)等。

1.1.3 互联网/移动互联网

1984 年 12 月,思科系统公司在美国成立,1986 年 3 月,思科通过向犹他大学提供创新的第一款路由产品 AGS(先进网关服务器),确立了网络通信行业和互联网的发展方向。1993 年,世界上出现一个由 1000 台思科路由器连成的庞大互联网络,互联网从此进入快速发展时期。

互联网是网络与网络之间所串联而成的庞大网络,这些网络以一组通用的协议实现互联，汇总与分享全球的信息资源，进而形成巨大的国际网络。20 世纪 90 年代，各种 Internet 服务提供商(Internet Service Provider，ISP)的涌现极大地推进了 Internet 的普及和发展。用户可以通过 ISP 接入互联网，享受电子邮件、消息互发、数据检索等 Internet 应用带来的服务体验与便利。同时，互联网的快速发展也促进了应用服务的多元化发展。因此，互联网的出现极大地促进了国家的经济发展。

移动互联网是移动通信网络与互联网相互结合的产物，使得移动智能终端能够通过无线网络对互联网进行访问，进而极大改变了人们的生活方式与工作模式。从 20 世纪 80 年代中期开始，移动通信技术的发展先后经历了 2G、2.5G、3G、4G 等阶段，现在已经进入 5G 阶段。

2G 是第二代移动通信技术的简称，以数字语音通信技术为核心，其主要业务功能是个人通话和短信互发。在 2G 时代迈向 3G 时代的发展历程中，2.5G 的出现使得用户能够通过高速无线 IP 和 X.25 分组数据接入服务访问数据网络，典型代表为通用分组无线服务技术(General Packet Radio Service，GPRS)。

3G 是指第三代移动通信技术，它不仅支持语音通话、短信息，而且提供网页浏览、电话会议、电子商务等多种信息服务，在第二代移动通信技术的基础上，3G 以宽带 CDMA 技术为主，支持高速数据传输和宽带多媒体服务，其主要标准有欧洲的 WCDMA(Wideband Code Division Multiple Access)、美国的 CDMA2000(Code Division Multiple Access 2000)和我国具有自主知识产权的 TD-SCDMA(Time Division-Synchronous Code Division Multiple Access)。从 3G 时代开始，移动互联网成为发展趋势。

4G 是指第四代移动通信技术，核心技术包括 TD-LTE 和 FDD-LTE 两种制式。4G 能够以 100Mb/s 以上的速度快速传输和下载数据、音视频和图像等信息资源，几乎能够满足所有用户对于无线服务的日常需求。随着 4G 的快速发展，移动互联网成为发展主流。

5G 是指第五代移动通信技术，其峰值理论传输速度可达 10Gb/s。随着 5G 技术的诞生，用智能终端分享 3D 电影以及超高清音视频的时代已向我们走来。目前，中国联通、中国移动、中国电信三大运营商已在全国几十个城市展开 5G 试点工作。2019 年 6 月 6 日，我国工业和信息化部正式向中国电信、中国移动、中国联通、中国广电发放 5G 商用牌照。我国正式进入 5G 商用元年。

1.1.4 云计算/物联网

公认的云计算先驱可追溯到 1999 年 Saleforce.com 公司推出的客户关系管理系统(Customer Relationship Management)。在 21 世纪的第一个 10 年内，Amazon 相继推出 Amazon Web Services 云计算平台、简单存储服务(Simple Storage Service，S3)和弹性计算云(Elastic Compute Cloud，EC2)等云服务。随着虚拟现实技术、SOA、SaaS 应用的快速发展，云计算作为一种新兴的资源使用和交互模式掀起了第三次 IT 浪潮。

从云计算概念的提出到现在，云计算的发展主要分为四个阶段：电厂模式阶段、效应计算阶段、网格计算阶段和云计算阶段。

(1) 电厂模式阶段。电厂模式利用电厂的规模效应，沿用降低电力价格的方式，将大量分散资源集中在一起，进行规模化管理以降低成本，方便用户使用。

(2) 效应计算阶段。效应计算的概念由人工智能之父麦肯锡于 1961 年首次提出，其思想核心为电厂模式。通过集中管理分散的服务器、存储系统以及应用程序等资源，用户可根据按需索取和计量付费的方式进行资源共享。受限于 IT 技术的不成熟，效应计算未能充分发挥价值。

(3) 网格计算阶段。网格计算的核心思想是通过将庞大的计算问题以拆分的方式，分割成许多小部分，进而分配给一些低性能的计算机进行处理。由于网格计算在商业模式、技术和安全性方面的不足，使其未能在工程界和商业界占领一席之位。

(4) 云计算阶段。云计算的核心与效用计算和网格计算十分相似，同样以资源共享、降低成本为目标，使得用户像使用电力那样方便地获取共享资源。随着需求规模的扩展、技术处理的提高，云计算进入迅猛发展时期。

从 1999 年美国 Auto-ID 首次提出“物联网”的理念到 2005 年国际电信联盟(International Telecommunication Union，ITU)发布《ITU 互联网报告 2005：物联网》白皮书，物联网以“物物相连的互联网”成为新一代信息技术的重要组成部分。

物联网在互联网基础上进行延伸和扩展，让所有能独立行使功能的普通物体之间实现互联互通。物联网通过 NFC、二维码、RFID 等技术进行对象信息标识，并借助云计算平台和传感器网络实现对象智能控制。随着物联网技术的不断发展和市场规模的不断扩大，已经成为全球各国的技术及产业创新的重要战略。物联网借助先进的信息处理技术，结合云计算、移动互联网等资源，实现在更大的范围内解决信息孤岛问题。目前，物联网已广泛应用于智能交通、公共安全、环境监测、智能医疗、工业监控等领域，极大程度上推动全球经济发展，改变社会生活方式。

1.2 计算机网络体系结构

计算机网络体系结构可以定义为计算机网络层次模型和各层次协议的集合，同一层中的协议根据该层所要实现的功能来确定。通常所说的计算机网络体系结构，即在世界范围内统一协议，制定软件标准和硬件标准，并通过精确定义计算机网络及其部件所应完成的功能，实现各个计算机在相同的功能方面进行信息对接。常见的计算机网络体系结构主要有 OSI 参考模型和 TCP/IP 参考模型。

1.2.1 OSI 参考模型

OSI(Open System Interconnection，开放式系统互联)参考模型是由国际标准化组织制定的网络模型，该模型将网络通信的工作划分为七层，自下而上分别是：物理层、数据链路层、网络层、传输层、会话层、表示层以及应用层。

(1) 物理层：物理层的主要功能是完成相邻节点间的比特流传输。这一层的主要设备有中继器(Repeater)、集线器(Hub)等。

(2) 数据链路层：数据链路层的主要功能是在不可靠的物理线路上进行可靠传输。为了确保数据可靠传输，发送方将数据封装成帧(Frame)，并按顺序发送；接收方根据发送方传输的帧重新整合数据，帧是数据链路层的数据基本单元。这一层的主要设备有网络接口卡(Network Interface Card，NIC)、网桥(Bridge)、交换机(Switch)等。

(3) 网络层：网络层的主要功能是完成网络主机间的报文传输。这一层的主要设备有路由器(Router)等。

(4) 传输层：传输层实现两个用户进程间端到端的可靠通信，该层的主要功能是提供建立、维护和拆除传输层连接，向网络层提供适当的服务，向会话层提供独立于网络层的传送服务和可靠透明的数据传输。

(5) 会话层：会话层让不同机器上的用户间建立会话关系。该层的主要功能是管理会话控制。

(6) 表示层：表示层完成数据压缩或解压、数据加密或解密等工作。

(7) 应用层：应用层包含大量应用协议，方便为用户提供通信和服务，如超文本传输协议(HTTP)、文件传输协议(FTP)、简单邮件传输协议(SMTP)等。

在OSI网络体系结构中，除了物理层之外，网络中的数据以上下垂直的方式进行传输。数据由用户发送进程发送给应用层，向下经表示层、会话层等到达发送端物理层，再借助传输介质到达接收端，由接收端物理层接收，向上经数据链路层、传输层等到达应用层，再由用户获取。同一节点内相邻层次之间通过接口通信，不同的节点的相同层次之间的通信由该层的协议进行管理。

1.2.2　TCP/IP参考模型

TCP/IP参考模型是最早的计算机网络ARPAnet和其后继的因特网实际使用的参考模型。它的出现早于OSI七层模型，是目前使用最广泛的模型，原因众多，例如灵活的编址方案、适用于大多数操作系统和平台、具有许多工具和实用程序，以及需使用它来连接Internet。

(1) 网络接口层：与OSI七层模型的物理层和数据链路层相对应，包含各种与物理介质相关的协议，如ARP(地址解析协议)就运行在此层。

(2) 网际层：与OSI七层模型的网络层相对应，主要负责主机之间的通信和路由选择，该层有三个主要协议：IP、IGMP(互联网组管理协议)和ICMP(互联网控制报文协议)。

(3) 传输层：与OSI七层模型的传输层相对应，它指定了控制网际层的协议，为应用层提供端到端的通信功能，TCP协议与UDP协议均运行在该层。

(4) 应用层：与OSI七层模型的会话层、表示层、应用层相对应，主要为用户提供各种应用服务，例如FTP、SNMP、DNS、WWW等。

整体而言，OSI七层模型以数据流为视角定义层次，每层分得很清楚，功能清晰不交叉，典型的教科书式的结构，非常适合学生学习和认识计算机网络。在OSI七层模型中，下层为上层提供服务，上层以下层作为支撑，该模型理论上定义的非常完美，但十分复杂，在实际网络和系统中难以实现。因此，实际计算机网络仍然采用面向应用的TCP/IP参考模型，该模型以网络和协议为视角，便于网络的构建与协议的传输，得到广泛应用，成为主流的体系结构。

1.3　计算机网络典型协议

计算机网络协议是为完成计算机网络通信而制定的规则、约定和标准。在网络模型的不同层次中，不同的网络协议发挥着不同的作用，共同为用户提供所需的各种服务。下面将重点介绍计算机网络中的几种典型协议：ARP、DNS、ICMP、DHCP、FTP、Telnet 和 TFTP。

1.3.1 ARP

ARP(Address Resolution Protocol，地址解析协议)位于 TCP/IP 协议栈中的网络层，负责实现从 IP 地址到 MAC 地址的映射，即询问目标 IP 对应的 MAC 地址。在 OSI 七层模型中，数据经历从上至下的封装发送，到从下至上的解包接收的过程，上层(网络层)所关心的是 IP 地址，而下层(物理层)关心的则是 MAC 地址。因此，需要 ARP 协议对 IP 地址和 MAC 地址进行映射。ARP 协议的基本功能就是通过目标设备的 IP 地址，查询目标设备的 MAC 地址，以保证通信能够正常进行。基于功能来考虑，ARP 是链路层协议，基于分层/包封装来考虑，ARP 是网络层协议。

结合图 1-1，对 ARP 的 4 种经典情况进行详细分析。

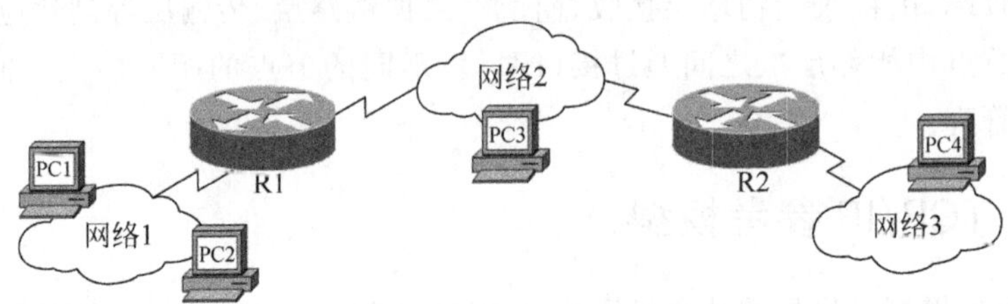

图 1-1 ARP 应用分析

(1) 发送方是主机(如 PC1)，要把 IP 数据包发送到同一个网络上的另一台主机(如 PC2)，这时 PC1 发送 ARP 请求分组(在网络 1 上广播)，找到目的主机 PC2 的硬件 MAC 地址。

(2) 发送方是主机(如 PC1)，要把 IP 数据包发送到远端另一个网络上的一台主机(如 PC3 或 PC4)。这时 PC1 发送 ARP 请求分组(在网络 1 上广播)，找到网络 1 上的一台路由器 R1 的 MAC 地址，剩下的路由工作由路由器 R1 来完成。

(3) 发送方是路由器(如 R1)，要把 IP 数据包转发到与 R1 连接在同一个网络(网络 2)上的主机(如 PC3)。这时 R1 发送 ARP 请求分组(在网络 2 上广播)，找到目的主机 PC3 的 MAC 地址。

(4) 发送方是路由器(如 R1)，要把 IP 数据包转发到网络 3 上的一台主机(如 PC4)，PC4 与 R1 不在同一个网络上，这时 R1 发送 ARP 请求分组(在网络 2 上广播)，找到连接在网络 2 上的一台路由器 R2 的 MAC 地址，剩下的路由工作由这台路由器 R2 来完成。

在本书实验中，上述 4 种情况都会发生，常见的是使用路由协议转发数据包时，在找到下一跳路由之后，在重新封装数据帧时需要用到 ARP 协议获取下一跳路由接口的 MAC 地址，以完成数据帧的实际转发工作。

1.3.2 DNS

DNS(Domain Name System，域名系统)是万维网上域名和 IP 地址相互映射的一个分布式数据库，使用户更方便地访问互联网，而不用去记住能够被机器直接识别和读取的 IP

地址。通过域名,DNS能够快速将域名映射到对应的IP地址上,该过程叫作域名解析(或主机名解析)。DNS协议运行在UDP协议之上,使用端口号53。RFC文档中的RFC 2181对DNS有规范说明,RFC 2136对DNS的动态更新进行说明,RFC 2308对DNS查询的反向缓存进行说明。

在本书实验中,路由器均会自动开启DNS解析服务。除了域名解析外,DNS还有另外一种功能,即管理员在当前配置文件中输入错误命令时,路由器将把它当作域名地址来处理,并持续解析该错误地址,这个过程需要消耗较长时间。为了避免上述情况发生,可以在当前配置文件的全局配置模式下采用no ip domain-lookup命令关闭该解析服务。此外,如果连接上互联网,可以直接ping域名地址来实现DNS解析;或者在路由器或交换机上使用扩展ACL来阻止部分子网或主机访问DNS服务器来阻断其解析服务。

1.3.3 ICMP

ICMP(Internet Control Message Protocol,互联网控制消息协议)是一种面向无连接的协议,用于在IP主机、交换机、路由器之间传递网络出错报告的控制消息。这些控制消息是指计算机网络是否连通、主机是否可达目的网络、路由是否可用等能够反映网络本身连通性的消息;它们并不传输用户所产生的数据,但是对于用户数据在网络中的传递控制起着重要的作用。此外,它们对于网络安全具有极其重要的意义。

ICMP是TCP/IP协议族的一个子协议,主要用于计算机网络中的主机与路由器之间传递控制信息,包括报告错误、交换受限控制和状态信息等。当遇到IP数据无法访问目的子网、IP路由器无法按当前的传输速率转发数据包等情况时,路由器会自动发送ICMP报文给主机,告知主机数据包的转发情况。ICMP报文有两种类型:ICMP差错报告报文和ICMP询问报文。其中,ICMP差错报告报文分为五种:目的网络不可达、源点抑制、时间超时(目的可达但无回程路由)、参数问题、改变路由(重定向);ICMP询问报文分为两种:回送请求和回答、时间戳请求和回答。

在本书实验中,ICMP经常会遇到ping目的网络时ping不通,这时要按ICMP返回消息是目的网络不可达还是时间超时来进行故障排查。

1.3.4 DHCP

DHCP(Dynamic Host Configuration Protocol,动态主机配置协议)是一种局域网的网络协议,使用UDP协议工作。DHCP通常被应用在大型的局域网络环境中,主要有两种用途:一是自动分配IP地址,使计算机网络环境中的主机能够动态地获得IP地址、Gateway地址、DNS服务器地址等信息;二是集中管理,网络管理员能够对所有计算机实施中央管理,并能够提升IP地址的使用率。

DHCP协议采用客户端/服务器模型,主机地址的动态分配任务由计算机网络的主机驱动,当DHCP服务器接收到来自网络主机申请地址的请求信息时,才会向网络主机发送相关的地址配置等信息,以实现网络主机地址信息的动态配置。

综上所述,DHCP具有以下功能:

(1) 保证计算机网络中任何一个 IP 地址在同一时刻只能由一台 DHCP 客户主机使用。

(2) DHCP 能够给用户静态分配永久固定的 IP 地址。

(3) DHCP 可以同采用其他方法获得 IP 地址的主机共存(如手工配置 IP 地址的主机)。

(4) DHCP 服务器还可以向现有的 BOOTP 客户端提供服务。

在本书实验中,可以将三层交换机配置成 DHCP 服务器,然后给该交换机所辖子网的主机自动分配 IP 地址。

1.3.5 FTP

FTP(File Transfer Protocol,文件传输协议)是用于在网络上进行文件传输的一套标准协议,使用客户/服务器模式,文件资源存储在 FTP 服务器上,用户可以使用 FTP 客户端通过 FTP 协议访问服务器上的文件资源,它属于应用层协议。FTP 协议是可靠传输协议,使用 TCP 端口中的 20 和 21 这两个端口,其中端口 20 用于传输数据,端口 21 用于传输控制信息。文件传送(file transfer)和文件访问(file access)之间的区别在于:前者由 FTP 提供,后者由如 NFS 等应用系统提供。

在使用 FTP 协议传输文件时,因需要先建立 FTP 连接,所以存在着较高的延时,这意味着,从开始请求到第一次接收到所需数据之间的延时会比较长。

在本书实验中,可以搭建 FTP 服务器为子网用户提供文件传输服务,此外,还可以在交换机或路由器上配置扩展访问控制列表,允许或阻止某些子网或主机访问 FTP 服务。

1.3.6 Telnet

Telnet 协议是 TCP/IP 协议族中的一种非常重要的协议,是 Internet 远程登录服务的标准协议和主要方式。Telnet 协议是面向连接的,基于 TCP 协议端口 23 工作,它为用户提供了在本地计算机上完成控制远程主机工作的能力。

用户可以在终端计算机上使用 Telnet 程序,用它远程连接到服务器。用户可以在 Telnet 程序中输入命令,这些命令会在服务器上运行,就像直接在服务器的控制台上输入效果一样,在本地就能远程控制远端服务器。要开始一个 Telnet 会话,必须输入用户名和口令来登录服务器,Telnet 是常用的远程控制 Web 服务器的方法。

在本书实验中,可以在路由器或交换机上配置 Telnet 服务,设置好用户名和口令,然后使用计算机 Telnet 远程连接到路由器或交换机的管理 IP 地址上,输入用户名和口令就可以登录到路由器或交换机上,即可在计算机上配置远端的网络设备。

1.3.7 TFTP

TFTP(Trivial File Transfer Protocol,简单文件传输协议)是 TCP/IP 协议族中的一个用来在客户机与服务器之间进行简单文件传输的协议,提供不复杂、开销不大的小文件传输服务。

TFTP 是一种传输小文件的简单协议,它基于 UDP 协议实现,端口号为 69,但是有些 TFTP 协议也可以基于其他传输协议完成。该协议设计的时候是进行小文件传输的,因此它不具备正常 FTP 服务的许多复杂功能，它只能从文件服务器上读取和写入文件，不能列出目录，不进行认证，且仅能传输 8 位数据。

在本书实验中，当路由器或交换机的 IOS 系统由于某些文件不小心被删除导致不能正常工作时，可以在本地计算机上安装 TFTP 服务器程序，通过 TFTP 程序和路由器或交换机进行连接，将完整的 IOS 文件导入路由器或交换机中。

1.4 IP 地址与子网划分

1.4.1 IP 地址

IP(Internet Protocol)即互联网协议、网际协议，是网络之间互连的协议。IP 是全球开放的协议，不同厂商生产的设备均需遵循 IP，才能与因特网互连互通。IP 地址(Internet Protocol Address)是指互联网协议地址，也称为网际协议地址。IP 地址是 IP 提供的一种统一主机编址方式的地址格式，它为互联网上的每一个网络和每一台主机分配一个逻辑地址，以此来屏蔽物理地址的差异。为了能正常通信，任何联网设备都具有 IP 地址。目前广泛使用的 IP 地址(IPv4)是 32 位地址，IPv4 地址总容量近 43 亿个。随着网络的爆发式增长，IPv4 地址资源日渐枯竭，严重制约了互联网的应用和发展。为了解决这一问题，互联网工程任务组(Internet Engineering Task Force，IETF)设计了用于替代现行版本 IP 协议(IPv4)的下一代 IP，即 IPv6。IPv6 采用 128 位标识，总量高达 2^{128}。完全过渡到 IPv6 还需要一段时间，读者仍需掌握 IPv4 相关技术，本书的 IP 地址一般指 IPv4 地址。

1. 点分十进制

IPv4 地址是一个 32 位的二进制数，为了方便人们读取，通常把 IPv4 地址按照每 8 位(bit)一份等分为 4 个部分，用十进制表示，并在中间加点，称为“点分十进制”(dot-decimal notation)。例如，有 IP 地址 01111111000000000000000000000001，如图 1-2 所示，按每 8 位等分，四部分为 01111111、00000000、00000000、00000001，用十进制表示为 127，0，0，1 共 4 个数，因此这个 IP 地址的点分十进制写法为 127.0.0.1，该地址通常表示本机回环地址，主要用于网络软件测试以及本地机进程间通信。

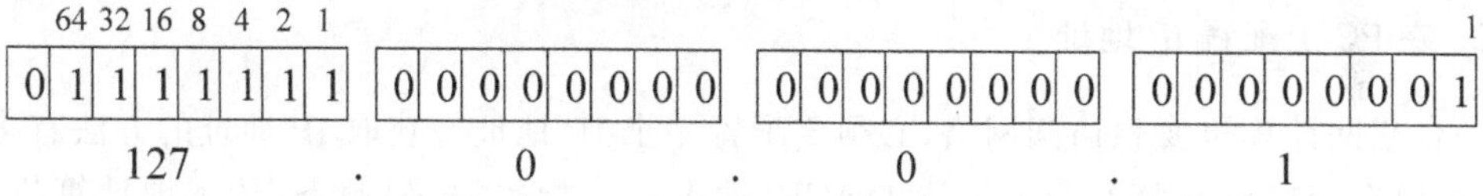

	64	32	16	8	4	2	1																								1
0	1	1	1	1	1	1	1	0	0	0	0	0	0	0	0	0	0	0	0	0	0	0	0	0	0	0	0	0	0	0	1

127 . 0 . 0 . 1

图 1-2 点分十进制示例

2. IP 地址分类

IPv4 地址编址方案将 IP 地址划分为 A、B、C、D、E 五类，其中 A、B、C 为基本类，D、E 类作为组播(多播)和保留使用。A、B、C 三类地址的详情如表 1-1 和图 1-3 所示。

表 1-1 基本类地址的数量和范围

类别	网络号长度	剩余部分长度	网络数量	每个网络主机数	起始地址	结束地址
A	8	24	128(2^7)	16777216(2^{24})	0.0.0.0	127.255.255.255
B	16	16	16384(2^{14})	65536(2^{16})	128.0.0.0	191.255.255.255
C	24	8	2097152(2^{21})	256(2^8)	192.0.0.0	223.255.255.255

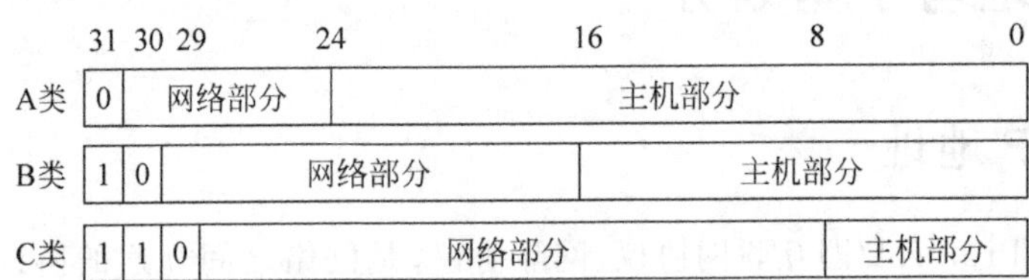

图 1-3 A、B、C 类网络示意图

(1) A 类地址。A 类地址的网络地址的最高位是 0，子网掩码为 255.0.0.0。其中 127.0.0.0/8 这部分为保留地址，用于环回测试，如本机常用地址 127.0.0.1。

(2) B 类地址。B 类地址的网络地址的最高位是 10，子网掩码为 255.255.0.0。其中 169.254.0.0/16 这部分为保留地址，若设置为自动获取 IP，但网络中不存在 DHCP(动态主机配置协议)服务器时，设备将会从这部分保留地址中获取一个临时的 IP 地址，如 169.254.0.1。

(3) C 类地址。C 类地址的网络地址的最高位是 110，子网掩码为 255.255.255.0。

(4) D 类地址。D 类地址不分网络地址和主机地址，最高位固定为 1110。

(5) E 类地址。E 类地址也不分网络地址和主机地址，最高位固定为 11110。

A、B、C 这三类地址中还有一部分作为互联网号码分配局(Internet Assigned Numbers Authority，IANA)保留的私有地址。

A 类：10.0.0.0/8，保留地址范围为：10.0.0.0～10.255.255.255；

B 类：172.16.0.0/12，保留地址范围为：172.16.0.0～172.31.255.255；

C 类：192.168.0.0/16，保留地址范围为：192.168.0.0～192.168.255.255。

这些私有地址主要用于局域网内部子网分配和主机分配，如校园网内部使用的地址都属于私有地址，这些地址不是公共地址，不能在互联网上被识别和路由。因此，不同的局域网均可使用这些私有地址，相互不影响。

3. 在 PC 上配置 IP 地址

一台联网计算机要想访问网络，必须要配置一个 IP 地址。获取 IP 地址的方法有多种，例如，可以在交换机或服务器上配置 DHCP(动态主机配置协议)服务，让本地计算机自动获取并设置 IP 地址等信息；还有一种是手工设置静态 IP 地址，在 Windows 系统下给计算机网卡配置静态 IP 地址，其方法如下：

(1) 在计算机桌面右下角找到“网络连接”图标，并右击选择“打开网络连接”，如图 1-4 所示。

(2) 找到“本地连接”图标(该图标有时候也标记为“以太网”)，右击选择“属性”，如图 1-5 所示。

图 1-4 “打开网络连接”设置

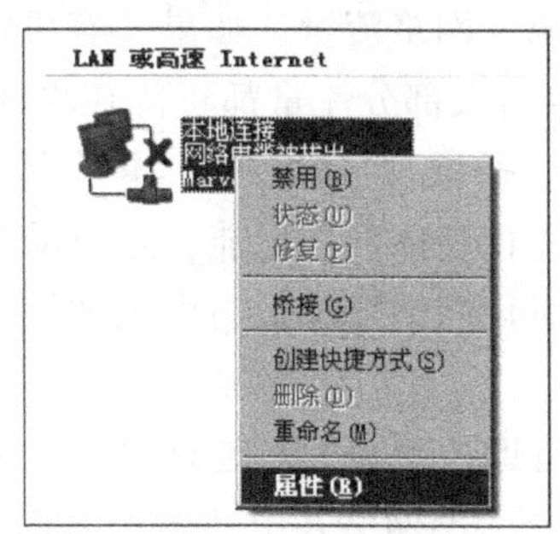

图 1-5 网络属性

(3) 选择“Internet 协议(TCP/IP)”,有的版本叫“Internet 协议版本 4(TCP/IPv4)”,直接双击它,或者选中它然后单击属性,如图 1-6 所示。

(4) 在对话框里填写 IP 地址、子网掩码、默认网关和 DNS 服务器等信息,然后单击“确定”按钮即可,如图 1-7 所示。最后关闭这些窗口,就可以使用了。

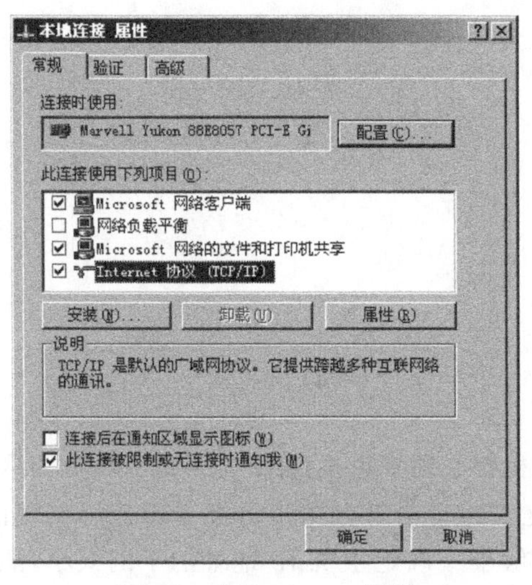

图 1-6 选择 Internet 协议

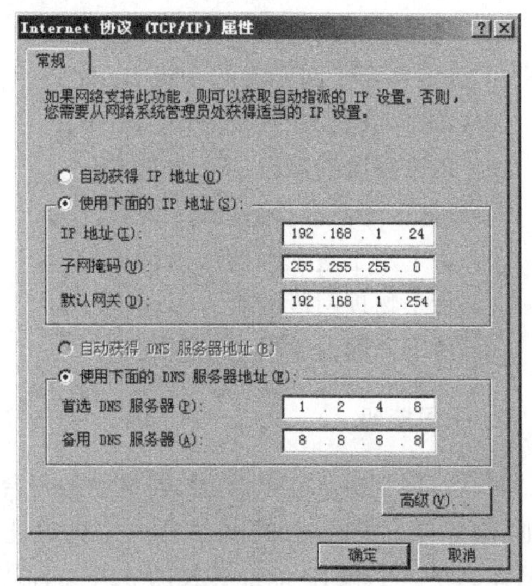

图 1-7 设置 Internet 协议属性信息

1.4.2 子网划分

传统的 IP 地址是一个二级地址,即{<网络号>,<主机号>}结构,网络号和主机号也表示了特定网络上的主机,只有在同一个网络号下的计算机之间才能“直接”相互通信,不同网络号的计算机属于不同的子网,要通过网关(Gateway)和路由设备才能互通。

然而,这样的划分不够合理,会出现以下问题:①IP 地址空间的利用率有时很低;②给每一个物理网络分配一个网络号会使路由表变得太大因而降低整个网络性能;③两级 IP 地址不够灵活。为此,需要增加一个新字段“子网号”来将二级地址变成三级地址,即{<网络号><子网号><主机号>}结构,以允许把 IP 网络划分成更小的网络,这些网络就称为子网(Subnet),而将两级地址变为三级地址的方法就是子网划分。子网划分具有以下优点:

(1) 减少网络流量。如果没有可信赖的路由器,网络流量可能导致整个网络停顿,但有了路由器后,大部分流量都将待在本地网络内,只有前往其他网络的分组将穿越路由器。路由器增加广播域,广播域越多,每个域就越小,而每个网段的流量也就越少。

(2) 优化整体网络性能。这是减少网络流量的结果。

(3) 简化网络管理。与庞大的网络相比,在一系列相连的子网中找出并隔离网络问题更容易。

(4) 有助于覆盖大型地理区域。WAN 链路比 LAN 链路的速度慢很多,且更昂贵,单个大跨度的大型网络在上述各个方面都可能出现问题,而将多个小网络连接起来可提高系统的效率。

1. 创建子网

要创建一个子网,可采取如下步骤:

1) 确定需要的子网网络 ID 数

(1) 每个 LAN 子网一个网络 ID;

(2) 每个广域网连接一个网络 ID。

2) 确定每个子网所需的主机 ID 数

(1) 每个 TCP/IP 主机一个主机 ID;

(2) 每个路由器接口一个主机 ID。

3) 根据上述需求,确定如下内容

(1) 一个用于整个网络的子网掩码;

(2) 每个物理网段的唯一子网 ID;

(3) 每个子网的主机 ID 范围。

2. 子网掩码

要让子网划分真正起作用,网络中的每台主机都必须知道主机 IP 地址的哪部分为网络地址、哪部分为子网地址、哪部分为主机地址,这是通过给每台主机分配子网掩码实现的。子网掩码是一个和 IP 地址等长的 32 位的值,能够唯一确定主机 IP 地址的子网大小,能够将 IP 地址的网络 ID、子网 ID 和主机 ID 进行区分。

32 位的子网掩码同样也是由 1 和 0 组成,其中的 1 表示 IP 地址的相应部分为网络地址或子网地址。

并非所有网络都需要子网,这意味着网络可使用默认子网掩码,即网络掩码。A 类、B 类和 C 类网络的默认子网掩码如表 1-2 所示,同样也是主类网络掩码。

表 1-2　主类网络掩码

网络	默认子网掩码
A 类	255.0.0.0
B 类	255.255.0.0
C 类	255.255.255.0

对于A类网络，子网掩码必须以255打头，但不能将子网掩码设置为255.255.255.255，因为它全1，是一个广播地址。同样，B类网络的子网掩码必须以255.255打头，而C类网络子网掩码必须以255.255.255打头。

3. 无类域间路由选择(CIDR)

CIDR是ISP(因特网服务提供商)用来将大量地址分配给客户的一种有效方法。ISP以特定大小的IP地址块提供给客户，客户从ISP那里获得的IP地址块类似于192.168.1.32/28。这个IP地址块的斜杠(/)表示方法指明了子网掩码的大小，上述地址块"/28"表示子网掩码中从高位往低位(即从左到右)数有28位为1。显然，最大位为/32，因为一个字节为8位，而IP地址长4B(4×8=32)。注意，最大的子网掩码为/30(不管是哪类地址)，因为至少需要将2位用作主机位。

A类网络的默认子网掩码(网络掩码)是255.0.0.0，第一个字节全为1，即11111111，使用斜杠表示法时，需要计算有多少位为1。255.0.0.0的斜杠表示是/8，因为从高位到低位有8个取值为1的位。

B类网络的默认子网掩码是255.255.0.0，斜杠表示是/16，因为有16个取值为1的位：

11111111. 11111111. 00000000. 00000000

C类网络的默认子网掩码是255.255.255.0，斜杠表示是/24，因为有24个取值为1的位：

11111111. 11111111. 11111111. 00000000

表1-3列出了所有可能的子网掩码及其斜杠表示。

表1-3 子网掩码及斜杠表示

子网掩码	斜杠表示
255.0.0.0	/8(A类网络默认子网掩码)
255.128.0.0	/9
255.192.0.0	/10
255.224.0.0	/11
255.240.0.0	/12
255.248.0.0	/13
255.252.0.0	/14
255.254.0.0	/15
255.255.0.0	/16(B类网络默认子网掩码)
255.255.128.0	/17
255.255.192.0	/18
255.255.224.0	/19
255.255.240.0	/20
255.255.248.0	/21
255.255.252.0	/22
255.255.254.0	/23
255.255.255.0	/24(C类网络默认子网掩码)

续表

子网掩码	斜杠表示
255.255.255.128	/25
255.255.255.192	/26
255.255.255.224	/27
255.255.255.240	/28
255.255.255.248	/29
255.255.255.252	/30

上述表格中，/8～/15 只能用于 A 类网络，/16～/23 可用于 A 类和 B 类网络，而/24～/30 可用于 A、B、C 三类网络。

4. 子网划分方法

为了克服 IP 地址有限的问题，所有类别网络可以被划分为更小的子网，这个划分过程称为子网划分。子网划分的方法有多种，本节介绍一种简单、常用的方法，主要有 5 个步骤。下面先以 C 类网络的子网划分为例来介绍这种方法。

1) C 类网络的子网划分

(1) C 类网络的快速子网划分方法。

给网络选择子网掩码后，需要计算该子网掩码提供的子网数以及每个子网的合法主机地址和广播地址。为此，只需回答下面 5 个问题。

① 选定的子网掩码将创建多少个子网？

2^x 个，其中 x 表示从主机位借用的子网掩码(取值为 1)的位数。例如，在 11000000 中，取值为 1 的位数为 2，因此子网数为 $2^2=4$ 个。

② 每个子网可包含多少台合法主机地址？

2^y-2 个，其中 y 为原主机位减去借用的子网掩码位剩下的主机位(取值为 0)的位数。例如，在 11000000 中，取值为 0 的位数为 6(8－2)，因此，每个子网可包含的主机数为 $2^6-2=62$ 个。减去的两个为子网地址和广播地址，它们不是合法的主机地址。

③ 有哪些合法的子网？

这里主要是指子网块有多大。块大小(增量)为 256－子网掩码。一个例子就是 256－192＝64，即当子网掩码为 192 时，块大小为 64，从 0 开始不断增加 64，直到到达子网掩码值，中间的结果就是合法的子网，即 0、64、128 和 192 共四个块，每个块大小为 64 个子网。这四个块分别为 0～63、64～127、128～191、192～255。

④ 每个子网的广播地址是什么？

前面确定了子网为 0、64、128 和 192，而广播地址总是下一个子网的前面那个数。例如，子网 0 的广播地址为 63，因为下一个子网是 64；子网 64 的广播地址为 127，因为下一个子网是 128，以此类推，最后一个子网的广播地址总是 255。

⑤ 每个子网可包含哪些主机地址？

合法的主机地址位于两个子网之间，但全 0(子网网络地址)和全 1(子网广播地址)的地址除外。例如，如果子网号为 64，而广播地址是 127，则合法的主机地址范围为 65～126，即子网地址和广播地址之间的数。

（2）C类网络子网划分示例。

示例一：给C类网络192.168.10.0选择的子网掩码为：255.255.255.128(/25)，对其进行子网划分。

首先，将最后一个字节的128展开二进制表示为10000000，从8位原主机位中借用1位用于划分子网，余下7位定义主机。

网络地址=192.168.10.0，子网掩码=255.255.255.128。

下面来回答前面的5大问题。

① 包含多少个子网？

在128(10000000)中，取值为1的位数是1，因此答案为$2^1=2$个。

② 每个子网多少台主机？

取值为0的位数是7，因此答案为$2^7-2=126$台。

③ 有哪些合法的子网？

块大小：256－128＝128，因此子网为0和128。

④ 每个子网的广播地址是什么？

因为总共有2个子网，0和128。当前子网的广播地址是下一个子网之前的、所有主机位取值都是1的地址。对于第一个子网0，下一个子网是128，因此其广播地址为127；而第二个子网是128，故广播地址为255。

⑤ 每个子网可包含哪些主机地址？

合法的主机地址为子网地址和广播地址之间的数字。要确定主机地址，最简单的方法就是写出子网地址和广播地址，这样主机地址就显而易见了。表1-4列出了子网0和子网128以及它们的合法主机地址范围和广播地址。

表1-4 C类网络1位子网化后的地址范围

C类网络	IP地址范围	
子网号	0	128
第一个主机地址	1	129
最后一个主机地址	126	254
广播地址	127	255

同理，子网掩码为255.255.255.192(/26)、255.255.255.224(/27)、255.255.255.240(/28)、255.255.255.248(/29)、255.255.255.252(/30)的子网划分方法同255.255.255.128(/25)是一样的。

2) B类网络的子网划分

（1）B类网络的快速子网划分方法

B类网络的子网划分方法与C类网络的子网划分方法相同，只是从第三个字节开始，划分的5个步骤是完全相同的。

（2）B类网络的子网划分示例

示例二：给B类网络172.16.0.0选择的子网掩码为：255.255.128.0(/17)，对其进行子网划分。

首先将128.0展开成二进制表示为10000000.00000000，从16位原主机位中借用1位用于定义子网，余下 15 位定义主机。

网络地址＝172.16.0.0，子网掩码＝255.255.128.0。

下面来回答前面的 5 大问题。

① 有多少个子网？

在 128.0(10000000.00000000)中，取值为 1 的位数是 1，因此子网个数为 $2^1=2$ 个。

② 每个子网包含多少台主机？

取值为 0 的位数是 15，因此每个子网包含的有效主机数为 $2^{15}-2=32766$(第 3 个字节 7 位，第 4 个字节 8 位)。

③ 有哪些合法的子网？

块大小：256－128＝128，因此子网为 0 和 128。鉴于子网划分是在第三个字节中进行的，因此子网号实际上为 0.0 和 128.0。这些数字与 C 类网络相同，将其用于第三个字节，并将第四个字节设置为 0。

④ 每个子网的广播地址是什么？

因为总共有 2 个子网，0.0 和 128.0。第一个子网的广播地址是第二个子网地址的前一个地址，即为 127.255，第二个子网的广播地址是 255.255。

⑤ 每个子网可包含哪些主机地址？

表 1-5 列出了这两个子网及其合法主机地址范围和广播地址。

表 1-5 B 类网络 1 位子网化后的地址范围

B 类网络	IP 地址范围	
子网号	0.0	128.0
第一个主机地址	0.1	128.0
最后一个主机地址	127.254	255.254
广播地址	127.255	255.255

同理，子网掩码为 255.255.192.0(/18)、255.255.224.0(/19)、255.255.240.0(/20)、255.255.248.0(/21)、255.255.252.0(/22)、255.255.254.0(/23)的子网划分方法同 255.255.128.0(/17)是一样的。

示例三：给 B 类网络 172.16.0.0 选择的子网掩码为：255.255.255.0(/24)，对其进行子网划分。

注意：将子网掩码 255.255.255.0 用于 B 类网络时，我们并不将其称为 C 类网络的默认子网掩码。这是一个将 8 位(第三个字节)用于子网划分的 B 类子网掩码，从逻辑上说，它不同于 C 类子网掩码。

首先将 255.0 展开成二进制表示为：11111111.00000000，从 16 位原主机位中借用 8 位用于定义子网，余下 8 位定义主机。

网络地址＝172.16.0.0，子网掩码＝255.255.255.0。

下面来回答前面的 5 大问题。

① 有多少个子网？

在 255.0(11111111.00000000)中，取值为 1 的位数是 8，因此划分的子网个数为 $2^8=256$ 个。

② 每个子网多少台主机？

取值为 0 的位数是 8，因此答案为 $2^8-2=254$（第四个字节 8 位）。

③ 有哪些合法的子网？

块大小：256－255＝1，因此子网为 0，1，2，3，…，255。鉴于子网划分是在第三个字节中进行的，因此子网号实际上为 0.0，1.0，2.0，3.0，…，255.0。这些数字与 C 类网络相同，我们将其用于第三个字节，并将第四个字节设置为 0。

④ 每个子网的广播地址是什么？

⑤ 每个子网可包含哪些主机地址是什么？

表 1-6 列出了前四个和后两个子网及其合法主机地址范围和广播地址。

表 1-6　B 类网络 8 位子网化后的地址范围

B 类网络	IP 地址范围						
子网号	0.0	1.0	2.0	3.0	…	254.0	255.0
第一个主机地址	0.1	1.1	2.1	3.1	…	254.1	255.1
最后一个主机地址	0.254	1.254	2.254	3.254	…	254.254	255.254
广播地址	0.255	1.255	2.255	3.255	…	254.255	255.255

示例四：给 B 类网络 172.16.0.0 选择的子网掩码为：255.255.255.128(/25)，对其进行子网划分。

这是最难处理的子网掩码之一，更重要的是，它是一个非常适合生产环境的子网掩码，因为它可创建 500 多个子网，而每个子网可包含 126 台主机，应用很广泛。

首先将 255.128 展开成二进制，表示为：11111111.10000000，从 16 位原主机位中借用 9 位用于定义子网，余下 7 位定义主机。

网络地址＝172.16.0.0，子网掩码＝255.255.255.128。

下面来回答前面的 5 大问题。

① 有多少个子网？

在 255.128(11111111.10000000)中，取值为 1 的位数是 9，因此答案为 $2^9=512$。

② 每个子网多少台主机？

取值为 0 的位数是 7，因此答案为 $2^7-2=126$（第四个字节 8 位）。

③ 有哪些合法的子网？

这是比较棘手的部分。第三个字节的块大小：256－255＝1，因此第三个字节的可能取值为 0，1，2，…，255；但是，请注意，第四个字节也有 1 位用于划分子网，所以第四个字节的块大小：256－128＝128，其可能的取值为 0 和 128。故第三个字节的每个可能取值对应于第四个字节的两个取值，因此总共有 512 个子网。例如，第三个字节取值为 3 时，则对应的两个子网为 3.0 和 3.128。

④ 每个子网的广播地址是什么？

⑤ 每个子网可包含哪些主机地址？

表 1-7 列出了前四个和后两个子网及其合法主机地址范围和广播地址。

表 1-7 B 类网络 9 位子网化后的地址范围

B 类网络	IP 地址范围						
子网号	0.0	0.128	1.0	1.128	…	255.0	255.128
第一个主机地址	0.1	0.129	1.1	1.129	…	255.1	255.129
最后一个主机地址	0.126	0.254	1.126	1.254	…	255.126	255.254
广播地址	0.127	0.255	1.127	1.255	…	255.127	255.255

同理，子网掩码为 255.255.255.192(/26)、255.255.255.224(/27)、255.255.255.240(/28)、255.255.255.248(/29)、255.255.255.252(/30)用于 B 类网络时，其子网划分方法同 255.255.255.128(/25)是一样的。

5. A 类网络的子网划分

1) A 类网络的快速子网划分方法

A 类网络的子网划分方法与 B 类网络和 C 类网络的子网划分方法类似，但需要处理的是 24 位，而 B 类网络和 C 类网络需要处理的分别是 16 位和 8 位。

A 类网络的子网掩码范围：(/8)～(/30)。

2) A 类网络子网划分示例

示例五：给 A 类网络 10.0.0.0 选择的子网掩码为：255.255.0.0(/16)，对其进行子网划分。

A 类网络的默认子网掩码 255.0.0.0，这使得有 22 位可用于子网划分，因为至少需要留下 2 位用于主机编址。

首先将 255.0.0 展开二进制表示为：11111111.00000000.00000000，从 24 位原主机位中借用 8 位用于定义子网，余下 16 位定义主机。

网络地址＝10.0.0.0，子网掩码＝255.255.0.0。

下面来回答前面的 5 大问题。

(1) 有多少个子网？

在 255.0.0(11111111.00000000.00000000)中，取值为 1 的位数是 8，因此包含的子网个数为 $2^8=256$ 个。

(2) 每个子网多少台主机？

取值为 0 的位数是 16，因此答案为 $2^{16}-2=65534$(第三个字节 8 位，第四个字节 8 位)。

(3) 有哪些合法的子网？

这里只需要考虑第二个字节，其块大小：256－255＝1，因此子网为 0,1,2,…,255。鉴于子网划分是在第二个字节中进行的，因此子网号实际上为 0.0.0,1.0.0,…,255.0.0。

(4) 每个子网的广播地址是什么？

(5) 每个子网可包含哪些主机地址？

表 1-8 列出了前两个和后两个子网及其合法主机地址范围和广播地址。

表 1-8　A 类网络 8 位子网化后的地址范围

A 类网络	IP 地址范围				
子网号	10.0.0.0	10.1.0.0	…	10.254.0.0	10.255.0.0
第一个主机地址	10.0.0.1	10.1.0.1	…	10.254.0.1	10.254.0.1
最后一个主机地址	10.0.255.254	10.1.255.254	…	10.254.255.254	10.255.255.254
广播地址	10.0.255.255	10.1.255.255	…	10.254.255.255	10.255.255.255

示例六：给 A 类网络 10.0.0.0 选择的子网掩码为：255.255.240.0(/20)，对其进行子网划分。

首先将 255.240.0 展开二进制表示为：11111111.11110000.00000000，从 24 位原主机位中借用 12 位用于定义子网，余下 12 位定义主机。

网络地址＝10.0.0.0，子网掩码＝255.255.240.0。

下面来回答前面的 5 大问题。

(1) 有多少个子网？

在 255.240.0(11111111.11110000.00000000)中，取值为 1 的位数是 12，因此答案为 2^{12}＝4096 个。

(2) 每个子网多少台主机？

取值为 0 的位数是 12，因此答案为 $2^{12}-2$＝4094(第三个字节 4 位，第四个字节 8 位)。

(3) 有哪些合法的子网？

注意，这里需要考虑的是第二个和第三个字节。在第二个字节中，子网号间隔(块大小)为 1，子网取值为 1～255。第三个字节中子网号间隔(块大小)为 16，所以子网号为 0，16，32，…，240。

(4) 每个子网的广播地址是什么？

(5) 每个子网可包含哪些主机地址？

表 1-9 列出了前三个和最后一个子网及其合法主机地址范围和广播地址。

表 1-9　A 类网络 12 位子网化后的地址范围

A 类网络	IP 地址范围				
子网号	10.0.0.0	10.0.16.0	10.0.32.0	…	10.255.240.0
第一个主机地址	10.0.0.1	10.0.16.1	10.0.32.1	…	10.255.240.1
最后一个主机地址	10.0.15.254	10.0.31.254	10.0.47.254	…	10.255.255.254
广播地址	10.0.15.255	10.0.31.255	10.0.47.255	…	10.255.255.255

示例七：给 A 类网络 10.0.0.0 选择的子网掩码为：255.255.255.192(/26)，对其进行子网划分。

首先将 255.255.192 展开二进制表示为：11111111.11111111.11000000，从 24 位原主机位中借用 18 位用于定义子网，余下 6 位定义主机。

网络地址＝10.0.0.0，子网掩码＝255.255.255.192。

下面来回答前面的 5 大问题。

(1) 有多少个子网?

在 255.255.192(11111111.11111111.11000000)中,取值为 1 的位数是 18,因此答案为 $2^{18}=262144$ 个子网。

(2) 每个子网多少台主机?

取值为 0 的位数是 6,因此答案为 $2^{6}-2=62$ 台主机。

(3) 有哪些合法的子网?

这里需要考虑第二个、第三个和第四个字节,第二个和第三个字节块大小:256－255＝1,因此第二个和第三个字节子网都为 0,1,2,…,255。第四个字节块大小:256－192＝64,因此子网分别为 0,64,128,192。

(4) 每个子网的广播地址是什么?

(5) 每个子网可包含哪些主机地址?

表 1-10 列出了前四个子网及其合法主机地址范围和广播地址。

表 1-10　A 类网络 18 位子网化后前四个子网的地址范围

A 类网络	IP 地址范围			
子网号	10.0.0.0	10.0.0.64	10.0.0.128	10.0.0.192
第一个主机地址	10.0.0.1	10.0.0.65	10.0.0.129	10.0.0.193
最后一个主机地址	10.0.0.62	10.0.0.126	10.0.0.190	10.0.0.254
广播地址	10.0.0.63	10.0.0.127	10.0.0.191	10.0.0.255

表 1-11 列出了最后四个子网及其合法主机地址范围和广播地址。

表 1-11　A 类网络 18 位子网化后最后四个子网的地址范围

A 类网络	IP 地址范围			
子网号	10.255.255.0	10.255.255.64	10.255.255.128	10.255.255.192
第一个主机地址	10.255.255.1	10.255.255.65	10.255.255.129	10.255.255.193
最后一个主机地址	10.255.255.62	10.255.255.126	10.255.255.190	10.255.255.254
广播地址	10.255.255.63	10.255.255.127	10.255.255.191	10.255.255.255

1.5 常用网络命令与工具

无论哪种操作系统,都有许多便捷的网络命令和工具供我们使用,为了方便课程的学习,本节介绍几种 Windows 操作系统下的网络命令工具,方便读者使用。

使用这些命令前,应先打开 cmd.exe 程序,可以按 Windows＋R 组合键弹出“运行”对话框,然后输入 cmd,再按 Enter 键或按“确定”按钮即可,如图 1-8 所示。

图 1-8　打开 cmd.exe

1.5.1　ipconfig

ipconfig 是 Windows 操作系统中一个常用的命令行工具(Linux 下有同类工具 ifconfig 或 ip),其主要作用是显示当前网络连接属性的设置。输入 ipconfig 可查看当前各网卡的配置信息。输入 ipconfig/? 可查看帮助,如图 1-9 所示。

```
C:\WINDOWS\system32\cmd.exe

C:\>ipconfig

Windows IP Configuration


Ethernet adapter 本地连接:

   Connection-specific DNS Suffix  . :
   IP Address. . . . . . . . . . . . : 192.168.1.1
   Subnet Mask . . . . . . . . . . . : 255.255.255.0
   Default Gateway . . . . . . . . . : 192.168.1.254

C:\>_
```

图 1-9　ipconfig 输出示例

从 ipconfig 的输出结果可以了解到 IP 地址、子网掩码、默认网关等信息。如果想要更加详细的信息,可以在 ipconfig 后面加/all 参数。这些信息有 DNS 服务器地址、网卡描述、网卡物理地址(MAC)等,如图 1-10 所示。

```
C:\WINDOWS\system32\cmd.exe

C:\>ipconfig /all

Windows IP Configuration

   Host Name . . . . . . . . . . . . : cse-306-24
   Primary Dns Suffix  . . . . . . . :
   Node Type . . . . . . . . . . . . : Unknown
   IP Routing Enabled. . . . . . . . : No
   WINS Proxy Enabled. . . . . . . . : No

Ethernet adapter 本地连接:

   Connection-specific DNS Suffix  . :
   Description . . . . . . . . . . . : Marvell Yukon 88E8057 PCI-E Gigabit Ether
net Controller
   Physical Address. . . . . . . . . : 90-FB-A6-16-B3-CB
   DHCP Enabled. . . . . . . . . . . : No
   IP Address. . . . . . . . . . . . : 192.168.1.1
   Subnet Mask . . . . . . . . . . . : 255.255.255.0
   Default Gateway . . . . . . . . . : 192.168.1.254
   DNS Servers . . . . . . . . . . . : 1.2.4.8
                                       8.8.8.8

C:\>_
```

图 1-10　ipconfig 详细输出示例

1.5.2 ping

ping 是一个非常实用的工具，安装了 TCP/IP 协议相关软件后便可使用（一般 Windows 操作系统下均有安装）。ping 主要通过测试数据包能否到达指定主机来测试网络连接是否正常。其原理通过发送 Internet 控制消息协议(ICMP)数据包来验证与另一台主机之间的连接，发送请求后便等待回应，并按成功响应次数与时间来计算丢包率与网络时延。无论是在 Windows 还是 Linux 操作系统下，ping 几乎是最常用的命令行工具之一。在 Windows 的 cmd 程序中，输入 ping/? 可查看帮助，ping 命令有众多参数可选，如图 1-11 所示。

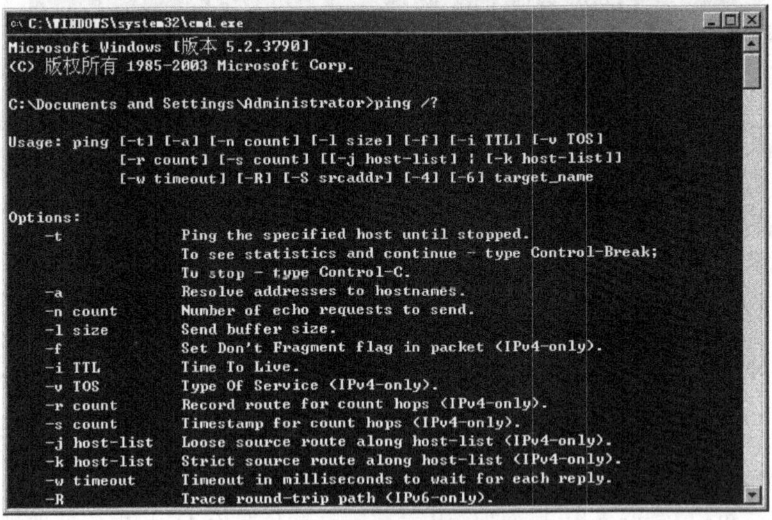

```
C:\WINDOWS\system32\cmd.exe
Microsoft Windows [版本 5.2.3790]
(C) 版权所有 1985-2003 Microsoft Corp.

C:\Documents and Settings\Administrator>ping /?

Usage: ping [-t] [-a] [-n count] [-l size] [-f] [-i TTL] [-v TOS]
            [-r count] [-s count] [[-j host-list] | [-k host-list]]
            [-w timeout] [-R] [-S srcaddr] [-4] [-6] target_name

Options:
    -t             Ping the specified host until stopped.
                   To see statistics and continue - type Control-Break;
                   To stop - type Control-C.
    -a             Resolve addresses to hostnames.
    -n count       Number of echo requests to send.
    -l size        Send buffer size.
    -f             Set Don't Fragment flag in packet (IPv4-only).
    -i TTL         Time To Live.
    -v TOS         Type Of Service (IPv4-only).
    -r count       Record route for count hops (IPv4-only).
    -s count       Timestamp for count hops (IPv4-only).
    -j host-list   Loose source route along host-list (IPv4-only).
    -k host-list   Strict source route along host-list (IPv4-only).
    -w timeout     Timeout in milliseconds to wait for each reply.
    -R             Trace round-trip path (IPv6-only).
```

图 1-11　ping/? 详细输出示例

ping 命令的典型用法如下：

(1) ping 本机环回地址，测试基本的 TCP/IP 网络配置。

```
ping 127.0.0.1                        //测试本机协议是否安装成功
```

(2) ping 本机或内网里其他设备的 IP 地址(假设本机为 192.168.1.100)，测试本地主机的 TCP/IP 设置。

```
ping 192.168.1.100                    //测试本机网卡是否正常工作
ping 192.168.1.254                    //测试本机与本子网内另外一台主机之间的连通性
```

(3) ping 远端(外网)某个特定的 IP 地址或某个特定的网址，测试与远端主机的连通性。

```
ping 1.2.4.8                          //测试本机与远端主机的连通性
ping www.cisco.com                    //测试本机与远端主机的连通性
```

这里的测试的是与 CNNIC Public DNS 服务器、与思科(Cisco)官方网站首页的连通性。

在 Windows 操作系统下，ping 命令默认发送 4 个包，可加 -t 参数让其持续发包，发包过程中使用 Ctrl+Break 组合键查看统计结果(但不会停止发包)。若要停止发包，需使用 Ctrl+C 组合键。若要指定发包数量，可以 -n 选项加上指定的数量，如 -n 10，发完指定数量的包后，会自动停止，并显示统计结果，如图 1-12 所示。

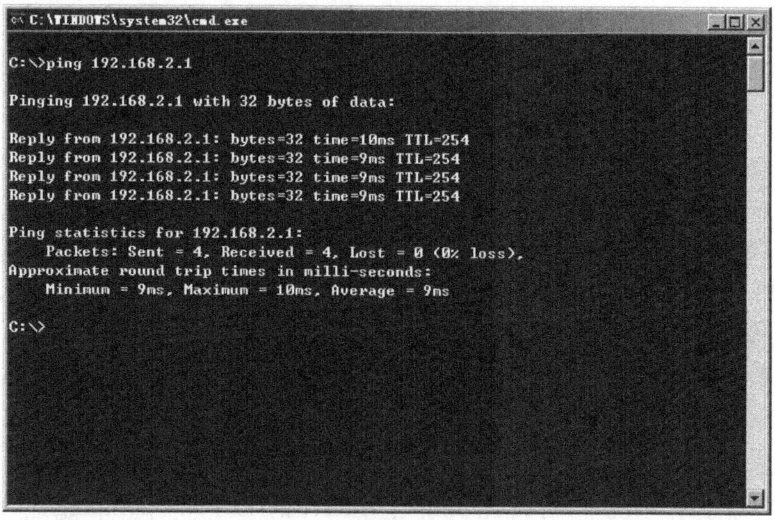

```
C:\WINDOWS\system32\cmd.exe

C:\>ping 192.168.2.1

Pinging 192.168.2.1 with 32 bytes of data:

Reply from 192.168.2.1: bytes=32 time=10ms TTL=254
Reply from 192.168.2.1: bytes=32 time=9ms TTL=254
Reply from 192.168.2.1: bytes=32 time=9ms TTL=254
Reply from 192.168.2.1: bytes=32 time=9ms TTL=254

Ping statistics for 192.168.2.1:
    Packets: Sent = 4, Received = 4, Lost = 0 (0% loss),
Approximate round trip times in milli-seconds:
    Minimum = 9ms, Maximum = 10ms, Average = 9ms

C:\>
```

图 1-12　ping 命令示例

```
ping -t www.example.com
ping -n 10 www.example.com
```

常见的 ICMP 返回信息有如下 3 种。

1) destination host unreachable

这种情况表示“目标主机不可达”，可能是目标主机不存在，也可能是链路未连通。前者需要检查目标主机地址是否输入正确；后者需要重新检查链路是否连接正确或链路上配置是否正确，包括路由器或交换机的配置，如是否有到达目的子网的路由？如果一切正常，则需检查是否配置有 ACL 等阻止源端访问的命令等。这种链路不通的情况很多，需要根据实际情况一步步检查核实。

2) request timed out

这种情况表示“请求超时”，其原因也可能有多种，例如本机 IP 地址设置错误，可以通过 ipconfig 查看确认；第二种可能是配置网关错误，同样可以通过 ipconfig 查看确认；第三种是配置静态路由时，是否有配置回程路由；第四种情况是当配置了 ACL 时，是否有过滤掉回程数据包等。

3) ping request could not find host

这种情况是在 ping 某个网址的情况下才会出现的，原因是无法将域名解析到对应的 IP 地址，ping 无法识别主机，因此需要检查 DNS 设置是否正确，确保能够正确解析。

1.5.3 tracert

tracert 命令是 Windows 操作系统下的一个命令行工具，其作用是追踪并显示数据包到达目的网络的过程中，所经过的多台路由器的 IP 地址，即所经过的跳数。tracert 同样也有许多参数，可以通过 tracert -? 查看，例如常用的 -d 参数不将域名地址解析成主机名(即不使用 DNS 解析)，-h 参数设置搜索目标的最大跃点数(默认最大 30 跳)等。常用方法是 tracert 加一个 IP 地址或者域名。用法如下：

```
tracert 192.168.2.1                    //追踪到达目的主机的路由过程
tracert - d www.cisco.com              //追踪到达目的域名的路由过程
```

从图 1-13 中可知，数据包从当前设备出发，经过 192.168.1.254、176.16.1.2 后到达目的主机 192.168.2.1。图中显示数据一共五列，第一列为生存时间(TTL，Time-To-Live)，每经过一个设备 TTL 增加 1。然后紧接着三个时间分别为 ICMP 数据到达该跳的最快时间、平均时间和最慢时间。最后一列是该设备的 IP 地址。在现实网络环境中，有的路由器出于安全考虑，禁止响应 ICMP 包，所以可能返回 * 号，即请求超时。

在 Windows 操作系统下，有结合 ping 与 tracert 的工具——pathping。功能为两者结合，此处不再赘述。

```
C:\WINDOWS\system32\cmd.exe

C:\>tracert -d 192.168.2.1

Tracing route to 192.168.2.1 over a maximum of 30 hops

  1    <1 ms    <1 ms    <1 ms  192.168.1.254
  2    11 ms    11 ms    11 ms  172.16.1.2
  3    13 ms    13 ms    13 ms  192.168.2.1

Trace complete.

C:\>
```

图 1-13 tracert 命令示例

习题与思考

1. 计算机网络有哪些组成要素？各要素分别要实现哪些功能？

2. 什么是计算机网络体系结构？为何有了 OSI 参考模型之后，还需要 TCP/IP 参考模型？两者的本质区别体现在哪里？

3. 计算机网络中，有哪些典型的协议？这些协议是如何为系统提供服务的？你能根据实际应用的需要，设计更好的网络协议吗？

4. 什么是云计算？什么是物联网？什么是大数据？什么是边缘计算？什么是雾计算？什么是 D2D？什么是 5G？什么是 6G？它们有什么异同和内在联系？

5. 根据你对目前计算机网络发展现状的了解，简述未来 5～10 年，计算机网络将会朝什么方向发展。发展到什么程度？给人们学习、工作、生活带来哪些变化？

第2章 校园网项目设计与子项目分解

本章以校园网建设项目为对象，系统分析校园网建设的需求，设计校园网的整体拓扑结构，从核心层、汇聚层、接入层三个层面详细介绍各层的设计方法，给出每个层面的任务和推荐设备，从路由、交换、安全与出口三个子项目分解了校园网的整体架构，并给出本书的知识点。

2.1 校园网建设项目需求分析

项目需求分析是软件工程学科的一个重要组成部分。软件工程中有专门的需求工程，是指应用已证实有效的技术、方法进行需求分析，确定客户的需求，帮助需求分析人员理解问题并清晰定义目标系统。需求分析是校园网建设的开始环节，也是决定校园网建设成功与否的关键。

2.1.1 网络平台需求

校园网是大学师生访问互联网、访问图书馆电子数据库、无纸化办公、资源共享、学习等信息化基础设施，是现代化智慧校园必不可少的建设项目。

校园网应至少建立两个出口：一个是互联网出口，一般租用运营商的网络，如租用中国电信、中国移动或中国联通的网络均可，用于师生访问互联网；另一个是中国教育科研网出口，连接中国教育科研网，如访问图书馆的各种教育科研数据库。

校园网覆盖范围广，用户密集，除了教师上课、学生上网之外，还包含众多的二级学院、行政单位、工程实验中心、虚拟仿真实验中心、科研重点实验室、研究所等，校园网络设计要求高带宽，保证高峰时段师生访问网络的流畅、高效。因此，校园网建设将采用先进的高速宽带 IP 网络技术，连接学校各学院、各行政单位、图书馆、各实验室、研究所、学生宿舍等。除此之外，为了满足师生移动办公的需求，智慧校园网还要求无线 WiFi 全校覆盖，师生们可以在校园内随时随地使用移动设备访问移动互联网。

校园网的主干线设计中，核心主节点将以光纤网络为基础，其他各单位采用层次式扩展星型网络结构相互连接，多种接入方式和高速网络技术的采用，为校园网提供了高度的灵活性，目的是以尽可能高的速度连接尽可能多的用户。

校园网建设遵循以下原则：

(1) 符合开放系统互联体系结构。校园网仍然采用 TCP/IP 体系结构。

(2) 应具有先进性、灵活性、可伸缩性。校园网不要求一步到位,一开始就采用最新的技术,购买最贵的设备,但要适当考虑先进性,在预算允许的条件下,要能使用 5～10 年,所采用技术应该易于向下一代技术平滑过渡。

(3) 应具有可靠性。对广域互联、核心主干网络等应部署备份线路和设备,采用先进的容错技术。

(4) 应具有安全性。保证校园网络的安全运行,减少病毒和黑客攻击给网络带来的影响。

2.1.2 功能与性能需求

校园网是智慧城市基础设施的重要组成部分,是智慧校园的心脏和血管,校园网结合移动互联网实现智慧校园的几乎所有功能。主要体现在如下几个方面:

(1) 校内访问服务。校内的师生和绝大部分办公室,除了像财务处这种涉及财务信息或者需要处理敏感信息的部门之外,都有访问外部互联网的需求,现有部分高校主要还是 100Mb/s 到桌面计算机,应该逐步升级到 1000Mb/s 到桌面计算机;师生还需要访问学校对外提供服务的服务器,如学校和各学院门户网站、电子邮件等;此外,校内师生应该直接能够高速访问校内各公共服务资源,如图书馆电子数据库、信息中心的 FTP 和各种教学资源库等,校内带宽应该达到 1000Mb/s。

(2) 校外访问服务。校外人员要能随时随地访问学校门户网站和电子邮件等服务器资源;因教师在校外或出差办公时,需要通过 VPN 连接校园网,以便访问图书馆电子资源或校内办公系统。关于性能,校外访问服务应该访问流畅、不断网。

(3) 无线访问服务。随着万物互联时代的到来,为了让校内师生都能随时随地进行无线办公和访问网络,校园网无线覆盖已经成为现代智慧校园网的重要标志,也是高校信息中心的重要运维项目。这就需要 WiFi 无线 AP 的数量设置合理,校园全覆盖、无死角。关于性能方面,要求能够根据学校师生总数满足一定容量的高并发、流畅访问互联网。

(4) 门禁监控服务。校内各机关、各学院、教学中心、宿舍等都有各自的门禁和视频监控系统,例如本学院实验中心、研究所、工程中心、重点实验室等都有门禁和视频监控系统,方便师生使用校园卡进出各实验和研究场所。每个学院有自己的网络管理中心,学校有信息中心,负责管理门禁监控服务。关于性能方面,门禁要求能够快速识别校园卡,也可以使用口令密码解锁开关门,监控服务要求能够清晰识别所覆盖范围内的人和物品,视频存储能够支持回放一个月。

2.1.3 硬件选配与集成需求

校园网的用户数量庞大,一般都有 2 万～4 万全日制学生,包含研究生和博士生,绝大部分学生都有自己的计算机,都有访问网络的需求;教职员工也基本都有上网需求,还有实验中心、重点实验室、公共机房、电教室等都有许多计算机需要访问网络,用户和终端数量都非常多。

同时,校园内计算机和服务器使用量也很频繁,公共机房供公选课实验用,学生使用量大;重点实验室和工程研究中心等可能需要持续使用设备进行实验,不间断运行或与服务器交互数据。所以,如此庞大的用户使用量和设备持续运行,对网络设备和硬件基础设施提出较高要求。

校园网的网络设备主要包含边界路由器或网闸、防火墙、核心交换机、汇聚交换机、接入交换机、服务器群、无线路由器、无线网络控制器、光电转换器等,硬件基础设施包含光缆、超六类线、超五类线、不间断电源(UPS)、防雷接地设备等。

由于网络设备和硬件基础设施自身的元器件、超大规模集成电路等硬件技术更新快,换代频繁,其设备选型主要突出够用、实用、好用的原则,适当兼顾先进性和扩展性,无须追求一步到位。为了满足校园网庞大的用户使用量,要求核心设备和汇聚设备具有强大的事务处理能力、高速的I/O带宽以及超强的安全性与稳定性,以满足高速网络及软件使用的需求,并应充分考虑到未来3～5年终端使用量不断增加对业务处理能力的进一步需求。此外,在预算允许的情况下,可以适当考虑比满足当前需求更高一级配置的网络设备。硬件设备集成要求各设备间相互支持主流的路由和交换协议,能够互联并协调工作,具有较好的兼容性。在通信线缆的选择方面,核心层设备的连接一般都采用光缆连接,接入层设备的连接一般都采用超六类线,终端跳线一般都用超五类线。

2.1.4 软件系统与集成需求

校园网需要提供的服务种类繁多,分别需要不同的服务器提供服务,这些服务除了硬件设备外,还需要软件提供支持。

软件包含系统软件和应用软件。系统软件主要指操作系统,主流有Windows Server系列和Linux家族系列,前者人机界面丰富、操作简单,后者命令操作较多,但系统在服务提供方面性能稳定。

应用软件种类繁多,校园网主要包含下列几个方面的应用:

(1) 图书馆系统。图书馆资源是校园网十分重要的资源,包含师生常用的各种学习资源,如电子阅览室、MOOC课程资源、学位论文库、中文期刊、外文期刊等数据库,还有馆藏书刊的借阅和归还服务等。

(2) 教学管理系统。该系统是学校教学必不可少的系统,一般也是学校较早采用的信息化管理系统,包含教务管理模块、教师模块和学生模块。教务管理模块包含教师排课、教师教学管理、学生管理等,教师模块包含教师课表查询、调停课申请、课程成绩登记、学生毕业设计等工作,学生模块包含学生选课、教学评价、成绩查询等。

(3) 科研管理系统。该系统是助力学校科研业务能力提升的推动力,是科研处和老师们经常使用的系统,主要包含项目信息登记、人员申请、项目信息汇总、科研成果汇总等功能。

(4) 财务管理系统。学校一切财务流转都要经过该系统,包含学校各类经费管理、学生学费缴交、教师科研项目报销、各学院各部门经费流转等。

(5) 办公自动化系统。学校OA是学校行政人员日常办公、发布通知、接收学校各处室内部文件所使用的系统,行政办公人员每天都会使用该系统。

(6) 国有资产管理系统。全校的所有资产,都由该系统管理,包括家具资产、设备资产和其他固定资产。老师们申请到的横向或纵向项目所采购的设备,金额大于省里或学校指定的数额时,都要登记作为学校资产。该系统主要管理资产,包含资产申请、转移、报废等。

除了上面这些主要业务系统外，校园网还有很多其他的应用系统，如宿舍管理系统、各种实验室管理系统、人事管理系统、后勤管理系统、校园一卡通管理系统、网络安全管理系统等等。

2.1.5 综合布线与机房建设需求

校园网建设的综合布线需求部分，主要考虑包括布线工程设计、技术依据、设计标准和系统选型、质量管理措施、测试内容等。综合布线系统包含工作区子系统、水平子系统、垂直干线子系统、管理子系统、设备间子系统、建筑群子系统共六大子系统，既是所有网络设备联系与应用服务提供的桥梁，也是校园网络系统能够正常发挥效用的基础。

综合布线系统运行期限远远超过网络系统和应用系统的使用寿命，其设计和施工质量的好坏直接影响校园网现在和将来的正常运营。因此，综合布线系统设计应该严格遵循相应的标准和规范，并以实用性、先进性、扩充性、灵活性和易管理等作为设计基本原则，同时考虑在该系统上的未来应用。

校园网系统主干及重要的支干链路要能够支持万兆光纤或者以太网等高速网络技术。重要链路既要支持对已用网络技术的叠加增容，也要考虑未来高速网络技术下的升级扩容，并预留适当的冗余。综合布线系统在建设初期还有可能受建设资金的影响只能完成部分的建设，因此该系统的需求分析阶段应在统一规划的原则基础上充分考虑后期设计及实施的空间，使系统建设能够分期平滑地延续进行，保证投资得以充分合理的利用。各区域子系统采用开放式布线系统，布线系统的性能依靠优良的规划设计来实现，而质量依靠严格的工程管理来保障。

大学信息中心的校园网核心机房建设是校园网规划、设计与建设的重要组成部分，每个学院还有自己的中小型网络机房。在校园网规划与设计中，机房建设涉及到多种专业技术的综合与集成，在保证合适大小场地的前提下，主要包含供配电技术、空调技术、抗干扰技术、防雷防过压接地技术、净化技术、消防技术、安防技术、建筑和装饰技术等。校园网的可靠运行要依靠信息中心机房严格的上述技术条件来保证，必须满足校园网系统以及工作人员对温度、湿度、洁净度、风速度、电磁场强度、电源质量、噪音、照明、振动、防火、防盗、防雷、屏蔽和接地等要求，以及确保工作人员的身心健康。

2.1.6 网络管理与安全需求

网络管理是校园网络正常运营必不可少的重要部分，校园网络建成后，对网络的运行、维护、管理成为网络集成商和用户所面对的一个真正棘手的问题：网络设备日益增多，主要是交换机、路由器、防火墙、服务器等；网络服务越来越丰富，主要包含业务系统访问、视频会议、视频点播等；网络技术越来越复杂，主要有流量控制、安全访问控制、多媒体服务质量保证等，尤其增加了无线网络校园全覆盖，这对校园网络管理者提出了新的挑战。因此，在校园网络设计中，必须考虑网络的配置、维护、管理简单易行，为网络的正常运行维护提供一个功能强大且简便易行的管理手段。具体需求如下：

(1) 配置管理。配置管理的功能是掌握和控制校园网络的运行状态，包括网络内各设备的状态及其连接关系。配置管理包括了以下 3 个方面的内容：获得关于当前网络的配置信息；提供远程修改设备配置的手段；存储数据、维护一个最新的设备清单并根据数据产生报告。

(2) 性能管理。性能管理对接入网络和IP地址的流量及流速进行定时采样记录，保证校园网络可以被访问从而使师生能有效地使用它。运用性能管理信息，管理者可以保证网络有足够的容量以满足师生的需要，保证网络维持在可访问和不拥挤的状态，为师生提供更好的网络访问服务。

(3) 安全管理。安全管理是整个校园网络管理的重要一环，通过防火墙认证、授权、数字签名、加密传输、存取控制、安装安全分析工具等手段实现网络安全控制，监视网络访问情况，通过控制信息的访问点保护网络中的敏感信息。

(4) 故障管理。故障管理是保证网络正常运行至关重要的一个部分，目的是保证网络正常运行，检测、定位和排除网络硬件和软件中的故障，尽量减少故障发生的频度、消除故障产生的隐患。当出现故障时，该功能确认故障的发生，记录故障现象，找出故障位置并尽可能排除这些故障。

(5) 计费管理。计费管理主要记录网络资源的使用情况，目的是控制和监测网络操作的费用和代价。计费管理系统会对学生使用网络收取一定的费用，可以按流量计费，也可以包月使用。此外，它还可以估算出师生使用网络资源的情况。网络管理员还可设定师生可使用的最大网络流量，从而控制少数用户过多占用和使用校园网络资源。

网络安全需求是指校园网络系统的硬件、软件及其系统中运行的数据都能受到安全保护，不因偶然或恶意攻击而遭受到破坏、篡改、泄露，校园网网络服务能够连续、可靠、正常地运行。网络安全要求具备对数据的保密性、完整性、可用性、可控性、可审查性。

从校园网网络管理员的角度而言，要保证校园网络能够正常运行，全校师生对校园网络信息的访问、读写等操作均要受到保护和控制，避免出现任何病毒、非法访问、拒绝服务、非法占用和非法控制等威胁，制止和防御任何网络黑客的攻击。

基于TCP/IP技术的网络之所以成为目前最流行的校园网络传输平台，与其开放性和标准化是不可分开的。与之俱来的则是对校园网络安全的威胁，非法入侵时常发生，篡改破坏数据、非法访问、不经授权的网络接入、窃取各种办公信息以及病毒爆发引起的数据丢失、网络瘫痪等使得校园网络的建设必须考虑评估校园网络的安全。为解决校园网络安全问题，在设计中应采用以下技术手段。

(1) 教师用户需要认证才能上网，学生用户则需要通过认证或者获得教师允许才可上网，并实现可靠的数据备份和恢复手段。

(2) 网络设备自身设置访问控制列表，主要是防火墙、路由器和交换机。使用防火墙隔离内部网络和外部网络，不允许外部用户直接访问内部Web服务器、图书借阅服务器、财务数据库和OA服务器。

(3) 网络用户级安全与数据传输级安全，网络用户级的安全性应在网络的操作系统中予以考虑，而数据传输的安全性则必须在网络传输时解决。

(4) 配置集中式安全管理软件。包括：安全扫描软件，对网络系统安全进行监视和检测；入侵检测系统，对网络行为进行实时监控；网络集中式防病毒系统，隔离网络病毒；拨号访问平台和内部网络之间配置认证系统。

(5) 既要考虑信息资源的充分共享，更要注意信息的保护和隔离，因此系统应分别针对不同的应用和不同的网络通信环境，采取不同的措施，包括端口隔离、路由过滤、防 DDoS 攻击、防 IP 扫描、系统安全机制、多种数据访问权限控制等，有多种的保护机制，如划分 VLAN、IP/MAC 地址绑定(过滤)、SSH 加密连接等具体技术提升整个校园网络的安全性。

2.2 校园网整体拓扑结构设计

校园网整体拓扑结构如图 2-1 所示，网络对外出口由边界路由器承担，该路由器的两个 Serial 接口分别连接运营商网络(Internet)和中国教育科研网(CERNET)，一个千兆或万兆以太网接口连接防火墙。防火墙的外部接口连接边界路由器，DMZ 接口是受防火墙保护的隔离区，通常连接光交换机再连接对外提供服务的服务器群，如 WWW、DNS、MAIL 等，两个对内的千兆或万兆以太网接口连接核心交换机，即连接内部主体网络。

边界路由器也称为校园网网关或网闸，通常需要具备网络安全防护、上网行为管理、VPN 互联、内容审计、应用流量管理、广域网加速等关键服务能力，可以选择思科、华为、中兴、星网锐捷等企业的相关设备。如思科 Cisco ASR 1000，可提供高可靠性和高性能的广域网边缘解决方案，将信息、通信、协作和商务融为一体；或华为 NetEngine5000E、CX6600、AR3200 系列等融合路由、交换、语音、安全、无线等功能于一体的高性能路由器。在高校校园网市场，锐捷公司所占份额较大，在安全出口设备上持续研发新产品，如 RG-EG 系列多业务安全网关、RG-DDI 系列网络服务控制器、RG-ACE 系列流量控制引擎等都是边界安全出口不错的选择。

防火墙是整个校园网络安全架构中必不可少的安全卫士，承担着安全防护、应用控制、安全连接、多运营商链路加速等多维度的复杂任务，可以选配思科 Firepower 4100 系列、Cisco ASA 5500 系列等状态防火墙，适用于互联网边缘和高性能环境；或华为 USG9500 系列、USG6600 系列面向校园网、大中型企业、机构及下一代数据中心推出的万兆 AI 防火墙；或锐捷 RG-WALL 1600-X9850 全新下一代防火墙、RG-WALL 1600 全新下一代防火墙、RG-WALL 1600-E 系列下一代防火墙等。

在本书中，访问控制列表、网络地址转换等技术主要在边界路由器上实现。在实际网络中，除了边界路由器外，还有防火墙、交换机可以实现上述功能。

2.2.1 核心层设计

校园网主体网络结构通常由三层组成，核心层、汇聚层、接入层。

校园网根据学校所辖区域的大小不同，其核心层主干网有不同的结构。如果区域比较小、经费预算不够的情况下，可以考虑采用单核心的高性能多业务交换机，如果预算合适，则可以考虑双核心双机热备的高性能多业务交换机。

如果所辖区域面积较大，如大学城新校区，通常都是数十万平方米，包含几乎所有的文科楼群、理科楼群、工科楼群、教学楼群、学生宿舍楼群、行政楼群、校行政、图书馆、体育场馆等，网络规模庞大，设备数量多，校园网核心层采用双核心就显得不够用了。因此，建议采用如图 2-1 所示的环形架构。在该环形架构中，每个大的楼群均可设一个主节点，如文科楼群主节点、理科楼群主节点、工科楼群主节点、教学楼群主节点、学生宿舍楼群主节点、行政楼主

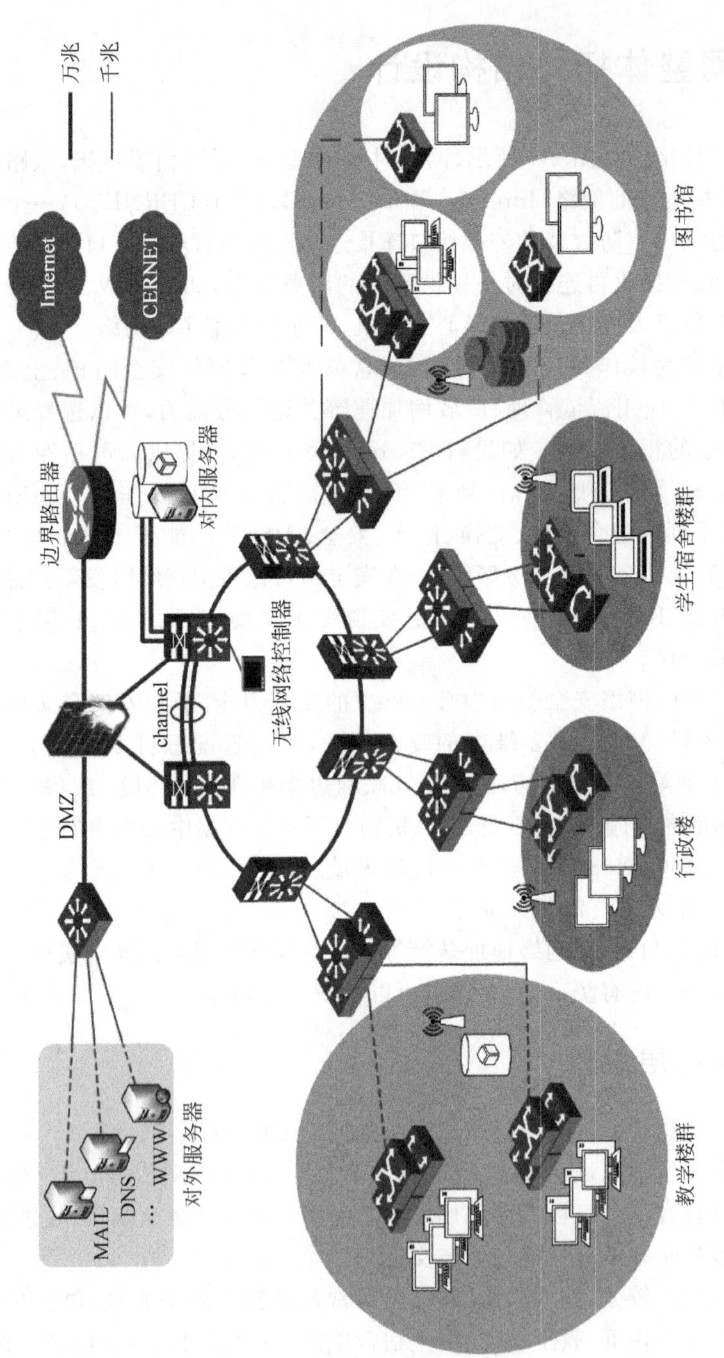

图 2-1 校园网整体拓扑结构图

节点、图书馆主节点，这些主节点最后连接信息中心的主节点交换机，如图 2-2 所示。

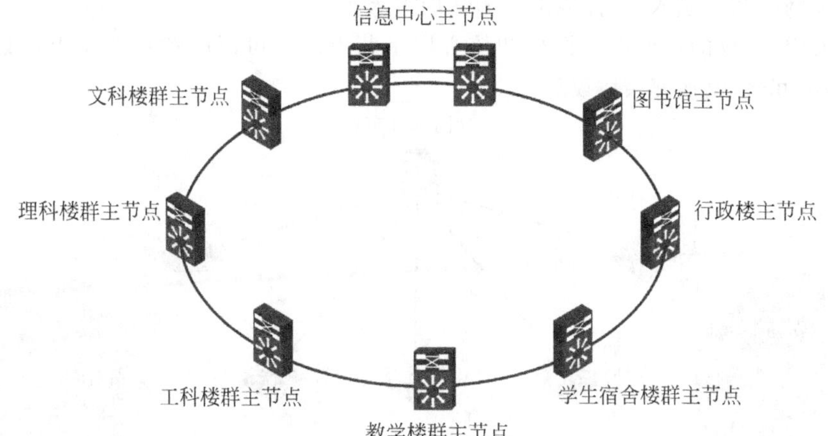

图 2-2　校园网核心层设计

各主节点交换机由于相互之间距离较远，它们之间常采用单模光纤互联，提供万兆带宽，支持校园网内部的高速数据转发和高 QoS 保障。这些主节点均可选择高性能多业务交换机，可选配思科公司最新的 400G 以太网交换机（High Capacity 400G Data Center Networking），或思科 Catalyst 9400 系列交换机，专为物联网和云环境而设计，且内置安全功能；或华为 S12704，华为 S7712 等高性能路由交换机；或锐捷 Newton 18000 系列，采用先进的软硬件架构设计，如 CLOS 多级多平面交换架构，提供持续的带宽升级能力和业务支撑能力，是目前较高配置的核心交换机之一，或锐捷 RG-S8600E 系列云架构网络核心交换机，面向云架构网络设计的核心交换机，也是业界支持云数据中心特性和云校园网特性，实现云架构网络融合、虚拟化、灵活部署的新一代云架构网络核心交换机。

在本书中，学校核心层主节点之间可以配置各种路由协议，实现各片区主节点之间的互联互通；还可以配置 VLAN 和相关的交换协议，实现数据的高速转发。

此外，学校信息中心的核心交换机上还需要连接学校内部的数据库、资源库和服务器群，如信息发布平台、统一身份认证平台、运维服务管理、视频点播服务、MOOC 教学资源库等，它们对校内师生提供高速网络访问服务。这些服务器在校外不能直接访问到，需要通过 VPN 等先连接校园内部网络后，再访问这些服务器。

2.2.2　汇聚层设计

各主节点所辖二级学院、各片区教学楼、各片区宿舍楼等作为学校校园网的汇聚层，如工科楼群主节点下面包含信息学院、通信学院、自动化学院、人工智能学院、网络空间安全学院等工科学院，这些学院的核心交换机作为校园网的汇聚层交换机，上连到工科楼群主节点，形成向外辐射的扩展星型结构，如图 2-3 所示。

由于各工科学院和工科楼群主节点的距离不会特别远，因此，各学院核心交换机可采用万兆或千兆多模光纤上连至学校工科楼群主节点。各学院的核心交换机即构成校园网的汇聚层，也要求具备高性能的综合业务处理能力，通常可以选配思科 Catalyst 3850、Catalyst 3650 系列，或华为 S5720 系列，或锐捷 RG-S6100、RG-S5750H 系列等汇聚层交换机，拥有高性能硬件架构和模块化软件平台开发，具备先进的硬件处理能力、丰富的业务特性，满足用户对校园网高密度接入、高性能汇聚的使用需求。

在本书中，学校的汇聚层交换机和核心层主节点之间可以配置各种路由协议、VLAN间路由、路由冗余、交换冗余协议等。

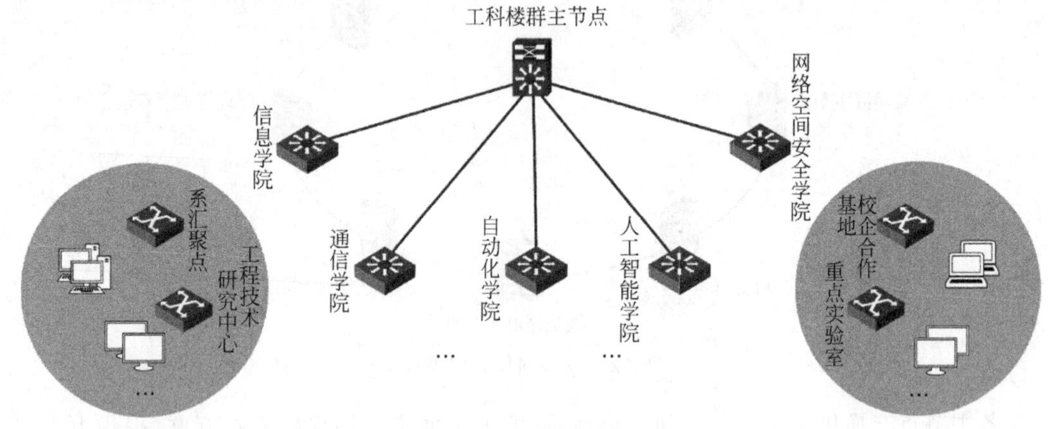

图 2-3 校园网汇聚层设计

2.2.3 接入层设计

在学院内部，不同的系汇聚点、实验中心、重点实验室、工程技术研究中心等教学单位和科研平台等都有自己的核心交换机，它们作为学院的汇聚层交换机，同时，也是学校校园网的接入层，如图 2-4 所示。这些交换机到学院的核心交换机之间的距离一般不会太长，如果超过 100m，则可采用多模光纤，提供千兆光链路；如果小于 100m，则可以采用超六类线，提供千兆电链路。

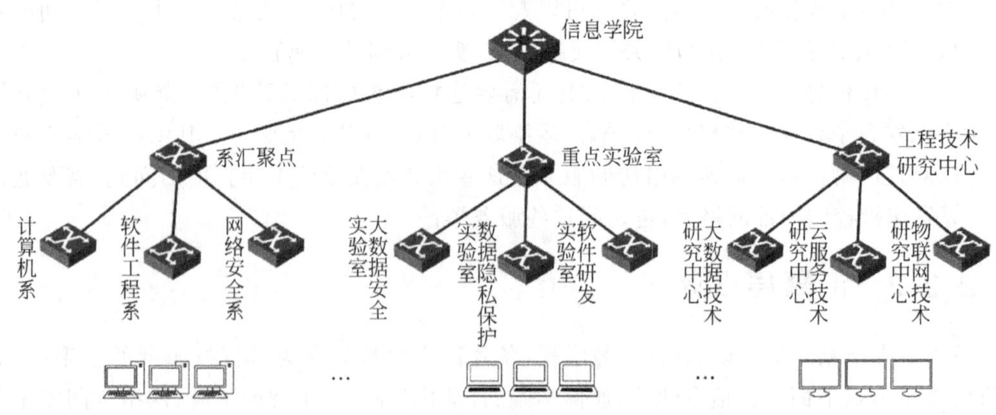

图 2-4 校园网接入层设计

各实验室、办公室内部连接终端计算机的交换机为各学院的接入层交换机，具备一定的网络管理、接入认证能力即可，无须配置非常高，能够提供千兆带宽接入即可，现有校园网也有百兆带宽到桌面计算机的。学院的汇聚层，作为学校的接入层，这层交换机可以选配思科 Catalyst 3560、Catalyst 2960 系列，华为 S2700 系列，或锐捷 RG-S3760E、RG-S2910XS-E 系列等接入层交换机。

上述学院汇聚层交换机和接入层交换机都可以归纳为学校校园网的接入层，这个没有非常严格的规定。同样，也可以认为各学院的核心交换机为学校校园网的一级汇聚层，学院的汇聚层交换机为学校校园网的二级汇聚层，这样所有单位的接入层交换机就是学校校园网的接入层啦。

在本书中，接入层交换机可以创建 VLAN，配置 VPT，协助配置 VLAN 间路由等。

2.3 校园网子项目分解

图 2-1 所示的校园网网络拓扑结构中，展示了校园网设计中所需的各类网络设备以及这些设备的连接关系，组成了硬件基础设施。然后，要想让网络能够提供正常服务，数据包能够正常转发，还需要在网络设备上配置相应的网络协议。

本书将以图 2-1 所示校园网为项目背景，逐步教会学生在校园网中如何分析和配置各种协议，使得校园网能够正常工作。

本书将校园网项目分成 3 大部分，主干网数据路由子项目，学院内数据交换子项目，校园网整体安全和出口子项目。

2.3.1 路由子项目

在校园网项目中，每个主节点都下辖多个学院或者管理单位，不同的学院或管理单位都有自己的多个不同子网，所有这些子网组合在一起组成子网数量庞大的校园网。

各子网之间需要相互访问，如每个学院都要访问教务处、科研处，各学院教学秘书之间需要相互访问等，因此数据需要跨越不同的子网，必须采用路由技术，在网络设备上配置路由协议来实现。

路由协议有多种，当某学校新校区一期建设，网络规模较小，只有几个子网，拓扑结构稳定时，网络管理员可以采用静态路由，明确告诉路由器的路由表，到达某个子网应该怎么路由数据包。这时，路由器就轻松了，在转发数据包时，按照设置好的路由表转发数据就可以了。

当校园网建设到二期、三期后，网络规模变得非常大，子网数量可能有几十个，甚至上百个，管理员无法记住每台路由器或交换机到达每个子网的路由，从而无法再配置静态路由，这时动态路由协议就登台了。校园网不管规模多大，都属于学校信息中心统一管理范畴，都是一个自治系统，其内部使用的路由协议都属于内部网关路由协议(IGP)。IGP 常用的动态路由协议有路由信息协议(RIP)、增强型内部网关路由协议(EIGRP)、开放式最短路径优先协议(OSPF)三种，这三种都是本书学习的重点。

网络管理员在配置上述动态路由协议时，只需在路由器上启用动态路由协议，并将自己所有直接连接的子网宣告到所启用的路由协议中，路由器就能运行动态路由协议并自动同步其他路由器的路由信息，完成路由表的学习和更新，也能在网络发生故障后自动更新和同步。这样，网络管理员的配置工作就简单了，网络的自愈能力和可靠性也得到增强。

综上所述，本书在路由子项目上将分成静态路由、RIP、EIGRP、OSPF，以及路由协议综合等知识模块。实验设备为思科 Cisco 2811 模块化路由器。

2.3.2 交换子项目

校园网也是一个大型的局域网，在校园网内部，快速数据交换无处不在，交换技术是现代局域网技术的核心，也是本书重点学习的部分。

在校园网络中，为了保障网络的可靠性，往往会在交换机之间设置多条连接，组成交换环路。物理的交换环路会产生重复地址、地址表不稳定、广播风暴等诸多严重问题，导致网络性能低下。为此，交换机的生成树协议(STP)可以解决上述问题。

交换技术最重要的是虚拟局域网(VLAN)技术。如每个学院都有教务部，它们分布在不同的学院、不同的区域、不同的物理网络，但又有紧密的业务往来，需要经常互访。如果每个学院为其教务部设置不同的物理子网，则他们之间的互访需要通过路由来实现，大大降低数据转发的效率。如果能够跨越不同的物理空间逻辑地将它们组成一个子网，则不同学院教务部之间的联系就如同在一个子网内部，数据访问变得直接方便，这种方式构建的逻辑子网即为 VLAN。毫不夸张地说，VLAN 技术是现代交换技术的灵魂，是我们学习的重点。

学院的每台交换机根据需要都要创建多个不同的 VLAN，不同的交换机之间需要通过 Trunk 链路连接和识别不同的 VLAN 数据帧。在校园网中，通过 Trunk 链路连接的所有交换机之间都创建了不同的 VLAN，那么如何有效管理这些 VLAN 呢，VTP 就登场啦。

不同的 VLAN 之间需要相互访问的时候会涉及不同子网之间的通信问题，这就需要子网之间进行路由，即需要路由协议连通不同的子网，这就是 VLAN 间的路由问题。VLAN 间路由通常有两种解决方案：一种是添加一台路由器，设置单臂路由来实现 VLAN 间路由；另一种无需路由器，只需要一台三层及以上的交换机，通过在交换机上设置交换虚接口的方式实现 VLAN 间路由。

综上所述，本书在交换子项目上将重点介绍 STP、VLAN、Trunk、VTP、VLAN 间路由、交换综合等知识模块。实验设备为思科 Catalyst 3560 和 Catalyst 2960 交换机。

2.3.3 安全和出口子项目

网络安全已经引起全民重视，校园网安全更是校园网建设与管理的重中之重。

校园网内部的安全可以在边界路由器上过滤可能存在攻击的恶意数据包，再经过防火墙的各种详细的数据转发策略，如访问控制列表(ACL)等操作进一步阻止恶意操作。还可以设置入侵检测系统和入侵防御系统，共同为校园网安全保驾护航。

教师在外地出差时，因办公需要访问学校内部网络，则可以通过虚拟专用网(VPN)技术连接内部网络，然后再访问相应的服务。

校园网包含数量众多的子网，每个子网都使用的是保留的私有地址，每个局域网都使用这些地址，它们无法在互联网中被识别和寻址。每个子网的主机又都需要访问互联网，需要有一种技术能将校园网内部主机使用的私有地址转换为能够在互联网上被识别的公共地址，这种技术就是网络地址转换(NAT)。NAT 一般在校园网出口的边界路由器上进行配置和实现。

在校园网边界路由器处，通常有两个出口，一个互联网出口，一个教育科研网出口。根据学习需要，某些实验室只让访问中国教育科研网，某些实验室只能访问互联网，这就要求在边界路由器上配置策略路由，通过路由图来实现。

综上所述，本书在安全和出口子项目中重点介绍 ACL、NAT 等知识模块。实验设备为思科 Cisco 2811 模块化路由器和思科 Catalyst 3560 和 Catalyst 2960 交换机。

习题与思考

1. 你使用计算机网络主要做什么？平时使用哪些类型的网络？在使用过程中还有哪些方面觉得不方便？

2. 在计算机网络规划与设计之前，应做需求分析。你认为应该从哪些方面进行需求分析？如何评价需求分析的优劣？

3. 你熟悉你们学院的网络拓扑结构吗？包含哪些网络设备，中间是如何连接的，用到了哪些线缆，这些线缆又是如何走线的？如果不清楚，赶快组队调研一下吧。如果你熟悉，也请把它画出来，组队一起讨论研究一下，这个网络是不是就完全满足你们的需求了？假如需要升级改造，应该从哪些方面入手，最后又能达到什么样的效果呢？

4. 你熟悉你们大学校园网的网络拓扑结构吗？知道校园网机房是怎么部署的吗？包含哪些网络设备、中间如何连接的、用到了哪些线缆、这些线缆又是如何走线的？如果不清楚，赶快组队调研一下吧。

第3章 思科网络设备与操作系统

学习计算机网络,使用计算机网络,尤其是学习网络协议、学习路由与交换技术,离不开网络设备,主要是路由器和交换机。美国思科公司是早期的网络设备提供商,中国的华为、中兴和星网锐捷是优秀的后起之秀,思科的互联网操作系统也是经典的网络操作系统,且包括路由与交换等许多先进网络技术都源于思科。因此,本章详细介绍思科网络设备和思科操作系统,本书以此作为前提,在第4～10章系统介绍路由与交换技术。

3.1 思科网络设备

思科网络设备类型很多,包括路由设备、交换设备、安全设备、无线设备、服务器与网络存储设备等,本书重点讲解路由与交换技术。因此,本章重点介绍路由器和交换机。

3.1.1 认识路由器

"工欲善其事,必先利其器",首先应当认识我们要操作的"器"长什么样。路由器以Cisco 2811为例,其外观如图3-1所示。

图3-1为思科Cisco 2811路由器的正面外观,按常用的公制单位毫米(millimeter,mm)计算,Cisco 2811路由器的高度为44.45mm,宽度为438.2mm,深度为416.6mm;如果采用英制单位表述,如以英寸(inch,in)为单位,则Cisco 2811路由器的高度为1.75in、宽度为17.25in,深度为16.4in。对于网络设备而言,通常称这个高度为一个"机架单元"(rack unit),简称为1U或者1RU。1U与其他单位转换的转换关系为:1U=1.75in=44.45mm。我们可以说,在标准的19in机架上,它占用1U的高度。常见的设备高度有1U、2U、3U、4U或者更多,如图3-2所示。

图3-1 思科路由器2811外观

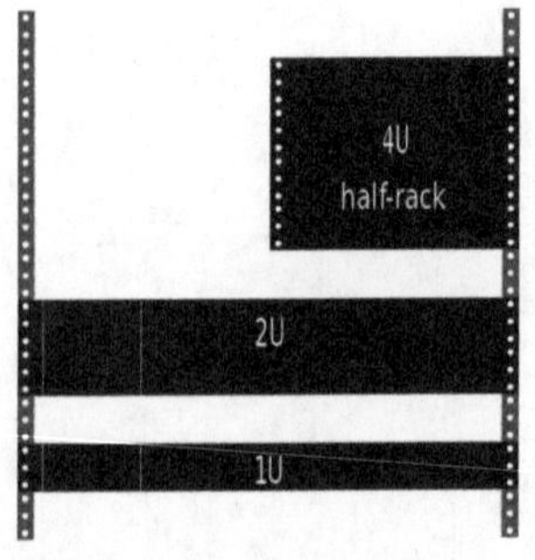

图3-2 标准机架单元示意图

Cisco 2811 路由器的正面如图 3-3 所示，从正面上看，可以看到左侧有多个指示灯，如：SYS PWR(system power)、AUX/PWR、SYS ACT 等，用来指示系统电源、辅助电源、系统运行状态等。然后紧接着一个按钮和一个 COMPACT FLASH 卡(CF 卡)插槽，这一按钮方便将 CF 卡从插槽中取出，按一下之后 CF 卡自动弹出。接下来是两个 USB 接口，再往右边有两个 RJ-45 接口，上面那个是路由器的主控制接口(Console)，下面是一个辅助控制接口(AUX，Auxiliary)。Console 口常利用反转线连接到计算机的串行接口上，然后在计算机超级终端模拟软件上通过命令行的方式对路由器进行配置，而 AUX 口经常需要接到调制解调器(Modem)上，方便远程连接、配置和管理路由器。路由器右侧则是电源开关和电源接口。

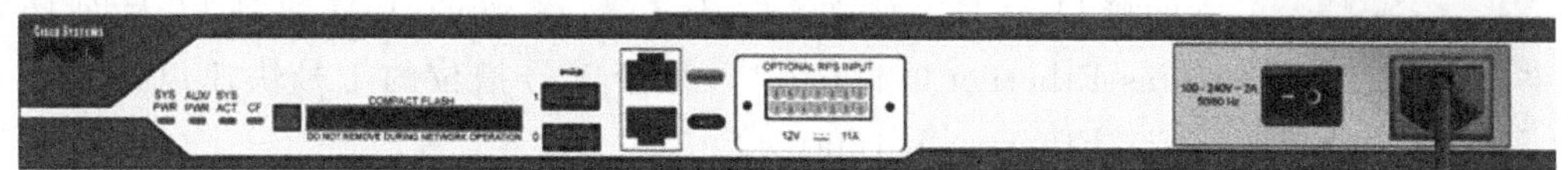

图 3-3 Cisco 2811 路由器正面示意图

Cisco 2811 路由器裸机的背面如图 3-4 所示，Cisco 2811 是一款经典的"模块化"设备，裸机不带扩展卡，可以根据需要进行选配，并单独购买。这些扩展卡一般是 WIC(WAN Interface Card，广域网接口卡)或者 HWIC(High-speed WAN Interface Cards，高速广域网接口卡)。在图 3-4 中，这台路由器默认配备了一个固定配置模块，该模块上有两个快速以太网接口，右边接口的编号是 fa0/0，左边接口的编号是 fa0/1。因思科路由器接口编号规则是右边优先于左边，下面优先于上面。剩余部分可供用户按需自行选配，如图 3-5 所示，该路由器配备了多个 WIC 和 HWIC 接口卡。

图 3-4 Cisco 2811 路由器裸机背面示意图

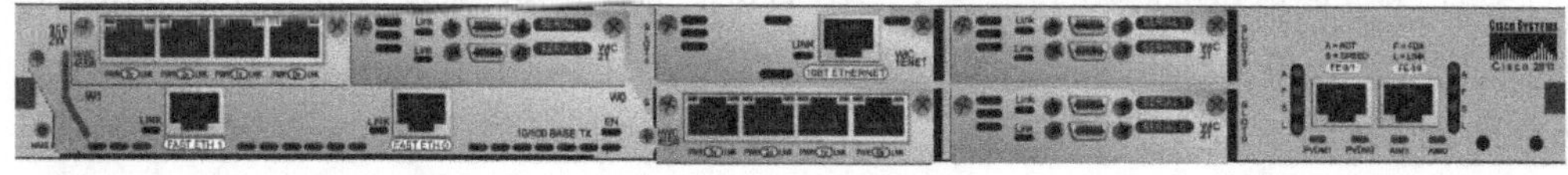

图 3-5 Cisco 2811 选配了多个拓展卡

当然还有一些核心机房使用的高性能"大块头"设备，是一些大规模的模块化设备，图 3-6 所示是思科高性能路由器 Cisco ASR 9910，上部包含引擎卡和多个拓展接口卡，下面采用多电源热备供电，通常部署在对性能、IP 服务、冗余性和永续性要求非常高的电信运营商网络边缘或大型企业网。

3.1.2 路由器接口

从思科路由器的外观可以看到，这些路由器具有丰富的物理接口，例如以太网接口(Ethernet)、快速以太网接口(Fast Ethernet)、千兆以太网接口(Gigabit Ethernet)等，此外还有串行接口(Serial)、ATM 接口、POS 接口、控制接口(Console)、辅助接口(AUX)等。除了上述物理接口外，还有一些逻辑接口，例如环回接口(Loopback)、拨号接口(Dialer)、子接口(Sub-Interface)等。

图 3-6 Cisco ASR 9910 高性能路由器

路由器接口众多，因此，思科路由器需要对这些接口进行有序编号。通常有如下三种规则：

(1) 对于固定的接口或者低端固定配置路由器，路由器接口编号一般是单个数字，例如串行接口 Serial 0(可以简写为 s0)、以太网接口 Ethernet 1(e1)等。

(2) 对于中低端模块化路由器，路由器接口编号一般是用斜杠(/)隔开的两个数字，前者表示模块所在槽位的编号，后者表示具体的接口编号。例如，位于 0 号槽位的 1 号快速以太网接口 FastEthernet 0/1(fa0/1)，位于 1 号槽位的 1 号快速以太网接口 FastEthernet 1/1(fa1/1)。

(3) 高端模块化路由器，路由器接口编号一般是用斜杠(/)隔开的三个数字，从左向右第 1 个数字是槽位号，第 2 个数字是模块号，第 3 个数字是该模块上的具体接口号。这样的模块一般有两种尺寸，一种是较小的模块，命名一般为“WIC-XXX”，而另一种则是较大的模块，命名一般为“NM-XXX”。

思科路由器接口编号的命名优先原则是：从零开始，从下到上，从右至左。

如图 3-7 所示，Cisco 2811 是模块化路由器，共有两个槽位。遵循规则，右侧的槽位编号为 0 槽位，左侧则是 1 槽位。其中，0 槽位有一个固定配置模块和四个选配的模块。固定配置模块上有两个快速以太网接口，从右到左分别命名为 Fa 0/0、Fa 0/1。0 槽位内部除去固定配置后，还有四个模块位，依据上述命名规则，说明如下：

(1) 右下方的模块编号为 0，安装了一个 WIC-2T 模块，该模块有上下两个串行接口，依据从下到上的优先级，分别命名为 Serial 0/0/0、Serial 0/0/1，即第 0 槽位的第 0 模块上的第 0、1 两个串行接口。

(2) 左下方的模块编号为 1，安装了一个 HWIC-4ESW 模块，该模块上有四个快速以太网接口，依据从右到左的优先级，分别命名为 Fa 0/1/0、Fa 0/1/1、Fa 0/1/2、Fa 0/1/3，即第 0 槽位的第 1 模块上的第 0、1、2、3 四个快速以太网接口。

(3) 右上方的模块编号为 2，安装了一个 WIC-2T 模块，该模块上有上下两个串行接口，从下到上分别命名为 Serial 0/2/0、Serial 0/2/1，即第 0 槽位的第 2 模块上的第 0、1 两个串行接口。

(4) 左上方的模块编号为 3，安装了一个 WIC-1ENET 模块，该模块上有一个以太网接口，可直接命名为 Ethernet 0/3/0，即第 0 槽位的第 3 模块上的第 0 个以太网接口。

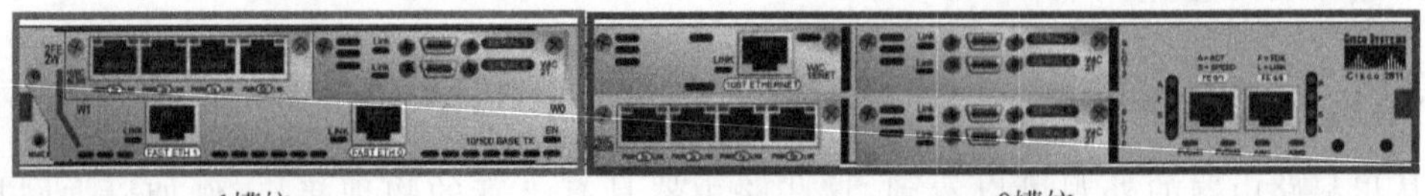

图 3-7 Cisco 2811 路由器选配了多个拓展卡

第 1 槽位比较简单，安装了一个比较大的 NM-2FE2W 模块，这一模块上有一个固定配置模块和两个选配的模块。固定配置模块上有两个快速以太网接口，依据从右到左的优先级，右边的是 Fa 1/0、左边的是 Fa 1/1，即第 1 槽位上的第 0、1 两个快速以太网接口。固定配置模块上方的两个选配模块编号命名如下：

(1) 右边的模块编号为 0，安装了一个 WIC-2T 模块，该模块上有上下两个串行接口，从下到上分别命名为 Serial 1/0/0、Serial 1/0/1，即第 1 槽位第 0 模块上的第 0、1 两个串行接口。

(2) 左边的模块编号为 1，安装了一个 HWIC-4ESW 模块，该模块上有四个快速以太网接口，从右到左分别命名为 Fa 1/1/0、Fa 1/1/1、Fa 1/1/2、Fa 1/1/3，即第 0 槽位第 1 模块上的第 0、1、2、3 四个快速以太网接口。

3.1.3 路由器硬件信息

这些固定配置或模块化的路由器、交换机，其实都是特殊的计算机，这些设备与个人计算机对比有类似的部分，也有特殊的部分。这部分硬件相当于路由器或者交换机的“内脏”：

(1) CPU。即中央处理器，相当于“脑袋”，和计算机一样，它是路由器的控制和计算部件。

(2) ROM。只读存储器，是固化在硬件上的一个模块，类似计算机的 BIOS，存储了路由器的开机诊断程序、引导程序和特殊版本的 IOS 软件(用于诊断用途)，当 ROM 中软件升级时需要更换芯片。

(3) RAM/DRAM。随机存储器，用于存放临时运行的文件和结果，例如，路由表、ARP 表、快速交换缓存、缓冲数据包、数据队列，以及当前配置信息。众所周知，RAM 中存储的数据在路由器或交换机断电后是会丢失的。

(4) Flash。可擦除、可编程的 ROM，类似个人计算机的硬盘，用于长期存放文件，主要存放路由器的 IOS，Flash 的可擦除特性允许更新、升级 IOS，而不用更换路由器内部的芯片。当路由器断电后，Flash 的内容不会丢失，当 Flash 容量较大时，可以存放多个不同的 IOS 版本。

(5) NVRAM。非易失性 RAM，也是固化在主板上的模块，但断电后，NVRAM 里的内容不会丢失，主要用于存放网络管理员保存好的配置文件，当设备重新启动后需要加载该配置文件。

3.1.4 路由器的功能

路由器是第三层网络设备，具备丰富的网络功能，主要如下：

(1) 广域网连接。使用路由器可以实现局域网和运营商网络之间的连接，也可以多台路由器之间联网，再接入互联网，从而实现广域网连接。

(2) 网络分段和广播隔离。如果一个网络中包含的主机数量很多，容易产生广播风暴，不方便配置和管理，严重影响网络整体性能。这个时候可以根据业务需要对主机进行分组，构建多个广播域，然后利用路由器能够分割广播域的功能，采用路由器来连接各个分组。再通过路由器实现不同分组主机间的数据转发，并隔离各分组的广播，也方便实现各分组流量控制，从而对原有网络进行分段和有效管理。

(3) 学习路由。这是路由器的核心功能。首先是构建路由表，当路由器接口配置完成并激活后，即可学习到直连的路由信息，构建初始路由表，此时路由表只包含直连路由信息。管理员可以手工指定路由，如配置静态路由；也可以由路由器自己动态学习新路由，如配置动态路由协议，主要有内部网关路由协议（如 RIP、IS-IS、EIGRP、OSPF 等）和外部网关路由协议（如 BGP 等）。

(4) 路由选择与数据转发。路由器学习到路由之后，生成完整的路由表，并依据所配置的路由协议进行更新。然后就可以进行路由选择与数据转发了，具体步骤为路由器接口接收到数据包之后，会读取数据包中 IP 报头里面的源端 IP 地址和目的 IP 地址（拆包）；根据目的 IP 地址，与对应子网掩码进行异或运算得到目的网络地址，然后查找路由表，找到路由表中匹配的路由条目（查表）；从该路由条目中找到本地出接口和下一跳 IP 地址，利用地址解析协议（ARP）将下一跳 IP 地址解析成对应接口的 MAC 地址，将该 MAC 地址重新封装到即将转发的数据帧的帧头部（重装）；最后，将重新封装好的数据从匹配的路由表条目中指定的本地出接口转发出去（转发）。当在路由表中找不到匹配的路由条目时，检查是否有配置默认路由，有则走默认路由转发该数据包，否则就丢弃该数据包。

3.1.5 认识交换机

了解路由器之后，接下来简单介绍思科交换机的外观，这里以思科 Catalyst 3560 系列为例，如图 3-8 所示。这些交换机高度通常为 1U。左侧通常有几个指示灯，主面板是多个 RJ-45 接口类型的快速以太网端口，数量通常有 12 个、24 个或 48 个，右边另有 2 个或 4 个千兆端口模块，可以选配千兆电口（连接 RJ-45 跳线）或者千兆光口（连接光纤跳线）。主控制 Console 口在交换机背面，电源接口也在背面，通常没有电源开关。

图 3-8 思科 Catalyst 3560 系列交换机

路由器的接口一般称为接口，交换机的接口一般称为端口。普通 1U 的交换机默认模块号为 0，且一般都从第 1 个端口开始计数，如 Fa 0/1，然后是 Fa 0/2，直到 Fa 0/24。

交换机也有高性能的“大块头”，同样也是模块化设备，如图 3-9 展示的是思科 Nexus 9500 下一代自动化数据中心交换机，包含 4 槽、8 槽、16 槽三款，通过使用 Cloud Scale 1/10/25/40/100G EX/FX 系列线卡，这些交换机为高度可编程的行业领先软件定义网络。

本书虽以思科路由器和交换机以及思科互联网操作系统为基础介绍路由与交换技术及

相关配置方法，但是，技术无国界，我国的华为、中兴和星网锐捷等也有非常先进的路由器、交换机和其他网络设备。因知识产权保护问题，与思科不同的是，不同的品牌其操作系统不同、配置方法也不同，但都支持各种开放的技术，如 RIP、OSPF 等。思科私有的协议（如 EIGRP）对其他品牌设备不支持。因此，通过本书的学习，掌握了各种协议的原理、配置、排错与验证方法，对于不同厂商的设备，可以根据设备附带的用户配置手册查看其设备配置方法，很容易就能上手对其他品牌的设备进行配置和管理。

图 3-9　思科 Nexus 9500 交换机

3.2　思科互联网络操作系统 IOS

思科路由器和交换机都采用思科互联网络操作系统（Internetwork Operating System，IOS），交换机的配置方法和路由器非常类似，本章以路由器为例介绍如何使用 IOS。

3.2.1　思科 IOS 的功能

思科 IOS 是思科路由器和绝大部分 Catalyst 交换机的操作系统，它负责路由选择、交换、网络互联、远程通信、安全和运维等功能。IOS 有如下重要的功能：

（1）运行各种网络协议，并提供相应功能。

（2）高速传输数据。

（3）控制访问，提高安全性。

（4）支持扩展，方便网络扩容。

（5）提供资源访问的可靠性。

扩展阅读：关于思科 IOS 与苹果 iOS 的小故事。

IOS 是思科路由器和大部分交换机的操作系统，说到 IOS 你可能想到了美国苹果（Apple）公司的 iOS，两者之间的确有关系。

2007 年 1 月，iPhone 这个名称首次作为苹果公司设计生产的手机名称亮相，但其实 iPhone 此前已是思科网络电话的注册商标，思科随后提起了侵权诉讼。不久，思科和苹果宣布达成和解，双方同意各自继续使用 iPhone 作为产品名称。

2010 年 6 月，苹果公司将 iPhone OS 改名为 iOS，思科和苹果再次就商标授权问题达成了协议。思科同意将 iOS 商标授权给苹果使用,代表其在 iPhone、iPod Touch 和 iPad 等移动设备所使用的操作系统。该授权仅涉及商标,不涵盖任何相关技术。

苹果公司的 iOS 提供了优美的用户界面,拥有良好的用户体验。但遗憾的是,思科的 IOS 则只提供了命令行形式(Command Line Interface,CLI)界面供用户操作思科网络设备,它有点像是 Windows 操作系统上的 cmd. exe 程序。尽管没有华丽的外表,但 IOS 功能十分强大,默默地为网络活动提供服务。

3.2.2 连接思科路由器

部署在实际网络中的思科路由器在开机启动后,保持着出厂的默认配置,此时并不能实现任何网络功能,需要网络管理员连接路由器并对其进行适当的配置。连接思科路由器的方法主要有如下几种:

(1) 通过反转线连接 PC 上的串行接口与路由器的主 Console 接口,然后通过 PC 终端模拟软件(超级终端)采用命令行的方式配置路由器,这是本书配置路由器和交换机的主要方法。

(2) 利用网管工作站(NMS)通过网络远程配置路由器。

(3) 采用调制解调器远程拨号连接路由器的 AUX 口配置路由器。

(4) 通过配置 Telnet 的方式远程登录路由器进行配置。

连接思科路由器最常见的方法是计算机通过 Console 线(反转线)连接到路由器的 Console 口,如图 3-10 所示,这种 Console 线通常一端是 RJ-45 接口,连接到路由器的 Console 口,而另一端则是 RS-232 九针接口(DB-9),连接到计算机的串行口上。

近年来,新的笔记本电脑都追求超薄和超轻,基本上都去掉了串行接口,所以需要添置一条 USB 转 RJ-232 九针接口(DB-9)的转换线,如图 3-11 所示,配合上面的 Console 线使用,或者直接购买 USB 转 RJ-45 的专用配置线,以实现笔记本电脑直接连接并配置路由器或交换机。

图 3-10 Console 线

图 3-11 USB 转 DB-9 转换线

3.2.3 设备启动过程

思科路由交换设备的启动过程大致有以下几个步骤,如图 3-12 所示。

(1) 设备自检。路由器执行 POST(开机自检)程序。POST 存储在 ROM 中并从 ROM 中运行,在自检过程中,路由器检查所有的硬件模块和所有接口是否工作正常。

(2) 加载 bootstrap(引导程序)。bootstrap 程序存储在 ROM 中,负责查找每个 IOS 程

```
System Bootstrap, Version 12.4(13r)T11, RELEASE SOFTWARE (fc1)
Technical Support: http://www.cisco.com/techsupport
Copyright (c) 2009 by cisco Systems, Inc.

Initializing memory for ECC
.
c2811 platform with 262144 Kbytes of main memory
Main memory is configured to 64 bit mode with ECC enabled


Upgrade ROMMON initialized
program load complete, entry point: 0x8000f000, size: 0xcb80
program load complete, entry point: 0x8000f000, size: 0xcb80

program load complete, entry point: 0x8000f000, size: 0x32ad6b0
Self decompressing the image : ##################################################
#################################################################################
#################################################################################
#################################################################################
[OK]

Smart Init is enabled
smart init is sizing iomem
  ID              MEMORY_REQ                        TYPE
```

图 3-12 Cisco 2811 路由器启动过程

序的位置,然后启动加载 IOS 映像文件。

(3) 定位并加载 IOS 的映像文件。默认情况下,所有思科路由器都从 Flash 中加载 IOS 映像文件。如果在 Flash 中没有找到 IOS 映像文件,路由器将会直接进入 BOOT 模式,在 BOOT 模式下可以使用 TFTP 上传 IOS 文件。

(4) 定位并加载配置文件。当加载 IOS 软件成功后,系统会首先从 NVRAM 中查找有效的配置文件 startup-config,当系统找到该文件后,自动加载该文件里的所有配置信息,并将所有的配置信息复制到 RAM 中并调用 running-config,进入用户模式,最终完成启动过程。

如果在 NVRAM 里没有 startup-config 文件,则路由器会直接进入 setup mode(设置模式),使用 no 命令退出该模式进入命令行 CLI(Command Line Interface)模式,然后根据需要对路由器进行配置。

启动过程中有许多#号,此时 IOS 系统在 Flash 中解压并加载到 RAM 中,同时也有一些配置文件从 NVRAM 中加载。启动过程有一些重要信息,如平台型号(图 3-12 中平台为 c2811)、IOS 版本(图 3-12 中为 Version 12.4)等。然后,设备启动后会询问用户是否进入系统配置对话框,一般情况下,可以输入 no 跳过设置,直接登录设备。如果读者输入了 yes 进入初始配置对话框但又想中途退出,可按 Ctrl+C 组合键退出。

```
Would you like to enter the initial configuration dialog? [yes/no]: no
```

3.3 终端模拟软件配置方法

第一次配置路由器必须通过 Console 线(反转线,或翻转线)进行,这也是最常见的方式。在实验室内,通常在计算机上安装终端模拟软件,然后将计算机的串口与路由器的控制口(Console)连接后,便可以在计算机上使用终端模拟软件连接上路由器进行配置操作。Windows 系统下,终端模拟软件有很多,例如超级终端、PuTTY、XShell、SecureCRT 等。下面以超级终端为例,通过下列步骤演示如何使用终端模拟软件。

hypertrm.exe

图 3-13 超级终端

(1) 打开超级终端,如图 3-13 所示,双击 hypertrm.exe。

(2) 设为默认 Telnet 软件。根据自己的意愿选择是否设置为默认 Telnet 软件,如图 3-14 所示,这里单击"是"按钮。

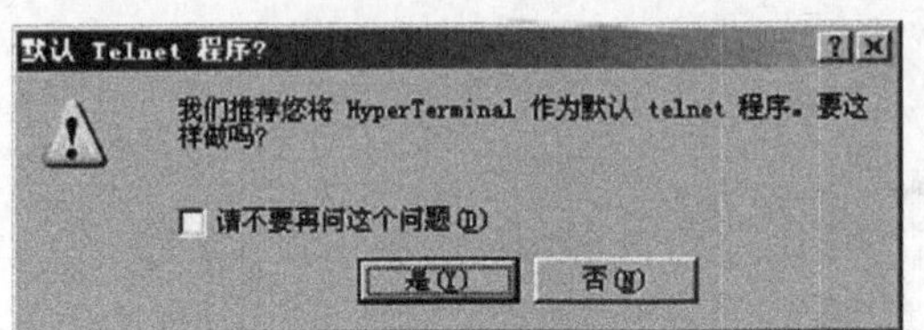

图 3-14 超级终端询问设置默认 Telnet 程序

(3) 位置信息。需要输入区号,如图 3-15 和图 3-16 所示,可以设置北京的区号为 010,或者福州区号 0591 都可以,这个没有强制要求。

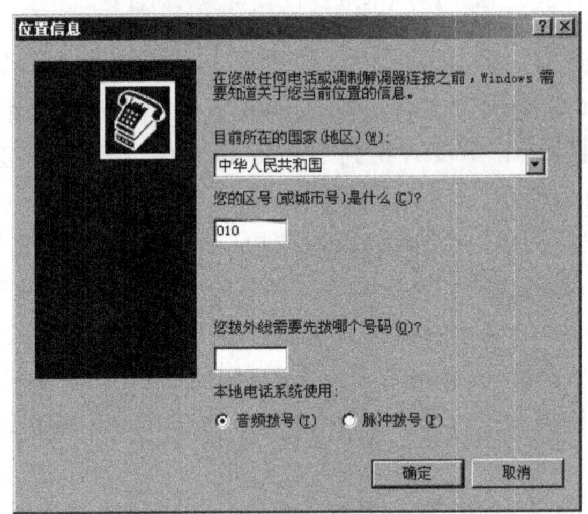

图 3-15 超级终端询问位置信息

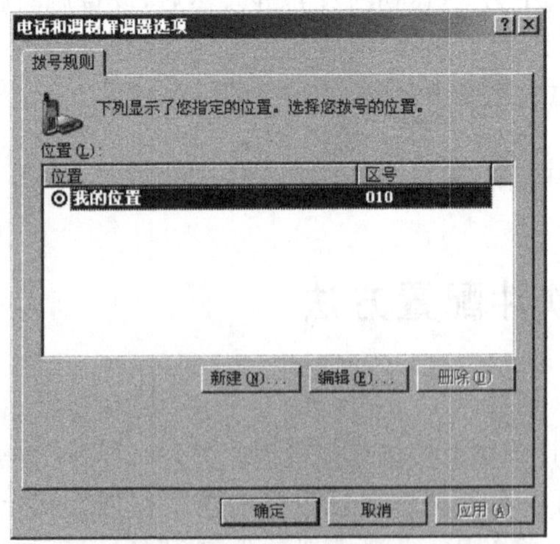

图 3-16 超级终端询问电话和调制解调器选项

(4) 创建新的连接,如图 3-17 所示,这里名称以 Cisco 为例,如果有图标,可以任选一个图标。

(5) 选择连接时用的串口，如图3-18所示，通常是COM1。在Windows操作系统下，可以到“设备管理器”中的“端口”栏目确认。

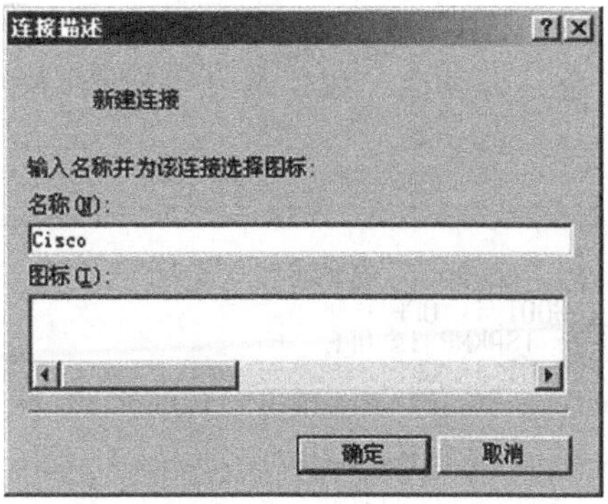

图3-17 超级终端询问连接描述

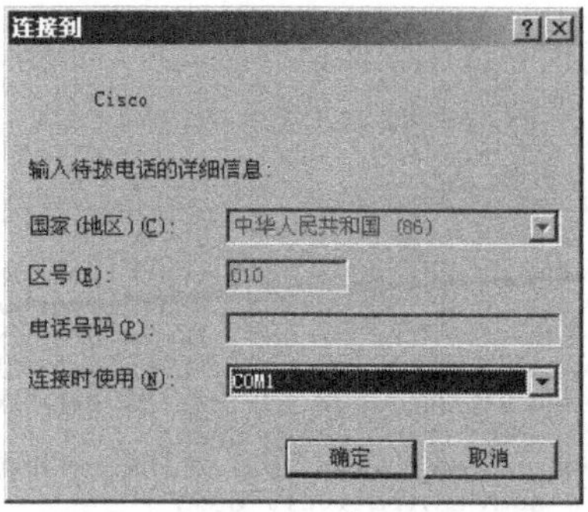

图3-18 超级终端询问连接串口

(6) COM1的属性配置，如图3-19所示，可以单击“还原为默认值”按钮。国内外图书、文档、论坛等常称其为串口通信协议96008N1，请记住这些信息，方便以后配置。即：

- 每秒位数(Baud rate)：9600
- 数据位(Data bit)：8
- 奇偶校验(Parity)：无(None)
- 停止位(Stop bit)：1
- 数据流控制(Data flow control)：无(None)

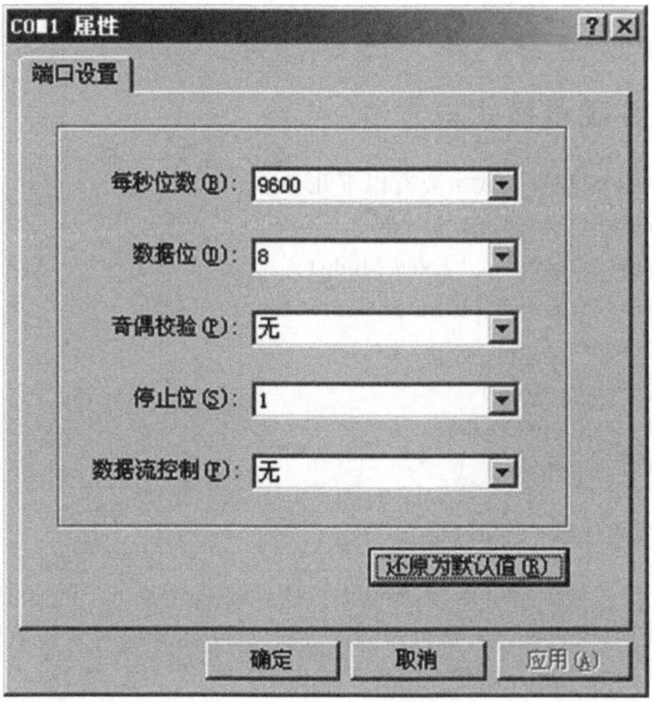

图3-19 配置COM1属性

3.4 IOS 命令行操作方法

配置完终端模拟软件后，进入路由器的 IOS 命令行界面。如果消息没有及时显示，可按 Enter 键或等待，如图 3-20 所示。

```
 a cold start
*Aug  8 08:52:02.635: %CRYPTO-6-ISAKMP_ON_OFF: ISAKMP is OFF
*Aug  8 08:52:02.639: %CRYPTO-6-GDOI_ON_OFF: GDOI is OFF
*Aug  8 08:52:02.639: %CRYPTO-6-ISAKMP_ON_OFF: ISAKMP is OFF
*Aug  8 08:52:02.639: %CRYPTO-6-GDOI_ON_OFF: GDOI is OFF
*Aug  8 08:52:03.795: %LINK-5-CHANGED: Interface FastEthernet0/0, changed state
to administratively down
*Aug  8 08:52:03.795: %LINK-5-CHANGED: Interface FastEthernet0/1, changed state
to administratively down
*Aug  8 08:52:03.795: %LINK-5-CHANGED: Interface Serial0/2/0, changed state to a
dministratively down
*Aug  8 08:52:03.795: %LINK-5-CHANGED: Interface Serial0/2/1, changed state to a
dministratively down
*Aug  8 08:52:04.795: %LINEPROTO-5-UPDOWN: Line protocol on Interface FastEthern
et0/0, changed state to down
*Aug  8 08:52:04.795: %LINEPROTO-5-UPDOWN: Line protocol on Interface Serial0/2/
1, changed state to down
Router>
Router>
Router>
Router>
Router>
Router>
Router>_
```

图 3-20 通过 Console 口进入路由器命令行界面

此时为 IOS 的用户执行模式，IOS 有多种配置模式，下面详细介绍。

3.4.1 IOS 配置模式与方法

思科路由器的 IOS 配置模式主要有以下几种：

(1) 用户执行模式(User Exec Mode)。

(2) 特权执行模式(Privileged Exec Mode)。

(3) 全局配置模式(Global Configuration Mode)。

(4) 监控模式(ROM Monitor Mode)。

(5) 安装模式(Setup Mode)。

(6) Boot 模式(RXBoot Mode)。

下面分别简要介绍这几种模式。

1. 用户执行模式(User Eexc Mode)

通过 Console 线连接到路由器，在终端模拟软件登录到路由器上，此时默认模式为用户执行模式。此模式下，用户可以看路由器的连接状态，访问其他网络和主机，但不能看到和更改路由器的设置内容。这一模式下的提示符为>。

```
Router >
```

2. 特权执行模式(Privileged Exec Mode)

从用户模式输入 enable(或者简写 en)进入特权模式。特权模式下输入 disable(或者 dis)返回用户执行模式(也可以使用 exit)。在特权模式下,可以执行所有的用户命令,还可以看到和更改路由器的设置内容。这一模式下的提示符为#,输入 config terminal 可以进入全局配置模式。

```
Router > enable
Router #
Router # disable
Router >
```

3. 全局配置模式(Global Configuration Mode)及其子模式(Sub Mode)

特权模式输入 config terminal 或者 conf t 进入全局配置模式。全局模式下输入 exit 可返回特权模式。全局配置模式下,可以设置路由器的全局参数,可以配置绝大部分的协议。这一模式下的提示符为(config)#。

```
Router # configure terminal
Router(config) #
Router(config) # exit
Router #
```

在全局配置模式下,还有许多的子模式,这里介绍常用的几种。

(1) 接口子模式(interface mode),对接口进行配置,可以对某个具体的接口进行配置,这个接口可以是物理接口(如 Serial 接口、fastEthernet 接口),也可以是逻辑接口(如 Loopback 接口)。全局配置模式下,输入类似 interface fastEthernet 0/0 的命令进入接口模式。

```
Router(config) # interface fastEthernet 0/0
Router(config-if) #
```

(2) 线路子模式(line mode),设置各种线路,包括 console 线路、VTY 线路等,进入 VTY 线路模式后,可以设置 VTY 密码。

```
Router(config) # line vty 0 4
Router(config-line) #
```

(3) 路由子模式(router mode),配置各种路由协议,下面以 RIP 协议为例。

```
Router(config) # router rip
Router(config-router) #
```

3.4.2 简化命令与帮助

Cisco IOS 具有强大的功能,能够根据较少的字母做出相应的命令提示帮助,支持各种命令的缩写、命令补全，以及输入错误命令的错误提示等。

1. 命令提示功能

在输入命令过程中，如果忘记了接下来有什么选项，可通过问号(?)来显示帮助。例如，当输入 show ip interface ? 后，IOS 提示了如下一些信息。有时提示信息过多，会显示为 < more >，此时按 Enter 键会一行一行显示，或者按 Space 键则一屏一屏加载剩余部分。

```
Router# show ip interface ?
  Async              Async interface
  BVI                Bridge-Group Virtual Interface
  CDMA-Ix            CDMA Ix interface
  CTunnel            CTunnel interface
  Dialer             Dialer interface
  FastEthernet       FastEthernet IEEE 802.3
  Lex                Lex interface
  Loopback           Loopback interface
  MFR                Multilink Frame Relay bundle interface
  Multilink          Multilink-group interface
  Null               Null interface
  Port-channel       Ethernet Channel of interfaces
  Serial             Serial
  Tunnel             Tunnel interface
  Vif                PGM Multicast Host interface
  Virtual-Dot11Radio Virtual dot11 interface
  Virtual-PPP        Virtual PPP interface
  Virtual-Template   Virtual Template interface
  Virtual-TokenRing  Virtual TokenRing
  XTagATM            Extended Tag ATM interface
  brief              Brief summary of IP status and configuration
  vmi                Virtual Multipoint Interface
  |                  Output modifiers
  <cr>
```

有时命令输入一半，忘记了剩余部分，同样可以借助问号获取提示。例如，当输入 show ip interface b? 后，输出结果提示为 BVI 和 brief，也就意味着以 b 开头的可选项有这两个，根据需要选择一个即可。

```
Router# show ip interface b?
BVI  brief
Router# show cdp nei?
neighbors
```

2. 简化命令功能

IOS 支持命令简化，当输入的命令不冲突时，使用简写也能识别。例如 show ip interface brief 可以简写为 sh ip int b，configure terminal 可以简写为 conf t。那么简化为 con t 可以吗？结果如下：

```
Router#con t
% Ambiguous command: "con t"
```

Ambiguous command 即"不明确的命令""模棱两可的命令",即命令有歧义,不能准确表达 configure terminal 的意思,为了避免歧义,使用 conf t 即可。IOS 支持命令简化,但简化后不得有歧义。

3. 命令补全功能

虽然可以简化命令,但有的用户习惯输入完整命令,在没有歧义的情况下,命令可以用 Tab 键补全。例如输完 show ip int 后按 Tab 键,可以补全 interface 一词,然后输入 bri 再按 Tab 键,可以补全 brief 一词。

```
Router#show ip int
Router#show ip interface
Router#show ip interface bri
```

4. 错误提示

错误提示主要体现在如下几个方面。

1) Ambiguous command

不明确的命令,可能是缩写有歧义。可删除其余参数,在第一个缩写的内容后紧接着输入一个问号(?),确认是否有同样"前缀"的命令。

```
Router#con t
% Ambiguous command: "con t"
Router#con?
configure connect
Router#conf t
Routor(config)#
```

例如,当输入 con t 时出现提示这是不明确的命令,因此在 con 后紧跟着输入一个问号(?),查看命令提示,可以发现以 con 开头的命令除了 configure 外还有一个 connect,因此,为了使用 configure terminal 可以选择输入 conf t。

2) Incomplete command

不完整的命令,可能是缺少必要参数或者用错命令。此时建议在该不完整的命令后加一个问号,查看命令提示,方便排查错误。例如:

```
Router(config)#hostname
% Incomplete command
Router(config)#hostname ?
  WORD This system's network name
Router(config)#hostname R1
R1(config)#
```

当输入 hostname 命令后确认，会提示这是不完整的命令。借助问号进行命令提示，可以看到 hostname 命令后面应接着一个 WORD，然后在后面加个参数即可。

3）% Invalid input detected at '^' marker

无效命令，可能是输错命令，IOS 用^符号定位可能出错的位置。例如：

```
Router(config) # hotsname R1
                   ^
 % Invalid input detected at '^' marker.

Router(config) # hostname R1
R1(config) #
```

仍以 hostname 命令为例，当命令敲错为 hotsname 的时候，字母 t 下方会有^提示，表明此处可能存在错误。

3.5 IOS 基础命令

3.5.1 三条重要命令

为了保证实验过程更顺利，少出错误或者更节约时间，建议在每次实验开始前，先输入如下三条非常重要的命令：

```
Router > enable
Router #  config terminal
Router(config) #  no ip domain lookup                //关闭 DNS 查找功能
Router(config) #  line console 0                     //进入主控制线路模式
Router(config-line) #  logging synchronous           //关闭日志消息，启用光标跟随
Router(config-line) #  exec-timeout 0 0              //关闭屏保，永不超时
```

这三条重要的命令及其作用解释如下：

（1）no ip domain lookup。关闭 DNS 查找，防止 DNS 解析。实验过程中偶尔会因手误或其他原因将命令输入错误，默认情况下，Cisco IOS 会把它当成一个地址来查找，该查找过程将消耗一定的时间，造成了不必要的延时。这条命令关闭了 DNS 查找，阻止了查找过程。

（2）logging synchronous。操作时，输入的命令常常被路由器日志消息打断，会导致看不清命令，需要重新输入。为了避免这种情况发生。可以进入主控制线路配置模式，输入上述命令，启用光标跟随，实现同步信息显示，避免被日志消息打断。

（3）exec-timeout 0 0。操作设备时，可能因为各种原因需要中断操作，如果两次操作间隔时间较长，则需要重新登录。如果是通过 Console 口登录，则可能需要重新输入密码。其中，这个间隔时间称为“超时时间”。exec-timeout 这条命令将设置 Console 口的操作超时时间，exec-timeout 后接两个数字，第一个数值是分，第二个数值是秒。例如 exec-timeout 9 16 将设备超时时间设置为 9 分 16 秒。当这两个数值均为 0 时，则设置为永不超时。

在 3.1.2 节介绍过，在不与其他命令发生冲突的情况下，可以简写命令，如上述三条重

要的命令可以分别简写如下所示：

```
Router > en
Router# conf t
Router(config)# no ip do lo
Router(config)# li con 0
Router(config-line)# logg syn
Router(config-line)# exec-t 0 0
```

3.5.2　设备重命名

思科路由器默认设备名称为 Router，思科交换机默认设备名称为 Switch。在配置网络时，因设备同名，容易造成混淆，不便管理与配置，因此需要对设备进行重命名。

在全局配置模式下，可以使用 hostname 命令对各设备进行重命名。通常路由器以字母 R 开头，交换机以字母 S 开头。

```
Router(config)#hostname R1
R1(config)#
```

3.5.3　配置接口

思科路由器的接口有物理接口和逻辑接口等。常用的物理接口有串行接口(Serial，可简写 s)、快速以太网接口(FastEthernet，可简写 f、fa)等。常用的逻辑接口有环回接口(loopback，可简写 lo)等。

loopback 接口是完全由软件模拟的路由器本地接口，其状态一直处于 UP 状态，但允许手动关闭。配置一个 loopback 类似于配置一个快速以太网接口。发往此接口的数据将会被路由器在本地处理。

配置接口，对接口添加 IP 地址的方法如下：

```
Router(config)# interface fa0/0                                  //接口名,具体接口
Router(config-if)# ip address 192.168.100.1 255.255.255.0        //IP 地址,子网掩码
Router(config-if)# no shutdown
```

其中，这里的 no shutdown 让物理接口保持 UP 状态，逻辑接口不需要此操作。

1) 配置串行接口(Serial)

例如，串行接口 Serial 0/0/0 添加一个 IP 地址 172.1.1.2/30，命令如下：

```
Router(config)# int s0/0/0
Router(config-if)# ip add 172.1.1.2 255.255.255.252
Router(config-if)# no shut
```

2) 配置快速以太网接口(FastEthernet)

例如，快速以太网接口 FastEthernet 0/0 添加一个 IP 地址 192.168.100.1/24，命令如下：

```
Router(config)# int f 0/0
Router(config)# ip add 192.168.100.1 255.255.255.0
Router(config)# no sh
```

3）设置环回接口(Loopback)

例如，对环回接口 Loopback 2 添加一个 IP 地址 1.1.2.1/32。注意，环回接口是逻辑接口，其状态一直是 UP 状态，因此可以不用 no shutdown 命令。

```
Router(config)# int lo 2
Router(config)# ip add 1.1.2.1 255.255.255.255
```

4）接口描述

对接口设置描述信息对网络管理员来说非常有必要，通过查看描述，方便网络管理员了解接口的相关信息。在接口模式下，可通过 description 命令对接口描述进行设置。

```
Router(config)# int fa 0/0
Router(config-if)#description Connect To Router2
```

配置完成后，可通过 show interface 查看。

```
Router# show interfaces
FastEthernet0/0 is up, line protocol is down (disabled)
  Description: Connect To Router2
...(部分内容省略)
```

还可以通过 show ip interface brief 查看接口的摘要信息，结果如下：

```
Router# show ip interface brief
Interface          IP-Address       OK?   Method   Status                  Protocol
FastEthernet0/0    192.168.100.1    YES   manual   up                      up
FastEthernet0/1    unassigned       YES   unset    administratively down   down
Serial0/0/0        172.1.1.2        YES   manual   up                      up
Serial0/0/1        unassigned       YES   unset    administratively down   down
Serial0/2/1        unassigned       YES   unset    administratively down   down
Loopback 2         1.1.2.1          YES   manual   up                      up
```

上述结果表明：路由器的 fa0/0 接口、Serial0/0/0 接口和 Loopback 2 接口的 IP 地址设置正确，物理接口激活，处于 UP 状态，逻辑协议工作正常，也处于 UP 状态。这时，直连链路应该是连通的，可以通过相互 ping 相邻接口的 IP 地址验证配置的正确性。

3.5.4 常用查看命令

在实际网络运维中，网络管理员应该随时了解路由器的各种状态，以便及时发现问题，排除故障。

在 Cisco IOS 中，查看路由器或交换机的命令为 show 命令，可以同时在用户模式和特权模式下运行，在其他模式下需要在 show 前面加 do。show 命令有很多，在特权模式下可以通过"show ?"来提供一个可利用的 show 命令列表，常用的有如下几种。

(1) show interfaces：查看所有路由器接口状态，如果想要查看特定接口的状态，可以输入 show interfaces 后面跟上特定的网络接口号即可，如：router # show interfaces serial 0/0/1，再回车即可显示广域网接口 serial 0/0/1 的接口状态信息。

(2) show controllers serial：查看特定接口的硬件信息。

(3) show clock：查看路由器的时间设置。

(4) show hosts：查看路由器主机名和地址信息。

(5) show history：查看输入过的历史命令列表。

(6) show flash：查看 Flash 存储器信息以及存储器中的 IOS 映像文件。

(7) show version：查看路由器信息和 IOS 版本信息。

(8) show arp：查看路由器的地址解析协议列表。

(9) show protocol：查看全局和接口的第三层协议的特定状态。

(10) show ip interface brief：查看路由器所有接口状态信息摘要，主要为接口名称、IP 地址、是否处于 UP 状态。

(11) show ip route：查看路由表信息。

(12) show startup-configuration：查看存储在非易失性存储器(NVRAM)的配置文件。

(13) show running-configuration：查看存储在内存中的当前配置文件。

在学习具体的路由协议时，还有很多针对性的 show 命令可以查看更多与路由协议相关的信息，这些将在第 4～7 章逐步介绍。

3.5.5 常用连通性测试命令

常用的连通性测试命令主要是 ping 命令和 traceroute 命令，该命令有以下多种用法。

(1) ping IP 地址。如 R1 访问目的地址 3.3.3.3，用法如下：

```
R1 # ping 3.3.3.3
Type escape sequence to abort.
Sending 5, 100-byte ICMP Echos to 3.3.3.3, timeout is 2 seconds:
!!!!!
Success rate is 100 percent (5/5), round-trip min/avg/max = 10/10/11 ms
```

(2) ping IP 地址 source IP 地址。如由 R1 接口上的源地址 1.1.1.1 访问目的地址 3.3.3.3，用法如下：

```
R1 # ping 3.3.3.3 source 1.1.1.1
Type escape sequence to abort.
Sending 5, 100-byte ICMP Echos to 3.3.3.3, timeout is 2 seconds:
Packet sent with a source address of 1.1.1.1
!!!!!
Success rate is 100 percent (5/5), round-trip min/avg/max = 10/10/11 msSuccess rate is 100
percent (5/5), round-trip min/avg/max = 10/10/11 ms
```

(3) traceroute IP 地址。如 R1 追踪访问目的地址 3.3.3.3，同时显示访问路径，用法如下：

```
R1#traceroute 3.3.3.3
Type escape sequence to abort.
Tracing the route to 3.3.3.3
VRF info: (vrf in name/id, vrf out name/id)
  1 12.12.12.2 10 msec 10 msec 15 msec
  2 23.23.23.3 10 msec * 9 msec
```

3.6 思科发现协议

思科发现协议(Cisco Discovery Protocol,CDP)是思科私有的二层网络协议，工作在数据链路层。CDP 有 CDPv1 和 CDPv2 两个版本，能够运行在大部分的思科路由器和交换机上。

3.6.1 CDP 协议配置与查看方法

通过 CDP，直连的思科网络设备间可以相互交换信息，可以获知对方的名称、系统版本、接口、IP 地址等信息。

如图 3-21 所示，三台路由器 R1、R2、R3 通过广域网接口进行连接，重命名设备后配置各接口，让接口处于激活状态，默认情况下，思科路由器的 CDP 自动生效，用 no shutdown 保持 UP 状态后，CDP 自动开启。

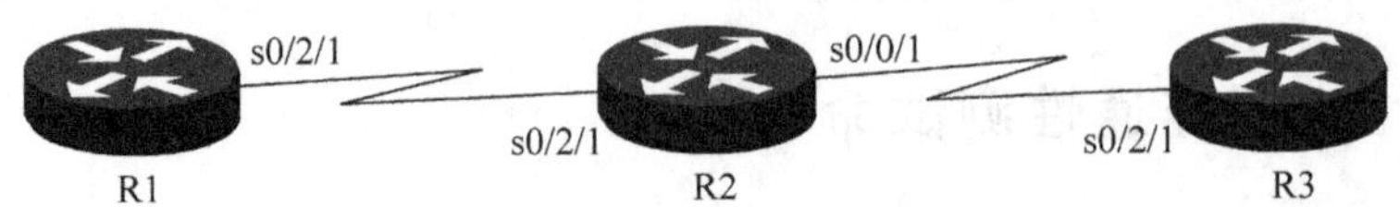

图 3-21　CDP 协议示例拓扑

```
R1(config)#int s0/2/1
R1(config-if)#no shutdown
R2(config)#int s0/2/1
R2(config-if)#no shutdown
R2(config-if)#int s0/0/1
R2(config-if)#no shutdown
R3(config)#int s0/2/1
R3(config-if)#no shutdown
```

在特权执行模式下，可以通过以下命令查看 cdp 信息，以下输出信息以 R1 为例，R2、R3 类似。

```
R1#show cdp
Global CDP information:
        Sending CDP packets every 60 seconds
        Sending a holdtime value of 180 seconds
        Sending CDPv2 advertisements is enabled
```

输出表明，每 60s 会对外发一次 CDP 数据包，保持时间为 180s，正在使用 CDP 版本 2。

然后用 show cdp nei 可以列表查看路由器上的 CDP 邻居输出结果，显示如下。

```
R1# show cdp nei
Capability Codes: R - Router, T - Trans Bridge, B - Source Route Bridge
                  S - Switch, H - Host, I - IGMP, r - Repeater
Device ID    Local Intrfce    Holdtme    Capability    Platform    Port ID
R2           Ser 0/2/1        120        R S I         2811        Ser 0/2/1
R2# show cdp neighbors
...(部分内容省略)
Device ID    Local Intrfce    Holdtme    Capability    Platform    Port ID
R1           Ser 0/2/1        168        R S I         2811        Ser 0/2/1
R3# show cdp nei
...(部分内容省略)
Device ID    Local Intrfce    Holdtme    Capability    Platform    Port ID
R2           Ser 0/2/1        175        R S I         2811        Ser 0/0/1
```

从输出中，可以观察到如下重要的参数：

(1) Device ID。设备 ID，指明邻居设备的主机名。

(2) Local Intrfce。即 Local Interface，本地路由器接口。指明邻居设备连接本机的接口。

(3) Holdtme。保持时间，指明在邻居表中的邻居表项，能在表中存活的时间，默认情况下，它是 CDP 间隔发送时间的 3 倍(即默认 180s)。

(4) Capability。指明连接的邻居设备类型与支持的功能，如 R 为路由器、S 为交换机、H 为主机，I 表示具备 IGMP 功能。

(5) Platform。平台类型，指明邻居设备的具体型号，此处均为思科 2811 路由器。

(6) Port ID。端口 ID，指明邻居设备的哪个接口与本机相连。

上述结果表明，R1 通过本地的 S 0/2/1 接口与 R2 的 S 0/2/1 接口相连。R2 通过本地的 S 0/2/1 接口与 R1 的 S 0/2/1 接口相连，R2 通过本地的 S 0/0/1 接口与 R3 的 S 0/2/1 相连。R3 通过本地的 S 0/2/1 接口与 R2 的 S 0/0/1 接口相连。这与图 3-21 中的事实是相符的。

如果需要更详细的信息，可以使用以下命令。

```
Router# show cdp neighbors detail
```

R1 路由器上的输出结果如下。

```
R1# show cdp neighbors detail
-------------------------
Device ID: R2
Entry address(es):
Platform: Cisco 2811, Capabilities: Router Switch IGMP
```

```
Interface: Serial0/2/1, Port ID (outgoing port): Serial0/2/1
Holdtime : 157 sec
Version Cisco IOS Software, 2800 Software (C2800NM - ADVENTERPRISEK9 - M), Version 12.4(15)T
9, RELEASE SOFTWARE (fc5)
Technical Support: http://www.cisco.com/techsupport
Copyright (c) 1986 - 2009 by Cisco Systems, Inc.
Compiled Tue 28 - Apr-09 13:10 by prod_rel_team
advertisement version: 2
VTP Management Domain: '
```

上面结果除了前面提及的信息外，还能显示更详细的版本信息、版权信息等。

3.6.2 禁用 CDP 服务

CDP 协议默认是开启的，但也可以通过命令关闭该协议，有如下两种方法。

1. 全局禁用 CDP

有时候为了防止这些设备信息泄露，可以在全局配置模式下彻底关闭 CDP。例如，在 R2 上关闭 CDP 协议。

```
R2(config)#no cdp run
```

然后静候一小会儿(即 CDP 发包间隔时间，默认 60s)，再查看各路由器上 CDP 邻居表。在 R1、R3 上查看 CDP 邻居表，列表显示为空，效果如下：

```
R1#show cdp neighbor
...(部分内容省略)
Device ID         Local Intrfce       Holdtme       Capability Platform Port ID

R3#sh cdp neighbor
...(部分内容省略)
Device ID         Local Intrfce       Holdtme       Capability Platform Port ID
```

而 R2 上则会提示 CDP 不可用。

```
R2#show cdp neighbor
% CDP is not enabled
```

不过，尽管此时 CDP 不可用，但如果通过 show ip interface brief 命令，可以发现这些接口依然是激活状态。

2. 接口禁用 CDP

有时，CDP 协议信息需要对内发送而对外隐藏，这时候可以在路由器上启用 CDP，然后在对外的接口上禁用 CDP，防止信息外泄，配置方法如下。

```
Router(config)#interface [interface]
Router(config-if)#no cdp enable
```

例如，在 R2 上重新启用 CDP，并在 Serial 0/0/1 接口上禁用 CDP 功能。

```
R2(config)#cdp run
R2(config)#int s0/0/1
R2(config-if)#no cdp enable
R2(config-if)#exit
```

此时查看 R2 上 CDP 接口情况，可以发现 Serial 0/0/1 已不在列表中。

```
R2#show cdp interface
FastEthernet0/0 is administratively down, line protocol is down
  Encapsulation ARPA
  Sending CDP packets every 60 seconds
  Holdtime is 180 seconds
FastEthernet0/1 is administratively down, line protocol is down
  Encapsulation ARPA
  Sending CDP packets every 60 seconds
  Holdtime is 180 seconds
Serial0/0/0 is administratively down, line protocol is down
  Encapsulation HDLC
  Sending CDP packets every 60 seconds
  Holdtime is 180 seconds
Serial0/2/0 is administratively down, line protocol is down
  Encapsulation HDLC
  Sending CDP packets every 60 seconds
  Holdtime is 180 seconds
Serial0/2/1 is up, line protocol is up
  Encapsulation HDLC
  Sending CDP packets every 60 seconds
  Holdtime is 180 seconds
```

等待一会儿，等 CDP 发包间隔时间结束，重新查看邻居表，输出如下内容：

```
R1#show cdp neighbor
...(部分内容省略)
Device ID    Local Intrfce    Holdtme    Capability    Platform    Port ID
R2           Ser 0/2/1        164        R S I         2811        Ser 0/2/1

R2#show cdp neighbor
...(部分内容省略)
Device ID    Local Intrfce    Holdtme    Capability    Platform    Port ID
R1           Ser 0/2/1        122        R S I         2811        Ser 0/2/1

R3#sh cdp neighbor
...(部分内容省略)
Device ID    Local Intrfce    Holdtme    Capability    Platform    Port ID
```

此时 R1、R2 重新相互发现，而 R2、R3 之间因为 R2 的 s0/0/1 被禁用，导致 R2、R3 无法知道对方的信息。

3.7 路由器配置默认网关

有时候为了测试方便，经常使用路由器临时充当端系统（如主机），此时需要为其配置默认网关。如图 3-22 所示，有两台路由器，其中一台充当主机（重命名为 Host）。

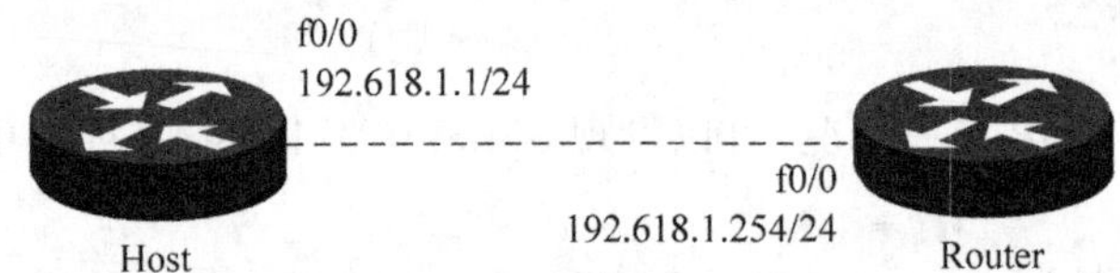

图 3-22 路由器模拟主机示例

路由器 Router 的快速以太网接口 FastEthernet 0/0 的 IP 地址设为 192.168.1.254，子网掩码设为 255.255.255.0。配置接口 IP 地址，并激活接口，操作如下：

```
Router(config)#int f0/0
Router(config-if)#ip add 192.168.1.254 255.255.255.0
Router(config-if)#no shutdown
```

名为 Host 的路由器在全局配置模式下关闭其路由功能，此时路由器暂时丧失路由能力，无法配置路由协议，可以模拟终端主机。如要恢复路由能力，在全局配置模式下使用 ip routing 命令开启路由功能。

```
Host(config)#no ip routing
```

名为 Host 的路由器的 Fast Ethernet 0/0 接口 IP 地址设为 192.168.1.1，子网掩码设为 255.255.255.0。配置接口 IP 地址并激活接口，操作如下：

```
Host(config)#int f0/0
Host(config-if)#ip address 192.168.1.1 255.255.255.0
Host(config-if)#no shutdown
Host(config-if)#exit
```

为这台设备配置默认网关，注意，ip default -gateway 仅在禁用路由功能时才可用。

```
Host(config)#ip default-gateway 192.168.1.254
```

查看默认网关方法如下：

```
Host#sh ip route
Default gateway is 192.168.1.254

Host               Gateway          Last Use    Total Uses Interface
ICMP redirect cache is empty
```

从结果中看到，默认网关已经设置为 192.168.1.254。

用 ping 命令测试两台设备测试连通性，结果均为!!!!!，可知两台设备已连通。

3.8 实战演练

通过上述对 Cisco IOS 基本配置命令的介绍，下面通过一个具体的拓扑图对一些基本的配置进行实战演练，通过不断练习，为第 4～12 章实验打下扎实基础。

1. 实战拓扑图

本实战演练的拓扑图如图 3-23 所示，共 4 台路由器，两两之间通过串口线连接，每台路由器还设置一个环回接口用于测试，R1 连接 PC1 用于测试直连链路连通性。

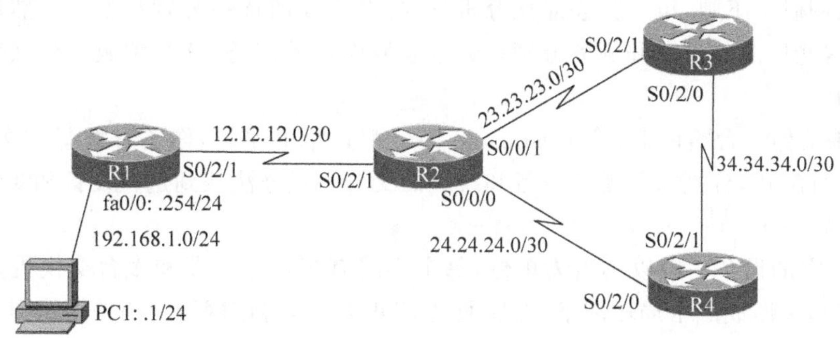

图 3-23 路由器基础配置实战拓扑

2. 实战需求

按照步骤完成下列实验内容：

(1) 按照实战拓扑图连接好各设备。注意路由器与计算机的连接使用交叉线，路由器串口之间使用 Serial 口专用线。

(2) 修改设备名称。将 4 台路由器分别修改为 R1、R2、R3 和 R4。

(3) 通过 CDP 协议构建路由器之间连接的拓扑结构图。实验室中，每组实验设备的拓扑结构可能和图 3-23 不完全相同，但 CDP 协议可以很好地处理这个问题。首先进入路由器的各个接口，接着 no shut 激活物理接口，这时，CDP 默认自动打开，路由器全部接口都激活后，稍微等一会儿，然后每台路由器上查看 CDP 邻居，把每台路由器的邻居和接口看清楚，最后在笔记本上做好记录，把路由器间的拓扑结构画出来，把相连的接口标记清楚。

(4) 配置接口 IP 地址。拓扑结构确定好后，就可以给路由器接口配置 IP 地址了，注意的是，两台路由器直连的两个接口的 IP 地址必须在同一个子网的不同地址，子网掩码必须相同。如 R1 的 S 0/2/1 和 R2 的 S 0/2/1 相连，给定的 IP 地址段为 12.12.12.0/30，则可以在 R1 的 S 0/2/1 设置 IP 地址为 12.12.12.1/30，在 R2 的 S 0/2/1 设置 IP 地址为 12.12.12.2/30。路由器 R1 的 fa0/0 和 PC1 通过交叉线连接，fa0/0 的 IP 地址作为 PC1 的默认网关，两端配置好后，PC1 应该也可以 ping 通 fa0/0 的 IP 地址。

(5) 查看路由器接口状态。配置完接口 IP 地址后，即可以通过 show ip interface brief

查看各接口状态,如果每个接口的IP地址显示正确,物理状态和协议状态全部是UP的话,则配置正确。

(6) 测试直连链路连通性。各接口IP地址配置完,接口状态全部正常后,就可以测试直连链路连通性了。在路由器R1上ping路由器R2的S 0/2/1接口地址12.12.12.2,应该是可以ping通的。但是,在路由器R1上ping路由器R3的接口IP地址能不能ping通呢?答案是不可以的。因为R1和R3之间跨越了不同子网,要想让它们之间能够互通,需要配置路由协议,这个到第4章会系统介绍。

习题与思考

1. 你熟悉思科、华为、中兴、星网锐捷公司主流的路由器和交换机吗?不熟悉的话就去网络上搜索调研一下吧,可以列表对比分析下,各个厂商的优势分别有哪些?然后,继续网络上调研,这些厂商的设备和服务分别在哪些领域应用较广泛,这些领域有什么特征,你是如何理解的?

2. 如果给你一台路由器,除了Console接口配置路由器外,你还有哪些方式可以对这台路由器进行配置,分别需要哪些设备和线缆的支持?想办法找到这些设备和线缆,然后到实验室去实践一下。

3. 实验室的设备一般以小组为单位,每个小组有多台路由器和多台交换机,你能将各台设备连接起来形成一个局域网络,然后通过CDP协议,将该网络的拓扑结构图画出来吗?

4. 当拓扑结构图画出来之后,就可以将该网络划分成多个子网了,你能为这些子网内的设备接口设置IP地址,并完成直连链路的连通性测试吗?跨不同子网的接口地址能ping通吗?为什么呢?

第4章 路由选择原理与静态路由

当我们需要访问互联网时，请求数据包需要跨越多个不同的网络，在互联网上经由多台不同的路由器，最终到达目的服务器，这个过程就是路由。本章首先通过实例解释为什么需要路由，然后详细介绍路由选择的基本原理及路由度量因素，接着讲述路由表结构、路由协议类型；然后系统介绍静态路由、默认路由与浮动静态路由的基本概念、工作原理、配置方法和分析方法；以实例配置为依据，给出了错误检测与排错技巧；最后给出实战演练，让学生系统掌握路由选择原理与静态路由。

4.1 为什么需要路由

本节首先介绍为什么需要路由，然后介绍路由器的主要功能。

4.1.1 路由之问

当学院师生访问天猫、京东、Amazon 等各大电商网站购买促销产品，访问知网、SCI、EI数据库获取学术论文，访问网易云课堂、中国大学 MOOC、Coursera 等平台进行在线学习，访问锐捷、华为、Cisco 等网络基础设施提供商了解最新产品的时候，他们发出的请求数据包是如何到达这些服务器的呢？这些请求数据包可能要先到达信息学院网关，经过工科楼群主节点、校信息中心主节点、再到学校网关或边界路由器，出学校后还要进入电信运营商的网络，如中国电信、中国移动、中国联通，跨越所在的城市、所在省份的路由器甚至跨出国境到达其他国家网络运营商，最终到达所要访问的服务器。

这个过程中，用户的请求数据包要经过许多的路由器，最终到达目的服务器，这种由路由器将数据包从一个子网转发到另一个子网的过程就称为路由。所以，要跨越任一网络访问非本地子网的其他网络服务时，必须要经过路由。

在校园网内部，也需要大量路由。比如信息学院的学生在实验室需要访问学校图书馆数据库，如图 4-1 所示，学院学生实验室所在的子网为 192.168.10.0/24，其网关为 192.168.10.254，学院的子网为 10.136.10.0/24，到达工科楼群主节点，再经过子网 10.136.15.0/24 到达学校图书馆主节点，然后再到 172.16.16.0/24 的电子数据库资源子网。因此，信息学院的学生访问学校图书馆，其请求数据包需要先经过实验室网关 192.168.10.254，跨越学院与工科楼群子网 10.136.10.0/24，再经过工科楼群与图书馆子网 10.136.15.0/24，然后到达图书馆数据库子网网关 172.16.16.254，最后到达数据库服务器 172.16.16.1。中间的网关都是路由器或三层以上交换机，否则无法跨子网转发数据包，这样请求数据包从实验室出发经过 3 跳路由就到达了图书馆数据库服务器。

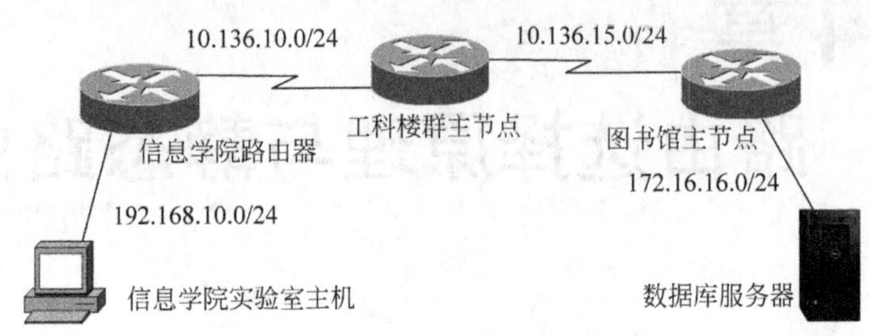

图 4-1 校园网局部拓扑示意图

举一个更形象的例子，这个路由过程好比快递系统，例如福建师大的老师要发送一个快递包裹到北京中科院信工所，这个快递包裹就类似需要转发的数据包。首先，收件快递员到福建师大收包裹，用小三轮车（类似子网 1）将包裹送到福建师大片区收发站（类似网关，用路由器 1 表示），然后用小货车（子网 2）送到福州集散中心（路由器 2），再用大货车（子网 3）送到福州机场（路由器 3），通过飞机（子网 4）将包裹运送到北京首都机场（路由器 4），再由大货车（子网 5）送到北京集散中心（路由器 5），然后用小货车（子网 6）送到中科院信工所片区收发站（路由器 6），最后由发件快递员用小三轮车（子网 7）将该包裹送到接收者手上完成快递过程。在这个过程中，包裹经过多个不同的运输工具（子网）和中转站（路由器），各收发站类似用户子网网关，将包裹由小三轮转换为小货车运输，类似于将数据包由一个子网转发到另一个子网；各集散中心、机场或火车站类似网络的中间路由器，将包裹由一种交通工具转发到另一种交通工具，也类似于将数据包由一个子网转发到另一个子网。在这个过程中，包裹的最终目的地址中科院信工所（目的 IP 地址）永远不变，但每次到下一跳地点（MAC 地址）都会改变，经过一步一步中转，逐步接近目的地。

综上所述，数据包跨不同子网访问，都必须经过路由。

4.1.2 路由器功能

路由器是互联网络最核心的设备，能够让世界上不同的局域网之间实现互联互通。例如，福建师范大学校园内的主机能访问北京大学、加州大学等分布在全世界的大学。事实上，每个大学都有自己的校园网，都属于局域网，不同的局域网之间均通过路由器互联在一起，为人们提供便利的网络互联服务。

当网络规模比较庞大时，中间要经过多台路由器，如图 4-2 所示，从源端请求主机到目的端服务主机之间有多条路径，究竟怎么选择从源端到目的端的最佳路径呢？这要归功于路由器的功能。总体来说，路由器的主要功能是路由选择和数据转发。

（1）路由选择。路由器执行路由选择要通过路由表来实现，根据路由表中显示的路由条目来转发数据包。路由表的构建有两种方法：第一种是当网络规模不大时，网络管理员可以通过配置静态路由表手工指定路由表，包括配置浮动静态路由和默认路由，路由器将配置信息直接写入路由表，路由器将一直维持该路由表不变，直到网络管理员再次修改路由；第二种是当网络规模较大时，网络管理员可以配置动态路由协议，路由器通过路由协议之间

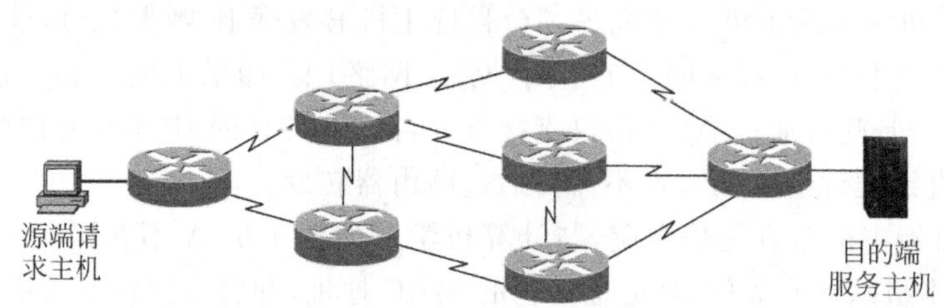

图 4-2 路由器功能示意图

的多次交互自动学习路由，常见的动态路由协议有 RIP、EIGRP、OSPF、IS-IS、BGP。

（2）数据转发。路由器接收到数据包之后，会读取数据包 IP 包头里面的目的 IP 地址，根据目的 IP 地址，并与相应的子网掩码进行异或运算，得到目的子网的网络地址，根据该网络地址查找路由表，如果找到匹配的条目就从相应的下一跳接口转发出去，找不到匹配的路由条目，就看有没有配置默认路由，如果有就按照默认路由转发，如果没有默认路由则直接丢弃该数据包，并向源端主机发送目的不可达的 ICMP 控制消息。

4.2 路由选择原理

4.2.1 工作原理

路由选择的工作原理通常可以归纳为如下三点，如图 4-3 所示。

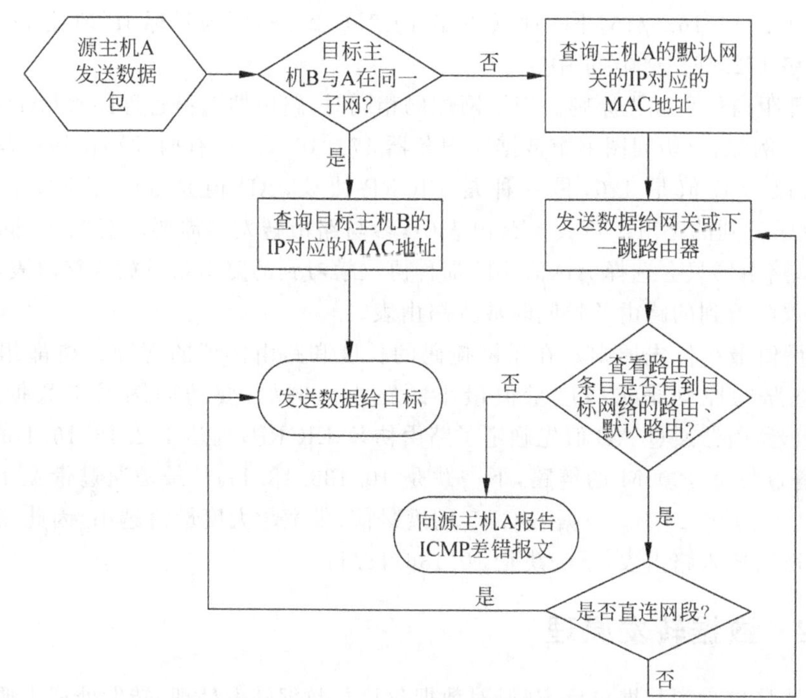

图 4-3 路由选择原理

(1) 当计算机学院的主机 A 要向另一台目标主机 B 发送 IP 数据包时，首先要检查目标主机 B 是否与源主机 A 连接在同一个子网(网段、网络)上，如果主机 B 和主机 A 属于计算机学院同一个子网，就可通过 ARP 协议直接查询目标主机 B 的 IP 地址对应的 MAC 地址，然后将数据包直接交付给主机 B 而不需要通过路由器转发。

(2) 如果目标主机 B 在通信学院，与计算机学院的源主机 A 不在同一个子网内，则源主机 A 应查询本机默认网关的 IP 地址对应的 MAC 地址，并将数据包发送给默认网关路由器，由该路由器按照路由表指示的路由条目将数据包转发给下一跳路由器，最终到达通信学院主机 B。

(3) 如果路由表中没有到达通信学院主机 B 的路由，则该路由器将数据包转发给默认路由，如果没有配置默认路由，则丢弃该数据包，并向源主机 A 返回 ICMP 目的不可达的差错报文。

此外，路由器在路由表中选择路由条目时，如何选路还有如下三原则，简称选路三原则也是动态路由选择协议的基础。

(1) 子网掩码最长匹配原则。当一个目标网络被多个路由条目覆盖，即有多条路由能够到达同一个目标网络时，路由器选择其中子网掩码最长的那条路由。比如信息学院学生实验室所在的子网为 192.168.10.0/24，要访问图书馆数据库服务器 172.16.16.1，有 2 条路由可达：一条是到达 172.16.16.0/24，下一跳是文科楼子网 10.136.18.1；另一条是到达 172.16.16.0/16，下一跳是应用楼子网 10.136.28.8。由于第一条路由的子网掩码长度为 /24，要大于第二条路由/16，所以这时路由器选择第一条路由，将发往图书馆的数据包转发给下一跳 10.136.18.1。需要注意的是，如果有发往 172.16.18.1 的数据包，路由器将选择第二条路由 172.16.16.0/16，下一跳转发给 10.136.28.8，因为目标 IP 地址 172.16.18.1 不包含在网络 172.16.16.0/24 中。

(2) 管理距离最小优先原则。当子网掩码相同时，路由器选择管理距离(AD)最小的那个路由条目。例如，要访问图书馆数据库服务器 172.16.16.1，有两种路由协议均可达：一种是 RIP 协议，AD 值是 120，另一种是 EIGRP 协议，AD 值是 90。这时，路由器选择 EIGRP 协议学习到的路由条目放入路由表中，参与路由转发。需要注意的是，同时配置多种路由协议，路由器只会选择 AD 值小的那种协议学习到的路由条目放入路由表，而不会将多种路由协议学习到的路由条目同时放入路由表。

(3) 度量值最小优先原则。在子网掩码的长度和路由协议的管理距离都相等的情况下，路由器选路的原则是选择度量值最小的路由。例如，要访问图书馆数据库服务器 172.16.16.1，路由器通过 AD 值先确定了路由协议 EIGRP，到达 172.16.16.1 的路由有 2 条，一条是通过带宽 1000M 的链路，下一跳是 10.136.18.1；一条是通过带宽 100M 的链路，下一跳是 10.136.28.8。根据 EIGRP 的度量值，带宽越大度量值越小，因此路由器最终选择第一条链路放入路由表，下一跳是 10.136.18.1。

4.2.2 数据转发原理

当路由器接口收到数据包后，开始对数据包执行数据转发处理，转发处理主要包含如下 4 个过程。

(1) 拆包(remove the data link layer address)。需要转发的数据进入路由器接口后，路

由器接口收到的是物理层比特流，向上传递到数据链路层形成数据帧，剥离链路层的帧头和帧尾；获得IP数据包之后对其进行拆包处理，获取IP包头信息；找到该数据包的目的主机IP地址，最后与其子网掩码进行异或操作后得到目的子网的网络地址。

(2) 查表(refer to the routing table)。路由器得到数据包的目的子网的网络地址后，接着查询自己的路由表，这个过程称为查表。查表选路的过程依据4.2.1节描述的选路三原则执行，最终获得到达目的子网的最优路由，如果没有路由，则丢包处理，并返回源端ICMP控制消息，告知源端主机该目的主机不可达。

(3) 重装(encapsulating a new frame)。当路由器通过查表找到最优路由后，根据路由表中的路由条目，找到这条路由的下一跳IP地址，根据ARP协议解析出该IP地址对应的MAC地址。然后，该数据包从网络层下送到数据链路层，并将该下一跳的MAC地址重新封装到帧头部，重装成新的数据帧。

(4) 转发(forwarding the packet)。重新封装的数据帧从路由器的出接口转发出去，顺利到达下一跳接口，被下一跳路由器收到。

下一跳路由器收到数据后，继续拆包、查表、重装、转发，数据最终达到目的主机，完成数据转发。数据包在上述被路由器转发过程中，其目的子网的网络地址始终保持不变，而MAC地址在不断地变化，数据包不断地向目的子网靠近，直到最终到达目的主机。

4.2.3 管理距离

管理距离(Administrative Distance，AD)是路由条目中一个非常重要的参数，用来衡量路由选择信息的可信度与路由协议的可靠性，可以根据该参数选择路由协议。管理距离是一个取值为0～255的整数，数值越小，管理距离越小，意味着可信度越高，反之亦然。路由协议默认的管理距离如表4-1所示，其中0表示最可信赖，255则表示最不信赖，将不会有任何数据通过这条路由。由上述表格信息可知，如果某个网络通过接口与路由器直连，那么路由器将一直使用这个接口连接该网络。如果路由器上配置了一条静态路由，那么该路由器将确信这条路由要优先于通过动态路由所学习到的路由。

表4-1　路由协议默认的管理距离

路由选择协议(Routing Protocol)	管理距离(AD)
直连路由(connected)	0
静态路由(static)	1
EBGP	20
EIGRP	90
IGRP	100
OSPF	110
RIP	120
外部EIGRP	170
IBGP	200
未知	255

路由器根据AD值选择路由协议，如果路由器接收到两条对同一目的网络的路由更新信息，路由器会首先检查这两条路由的AD值，然后选取这两条路由中AD值较低的那条路

由放置在自身的路由表里。如果这两条路由具有相同的 AD，表明采用的是相同的路由协议，那么路由器将选择度量值(如跳计数或链路带宽等)作为评判路径优劣的依据，度量值较小的那条路由将被放入路由表里。如果两条路由具有相同的 AD 和相同的度量值，此时路由选择协议将会对这两条路由所通告的路径使用负载均衡，将数据包等分后通过这两条路径发送到目的主机。

4.2.4 度量值

度量值(Metric)是路由条目中另一个非常重要的参数，用来衡量同一路由协议下路径的可信度(管理距离是用来衡量路由协议的可信度，不要混淆)。度量值可以由一个或几个度量因素综合决定，例如跳计数(Hop Count)、链路带宽(Bandwidth)、延时(Delay)、负载(Load)、可靠性(Reliability)等，也可以是某个特定时间内的通信量、链路差错率等。

如何选择度量因素取决于所选取的路由协议，不同的路由协议度量因素不同。RIP 协议的度量因素只有跳计数，OSPF 协议的度量因素是 cost，只和链路带宽有关，而 EIGRP 协议的度量因素和链路带宽、时延、负载、可靠性等都有关系。

度量值越小说明该条路径的可信度越高，最高可信度的路径被放入路由表，反之亦然。如果说管理距离用来判断不同路由协议的好坏，那么度量值就能判断相同路由协议下不同路径的优劣。

4.3 路由表

路由器为了完成对数据包的路由选择与数据转发工作，需要依赖路由表。因此，路由器从启动开始就要建立和维护路由表，以保存到达各个目的子网的路径相关数据，供路由选择时使用。

4.3.1 路由表的组成部分

在思科路由器上，可以在 IOS 特权模式中输入 Router# show ip route 命令查看当前路由表，这条命令非常重要。例如，在 Router 上查看路由表，得到如下结果：

```
Router# show ip route
Codes: C - connected, S - static, R - RIP, M - mobile, B - BGP  //路由协议代码
D - EIGRP, EX - EIGRP external, O - OSPF, IA - OSPF inter area
N1 - OSPF NSSA external type 1, N2 - OSPF NSSA external type 2
E1 - OSPF external type 1, E2 - OSPF external type 2
i - IS-IS, su - IS-IS summary, L1 - IS-IS level-1, L2 - IS-IS level-2
ia-IS-IS inter area, * - candidate default, U- per-user static route o-ODR,
P - periodic downloaded static route
Gateway of last resort is not set                                //下面是路由条目
1.0.0.0/24 is subnetted, 1 subnets                               //1.0.0.0/24 已连接,有 1 个子网
C  1.1.1.0 is directly connected, Loopback0                      //C 表示直连子网
R  3.0.0.0/8 [120/2] via 172.16.1.2, 00:00:09, Serial0/2/1       //R 表示通过 RIP 协议学到的路由
```

```
172.16.0.0/24 is subnetted, 2 subnets
C  172.16.1.0 is directly connected, Serial0/2/1
R  172.16.2.0 [120/1] via 172.16.1.?, 00:00:09, Serial0/2/1
```

从上面这个路由表可以看到,路由表由路由协议代码部分和路由条目部分组成。路由协议代码部分给出了所有路由协议在路由条目中的代号,如C表示直连路由,S表示静态路由,R表示通过RIP学习到的路由,D表示EIGRP协议学到的路由,O表示OSPF协议学到的路由。路由条目部分给出了路由器进行路由选择所需要的所有信息,主要包括路由类型、目标网络地址、[AD/Metric]、下一跳IP地址、本地出接口等。

路由条目R 3.0.0.0/8[120/2]via 172.16.1.2, 00:00:09, Serial0/2/1显示了通过RIP协议学到的路由,目的网络地址是3.0.0.0/8,AD值是120,到达该目的网络要经过2跳距离,下一跳IP地址是172.16.1.2,还需要9s更新一次路由信息,本地出接口是Serial0/2/1。这个路由条目连贯起来可以这么看:该路由器通过RIP协议,从本地出接口Serial0/2/1转发数据包到下一跳IP地址172.16.1.2,经过2跳的距离,到达目的子网3.0.0.0/8。

4.3.2 路由表条目类型

路由表的路由条目根据学习途径的不同,主要有如下几种类型:

(1) 直连路由。路由器直连接口,配置好IP地址并激活后,自动写入路由表的路由。

(2) 主机路由。子网掩码为32位的路由。

(3) VLSM子网路由。是经过子网划分之后,路由协议学到的路由。

(4) 汇总路由。可以是自动汇总后的路由,也可以是手动汇总后学习到的路由,把明细的路由汇总成更大网络的路由。

(5) CIDR超网。手动配置的,子网掩码的位数比默认网络掩码要少的路由。

(6) 主网路由。采用主网默认网络掩码的路由。

(7) 默认路由。局域网边界路由器对外配置的路由,0.0.0.0/0,表示能够访问任意外网服务。

4.3.3 路由器的查表原则

当路由表中存在大量路由条目的时候,路由器采用最长匹配原则进行查表。根据4.2.1节路由选择原理,路由器处理路由的优先顺序(精确度)是:主机路由>子网路由>汇总路由>主网路由>超网路由>默认路由。

4.3.4 路由器的加表原则

路由器如何将最佳路由加入(写入)路由表?主要考虑如下几个原则:

(1) 当到达同一个目的子网配置不同的路由协议时,路由器根据协议的AD值选择路由协议,将AD值小的路由加入路由表(常用的静态路由AD是1,RIP是120,OSPF是110,EIGRP是90)。

(2) 路由器通过不同的路由协议学习到不同目的子网的路由,都加入路由表。

(3) 路由器通过同种路由协议学习到同一个目的子网的不同路径,则比较度量值Metric,将Metric值小的路径加入路由表。

4.4 路由协议类型

路由协议也称为路由选择协议,分类方式有很多。从承载路由协议运行的角度可以分为主动路由协议与被动路由协议,从路由器是否自行学习的角度可以分为静态路由与动态路由协议,从自治系统角度可以分为内部网关路由协议与外部网关路由协议,从能否支持VLSM而言还可以分为有类路由协议与无类路由协议。

4.4.1 主动路由协议与被动路由协议

1) 主动路由协议

主动路由协议在被动路由协议的基础上,在路由器之间共享路由选择信息,实现路由的传送、更新和同步。主动路由协议允许路由器与其他路由器通信来修改和维护路由表,如RIP、RIPv2、EIGRP和OSPF等协议。

2) 被动路由协议

被动路由协议是能够承载主动路由协议的网络层协议,是在网络层中提供了足够信息的网络协议,该协议允许将数据包从一个主机转发到以IP地址方案为基础的另一个主机,如IP协议。

4.4.2 静态路由与动态路由协议

1) 静态路由

静态路由完全由网络管理员手动指定数据包的转发路径,因其AD值为1,除了直连之外,可信度最高,优先于任意的动态路由协议。当网络拓扑结构发生变化时,需要网络管理员重新配置。

2) 动态路由协议

动态路由协议路由器能够根据既定的路由协议适时地进行路由器间的路由信息交换,从而对自身的路由表进行更新与维护,并且可以在网络拓扑发生变化时进行自动调整。与由网络管理员手工指定转发路径的静态路由相对,动态路由协议无须网络管理员手动添加路由,它可以自行查找网络并更新路由表,使用起来比静态路由容易,但是会占用更多的CPU资源和网络带宽,常适应于网络规模大、拓扑结构复杂的网络。

动态路由协议可以分为如下三类:

(1) 距离矢量路由协议。距离就是源端到达目的端要经过多少跳路由,矢量就是方向,从源端要走哪个方向才能到达目的端,该协议依据距离的大小和方向来决定源端到达目的网络的最佳路径。RIP协议是典型的距离矢量路由协议,该协议在进行路由选择时,数据包每跨越一台路由器,就称为一跳。到达目的网络所经过跳数最少的路径被认为是最佳路径。配置距离矢量路由协议的路由器将定期发送自己的路由表给直接相连的路由器。RIP和

IGRP 都属于距离矢量路由选择协议。

(2) 链路状态路由协议。使用链路状态来进行路由选择,相较于使用距离矢量路由协议的路由器,它可以了解到更多关于网络的情况。该协议要求路由器创建邻接关系数据库(用来记录直接相连的邻居路由器)、网络拓扑数据库(用来确定整个互联网的拓扑结构和备份路由信息)、路由表(用来记录最佳路由信息)这 3 个表库。配置链路状态路由协议的路由器将发送包含有自身链接状态的路由更新信息到其他所有建立邻接关系的直连路由器上,然后再由这些路由器传播到它们的邻接设备上。OSPF 协议是一种典型的链路状态路由协议。

(3) 混合型协议。混合型协议同时具备距离矢量路由协议和链路状态路由协议的特性。例如思科私有(专有)的 EIGRP 协议就是一种混合型协议。

3) 静态路由和动态路由协议的对比分析

下面从适用的网络拓扑结构、适用的网络环境、应对拓扑结构变化、路由优先级、资源消耗、可靠性、可控性等方面对静态路由和动态路由协议进行对比分析,如表 4-2 所示。

表 4-2　静态路由与动态路由协议的比较

	静态路由	动态路由协议
适用的网络拓扑结构	简单、稳定	复杂、多变
适用的网络环境	小型网络	中、大型网络
应对网络拓扑结构变化	网络管理员手动配置修改	路由器之间交互路由信息,周期性或触发自动更新、收敛
路由优先级	非常高	较低
资源消耗	非常低	对 CPU、内存消耗高
可靠性	非常高	较静态路由低
可控性	非常高	较低,开启路由认证后较高

4.4.3　内部网关协议与外部网关协议

在规模庞大的互联网中如果使用单一的路由选择协议是不现实的,更合适的做法是将网络组织为多个自治系统(AS),每个 AS 自行规划、选择、管理该 AS 的路由选择协议。根据是否处于同一个自治系统,动态路由协议还可以分为内部网关协议(Interior Gateway Protocol,IGP)和外部网关协议(Exterior Gateway Protocol,EGP)。IGP 在一个 AS 内部使用,EGP 在 AS 之间传输路由选择信息。

自治系统是一个具有统一管理机构、统一路由策略的网络所覆盖的最大边界范围。在这个范围里,可以是一个简单的局域网络,也可以是一个大型的网络群体,只要是相同的路由管理策略。AS 还是一个相对独立的、可控的网络单元,也称为路由选择域(Routing domain)。

1) 内部网关协议

用于同一个 AS 中的所有路由器之间共享的路由选择协议,常用的有 RIP、EIGRP、OSPF 等协议。

2）外部网关协议

外部网关协议用于不同 AS 之间的通信和路由选择，典型的有 BGP(Border Gateway Protocol，边界网关协议)和 BGP-4 协议。

4.4.4 有类路由协议与无类路由协议

根据是否支持 VLSM，路由协议还可以分为有类路由协议和无类路由协议。

1）有类路由协议

有类路由协议在路由更新广播中不携带相关网络的子网掩码信息，在网络边界按标准的网络类别(A 类、B 类、C 类)发生自动汇总，且自动假设网络中同一个标准网络的各子网总是连续的。

有类路由协议的典型代表：RIP Version 1(RIPv1)和 IGRP。

2）无类路由协议

与有类路由协议相对，无类路由协议在路由更新广播中携带相关网络的子网掩码信息，还支持携带可变长子网掩码(VLSM)信息。无类路由协议可以手动控制是否在一个网络边界进行汇总。

无类路由协议的典型代表：RIP v2、EIGRP 和 OSPF。

4.5 静态路由与配置方法

4.5.1 静态路由

静态路由(static routing)是网络管理员事先以手工方式输入配置命令写入路由表中的路由。

静态路由协议具有如下特点：

(1) 静态路由信息在默认情况下属于各台路由器私有，是稳定不变的，也不会传递给其他的路由器，因而不会占用链路的有效带宽。

(2) 静态路由因为不涉及各路由器之间共享、更新、同步路由信息，所以也不会占用路由器太多的计算资源。

(3) 当网络链路的状态或者网络的拓扑结构发生变化时，网络管理员需要手动去修改路由器中相关的静态路由信息，所以不适合在大型网络中使用。

(4) 在所有的路由协议中，静态路由的 AD 值为 1，优先级最高，在路由选择上静态路由比动态路由协议优先。

(5) 由于静态路由具有配置简单、路由器负载小、效率高、可靠性与可控性强等原因，经常被使用在一些规模不大、拓扑结构相对固定的小型网络环境中。

(6) 如果出于安全的考虑想隐藏网络的某些部分或者管理员想控制数据转发路径，也会使用静态路由。

4.5.2 静态路由的配置语法

在全局配置模式下可以配置静态路由，其命令语法如下：

```
Router(config)# ip route [destination_network] [mask] [exit_interface|next-hop_address]
[administrative_distance] [permanent]
```

其中，各字段的含义如下。

(1) ip route：静态路由配置命令。

(2) destination_network：目的子网的网络地址。

(3) mask：目的子网对应的子网掩码。

(4) exit_interface：本路由器的出站接口，也称本地出接口，可以输出要转发的数据包，数据包从该接口发出，然后到达下一跳地址所在接口。

(5) next-hop_address：下一跳地址，本地出接口和该下一跳接口表现为一个直接连接的路由。

中括号中间的竖线表示竖线两边的参数二选一，即命令配置时，本地出接口和下一跳地址任选一个即可。

(6) administrative_distance：管理距离(AD)，默认情况下，静态路由的管理距离为1，优于其他任何路由协议，AD就是关于路由的可靠程度，其中值为0最好，而值为255最差。

(7) permanent：即使接口被关闭或者路由器不能与下一跳路由器通信，这一路由选择将保留在路由表中而不按默认情况被删除。

administrative_distance 和 permanent 是可选项，可以不用配置。

例如：

```
Router(config)# ip route 192.168.2.0 255.255.255.0 s0/2/1
```

这一命令表明，为了到达网络号为192.168.2.0、掩码为255.255.255.0的网络，所有数据包将通过当前路由器的串行接口Serial 0/2/1发出。

```
Router(config)# ip route 192.168.12.0 255.255.255.0 192.168.1.2
```

这一命令表明，为了到达网络号为192.168.12.0、掩码为255.255.255.0的网络，所有包将发往地址为192.168.1.2的下一跳路由器接口。

如果要删除一条静态路由配置，只需要在原配置命令前加上no，其他部分保持不变。形式如下：

```
Router(config)# no ip route [destination_network] [mask] [exit_interface|next-hop_
address] [administrative_distance] [permanent]
```

例如：

```
Router(config)# no ip route 192.168.12.0 255.255.255.0 192.168.1.2
```

这一命令将原来配置到目的子网192.168.12.0/24的静态路由删除。

4.5.3 出接口和下一跳 IP 地址的区别

在配置静态路由时，配置本地出接口和下一跳 IP 地址都能顺利写入路由表并执行相应的路由，但二者有以下细微区别：

(1) 在以太网环境(以太网接口)下，如果配置的是本地出接口，那么路由器会针对每个可能的目标主机都进行一次 ARP 解析，ARP 条目会与目标主机的数量成正比。反之，如果配置的是下一跳 IP 地址，那么路由器只需要第一次就对下一跳 IP 地址进行 ARP 解析，之后对该目的子网下不同的目标主机都使用下一跳接口的 MAC 地址进行封装，此时，ARP 条目与目标主机的数量没关系。因此，以太网环境下配置下一跳 IP 地址更高效。

(2) 在串行链路环境(串行接口)下，如果配置的是本地出接口，当路由器收到数据包时可以直接将数据包从本地出接口发送出去。如果配置的是下一跳 IP 地址，则路由器需要对下一跳的路由可达性进行递归检查。因此，串行链路环境下配置本地出接口更高效。

在配置静态路由时，以太网环境推荐使用下一跳 IP 地址，串行链路环境推荐使用本地出接口，这样可以避免不必要的错误。

4.5.4 静态路由的优缺点

静态路由具有如下优点：

(1) 配置简单，不需要进入路由进程，也没有其他配置参数。

(2) 不增加设备计算压力，在使用静态路由较多的网络中可以选择性能稍低的设备。

(3) 不增加设备间的链路有效带宽占用，即在链路上可以节省更多的成本。

(4) 提供更高的安全性。网络管理员可以有选择地在设备上配置静态路由，使之只通过某些特定的网络。

同时，静态路由还具有如下缺点：

(1) 因为静态路由需要配置回程路由，所以网络管理员必须完全了解整个网络以及每台设备间的连接方式，以正确配置每台设备。

(2) 当添加一网络时，网络管理员必须在所有相关设备上手工地添加到此网络的路由。

(3) 对于大型网络大量使用静态路由是不合适的，因为配置静态路由选择会产生巨大的维护成本。

4.5.5 静态路由配置实例

下面以信息学院实验室访问学校图书馆为例，从需求分析、实验内容分析、实验配置和实验测试 4 个方面展示静态路由的配置。

1. 需求分析

信息学院实验室子网为 192.168.10.0/24，信息学院的路由器为 R1，工科楼群主节点为 R2，图书馆主节点为 R3，数据库子网为 172.16.16.0/24，信息学院与工科楼群主节点间的子网为 10.136.10.0/24，工科楼群主节点与图书馆主节点间的子网为 10.136.15.0/24，如图 4-4 和表 4-3 所示。

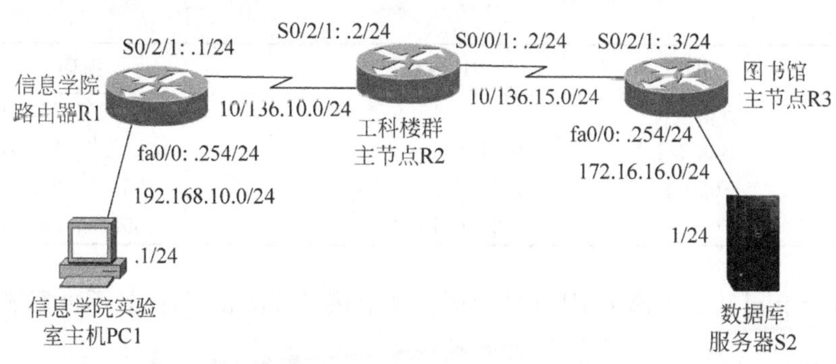

图 4-4 静态路由示例拓扑图

表 4-3 子网地址规划

子网 IP	子网掩码	子网内设备名称
10.136.10.0	255.255.255.0	R1、R2
10.136.15.0	255.255.255.0	R2、R3
192.168.10.0	255.255.255.0	R1、PC1
172.16.16.0	255.255.255.0	R3、S2

要求配置静态路由，使得全网连通，信息学院实验室主机 PC1 能够访问图书馆数据库服务器 S2。

2. 实验内容分析

根据需求，需要完成的实验内容按照基本配置、分析协议、配置协议、测试协议 4 个步骤执行：

(1) 配置各路由器接口地址，配置实验室 PC 和数据库服务器的 IP 地址、子网掩码以及网关等，确保直连链路连通。

(2) 分析静态路由，准确判断每台路由器上应该配置哪些路由，注意回程路由的规划。

(3) 配置静态路由，测试各设备间的连通性，在路由器上测试连通性。

(4) 测试 PC 与 Server 之间的连通性，确保在 PC 上使用 ping 命令能够连通 Server 数据库服务器。

3. 实验配置方法

1) 基本配置

按照图 4-4 示例拓扑图连接好各设备，然后配置路由器的串口地址与快速以太网口地址，其中接口 IP 地址和子网掩码等如表 4-4 所示。

表 4-4 各设备接口地址

设备名称	接口	IP 地址	掩码
R1	S 0/2/1	10.136.10.1	255.255.255.0
R2	S 0/2/1	10.136.10.2	255.255.255.0

续表

设备名称	接口	IP 地址	掩码
R2	S 0/0/1	10.136.15.2	255.255.255.0
R3	S 0/2/1	10.136.15.3	255.255.255.0
R1	F0/0	192.168.10.254	255.255.255.0
R3	F0/0	172.16.16.254	255.255.255.0

以 R1 的 Serial 0/2/1 添加 IP 地址为例。其他接口方法相同,此处不再赘述。

```
R1(config)#int s0/2/1
R1(config-if)#ip add 10.136.10.1 255.255.255.0
R1(config-if)#no shutdown
```

注意:因为串口和快速以太网口为物理接口,默认情况下是关闭的,为了保持 UP 的状态,应用命令 no shutdown 避免其状态改为 DOWN。

配置完成后,可以通过 cdp 协议查看邻居(show cdp neighbors),确认是否按照拓扑图正确连接。

在 R1 上查看邻居表:

```
R1#show cdp neighbors
Capability Codes: R - Router, T - Trans Bridge, B - Source Route Bridge
                  S - Switch, H - Host, I - IGMP, r - Repeater

Device ID      Local Interface    Holdtme    Capability    Platform    Port ID
R2             Ser 0/2/1          140        R S I         2811        Ser 0/2/1
```

上述结果中,由 Device ID 项得知,与 R1 相连的路由器是 R2。而通过查看 Local interface 项(简写为 Local Interface)和 Port ID 项,可以得知,R1 通过本地的 S 0/2/1 接口与 R2 的 S 0/2/1 接口相连。

在 R2 上查看邻居表:

```
R2#show cdp nei
...(部分内容省略)
Device ID      Local Interface    Holdtme    Capability    Platform    Port ID
R3             Ser 0/0/1          160        R S I         2811        Ser 0/2/1
R1             Ser 0/2/1          165        R S I         2811        Ser 0/2/1
```

上述结果可知,与 R2 相连的路由器有 R1 和 R3。R2 通过本地的 S 0/2/1 接口与 R1 的 S 0/2/1 接口相连,R2 通过本地的 S 0/0/1 接口与 R3 的 S 0/2/1 接口相连。

在 R3 上查看邻居表:

```
R3#show cdp neighbors
...(部分内容省略)
Device ID      Local Interface    Holdtme    Capability    Platform    Port ID
R2             Ser 0/2/1          179        R S I         2811        Ser 0/0/1
```

由上述结果可知，与 R3 相连的路由器有 R2。R3 通过本地的 S 0/2/1 接口与 R2 的 S 0/0/1 接口相连。

接下来是配置终端主机的 IP 地址、掩码以及网关，如表 4-5 所示。

表 4-5　主机 IP 地址设置

设备名称	IP 地址	子网掩码	默认网关
PC1	192.168.10.1	255.255.255.0	192.168.10.254
S2	172.16.16.1	255.255.255.0	172.16.16.254

信息学院实验室主机 PC1 配置 IP 地址如图 4-5 所示。

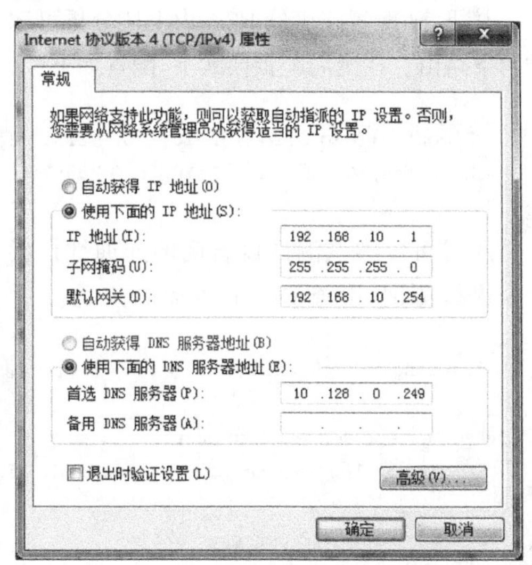

图 4-5　PC1 配置 IP 地址

2) 分析静态路由

静态路由分析的原则是：如果想要全网连通，直连路由无须配置，非直连的路由均需要配置。根据该原则，对上述实例拓扑中每台路由器需要配置的静态路由分析如下：

信息学院路由器 R1：需要配置到 10.136.15.0/24、172.16.16.0/24 的两条路由。

工科楼群主节点路由器 R2：需要配置到 192.168.10.0/24、172.16.16.0/24 的两条路由。

图书馆主节点路由器 R3：需要配置到 192.168.10.0/24、10.136.10.0/24 的两条路由。

3) 配置静态路由

配置静态路由前，查看路由表(以 R1 为例)如下：

```
R1# show ip route
Codes: C - connected, S - static, R - RIP, M - mobile, B - BGP
...(部分内容省略)

     172.16.0.0/24 is subnetted, 1 subnets
C    172.16.1.0 is directly connected, Serial0/2/1
C    192.168.1.0/24 is directly connected, FastEthernet0/0
```

可以发现最后两行信息标记为 C，通过 Codes 提示可知，C 表示直连网络，S 表示静态路由。

下面正式配置静态路由，由上面分析可知，R1 需要配置到 10.136.15.0/24、172.16.16.0/24 的两条路由，在全局模式下进行配置，如下所示：

```
R1(config)# ip route 10.136.15.0 255.255.255.0 10.136.10.2
R1(config)# ip route 172.16.16.0 255.255.255.0 10.136.10.2
```

在 R1 上再次查看路由表，输出如下：

```
R1#show ip route
...(部分内容省略)
10.136.0.0/24 is subnetted, 2 subnets
C     10.136.10.0 is directly connected, Serial0/2/1
S     10.136.15.0 [1/0] via 10.136.10.2
C     192.168.10.0/24 is directly connected, FastEthernet0/0
S     172.16.16.0/24 [1/0] via 10.136.10.2
```

接下来，配置路由器 R2。由上述分析可知，R2 需要配置到 192.168.10.0/24、172.16.16.0/24 的两条路由。在全局配置模式下，配置如下：

```
R2(config)#ip route 192.168.10.0 255.255.255.0 10.136.10.1
R2(config)#ip route 172.16.16.0 255.255.255.0 172.16.2.3
```

此时可以尝试测试设备间的连通性。尝试在路由器上测试连通性。在 R1 上使用 ping 命令进行测试，检查 R1 与 S2 是否连通。

```
R1#ping 172.16.16.1                    //测试与数据库服务器之间的连通性

Type escape sequence to abort.
Sending 5, 100 - byte ICMP Echos to 172.16.16.1, timeout is 2 seconds:
...
Success rate is 0 percent (0/5)
```

在 R3 上使用 ping 命令进行测试，检查 R3 与 PC1 是否连通。

```
R3#ping 192.168.10.1                   //测试与实验室主机之间的连通性

Type escape sequence to abort.
Sending 5, 100 - byte ICMP Echos to 192.168.10.1, timeout is 2 seconds:
...
Success rate is 0 percent (0/5)
```

可以发现，两个输出均为...，表明网络不连通。

再尝试在 PC 上测试设备的连通性。在 PC1 上 ping 服务器 S2，得到结果如下。

```
C:\Documents and Settings\Administrator>ping 172.16.16.1
Pinging 172.16.16.1 with 32 bytes of data:
Request timed out.
Request timed out.
Request timed out.
Request timed out.

Ping statistics for 172.16.16.1:
Packets: Sent = 4, Received = 0, Lost = 4 (100% loss),
```

输出为 Request timed out，说明目的网络是可达的(reachable)，即通往服务器 S2 方向上各静态路由配置是正确的。ICMP 应答包能够到达服务器 S2，但是 PC1 并没有接收到从 S2 返回的 ICMP 应答包。其原因可能是没有配置回程(返程)静态路由，或者配置回程静态路由信息输入有错误等。

在图书馆服务器 S2 上 ping 信息学院实验室主机 PC1 得到结果如下。

```
C:\Documents and Settings\Administrator > ping 192.168.10.1
Pinging 192.168.10.1 with 32 bytes of data:
Reply from 172.16.16.254: Destination host unreachable.
Reply from 172.16.16.254: Destination host unreachable.
Reply from 172.16.16.254: Destination host unreachable.
Reply from 172.16.16.254: Destination host unreachable.

Ping statistics for 192.168.10.1:
Packets: Sent = 4, Received = 4, Lost = 0 (0% loss), Approximate round trip times in milli
 - seconds:
Minimum = 0ms, Maximum = 0ms, Average = 0ms
```

此时输出为 Destination host unreachable，且 ICMP 消息来自自己的网关，说明网络是不可达的(unreachable)。出现这个问题可能是因为链路上有设备并没有配置通往 PC1 网络方向上的静态路由。两个结果均表明 R3 缺少通往 PC1 所在网络的路由，所以 R3 并不知道应把 ICMP 应答包交付给哪一台设备，导致发往 PC1 所在网络的包会被 R3 丢弃。

静态路由应保证来路和回路都畅通，双向配置。下面在 R3 上配置缺少的静态路由。

```
R3(config)# ip route 10.136.10.0 255.255.255.0 10.136.15.1
R3(config)# ip route 192.168.10.0 255.255.255.0 10.136.15.1
```

至此，各路由器与各终端主机的静态路由协议已配置完成。

4) 实验测试

静态路由配置完成后，现在可以查看各路由器的路由表，检查全网的路由是否都在路由表中。

R1 的路由表如下。

```
R1# show ip route
...(部分内容省略)
10.136.0.0/24is subnetted, 2 subnets
C      10.136.10.0is directly connected, Serial0/2/1
S      10.136.15.0[1/0] via 10.136.10.2
C      192.168.10.0/24 is directly connected, FastEthernet0/0
S      172.16.16.0/24 [1/0] via 10.136.10.2
```

R2 的路由表如下。

```
R2#show ip route
...(部分内容省略)
10.136.0.0/24 is subnetted, 2 subnets
C     10.136.10.0 is directly connected, Serial0/2/1
C     10.136.15.0 is directly connected, Serial0/0/1
S     192.168.10.0/24 [1/0] via 10.136.10.1
S     172.16.16.0/24 [1/0] via 10.136.15.2
```

R3 的路由表如下。

```
R3#show ip route
...(部分内容省略)
10.136.0.0/24 is subnetted, 2 subnets
S     10.136.10.0 [1/0] via 10.136.15.1
C     10.136.15.0 is directly connected, Serial0/2/1
S     192.168.10.0/24 [1/0] via 10.136.15.1
C     172.16.16.0/24 is directly connected, FastEthernet0/0
```

接下来测试信息学院实验室 PC1 和图书馆数据库服务器的连通性。在 PC1 使用 ping 命令进行测试。

```
C:\Documents and Settings\Administrator>ping 172.16.16.1
Pinging 172.16.16.1 with 32 bytes of data:
Reply from 172.16.16.1: bytes=32 time=18ms TTL=253
...(部分内容省略)
Ping statistics for 172.16.16.1:
Packets: Sent = 4, Received = 4, Lost = 0 (0% loss), Approximate round trip times in milli
 - seconds:
Minimum = 18ms, Maximum = 18ms, Average = 18ms
```

从输出可知,发送了 4 个包,接收了 4 个包,丢包率为 0。说明信息学院实验室主机 PC1 能访问图书馆服务器 S2,中间路由器之间的链路也是连通的。

5) 实验结果分析

网络管理员通过配置静态路由,可以人为地指定对某一网络访问时所要经过的路径。在网络结构比较简单,且一般到达某一网络所经过的路径唯一的情况下宜采用静态路由。

本实例中,信息学院实验室主机访问学校图书馆数据库服务器,要跨越中间的 2 个子网,加上源端子网和目的子网,共 4 个网络。经过静态路由的配置,实现了上述访问需求。下面再通过路由表看实验结果,以信息学院路由器 R1 为例。

```
R1#show ip route
...(部分内容省略)

10.136.0.0/24     is subnetted, 2 subnets
C     10.136.10.0is directly connected, Serial0/2/1
S     10.136.15.0[1/0] via 10.136.10.2
C     192.168.10.0/24 is directly connected, FastEthernet0/0
S     172.16.16.0/24 [1/0] via 10.136.10.2
```

在 R1 的输出中，除了 2 条直连路由之外，多了 2 条以 S 开头的信息，这便是刚才配置的静态路由，全网 4 个子网都在路由表中，说明路由器 R1 上的操作成功完成。

4.6 默认路由与配置方法

4.6.1 Stub 网络

Stub 网络(Stub Network)，又叫末端网络、末梢网络，是指仅有一台边界路由器连接到外面的其他子网，或者仅有一个通路连接到其他网络。因此，在 Stub 网络中，所有信息都由一个出口流出，可以大大简化网络配置。在 Stub 网络中，一般使用一条默认路由指向外网，如图 4-6 中，信息学院路由器 A 和图书馆路由器 B 所连接的网络均可视为 Stub 网络。

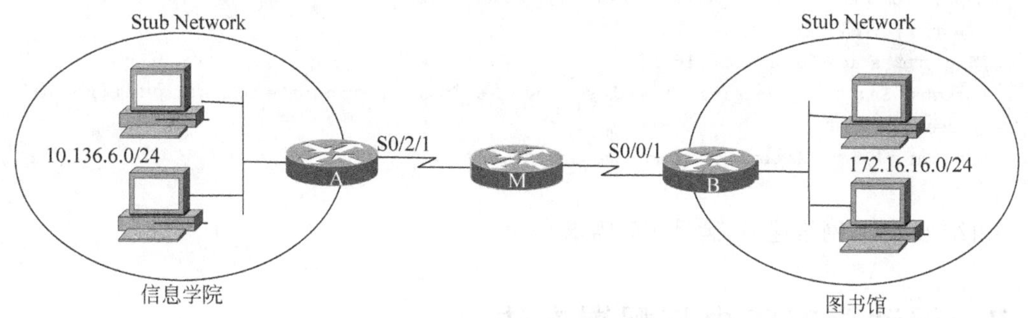

图 4-6 Stub 网络示意图

学校校园网、企业网、各园区网等一般都只有一台边界路由器，一条通路连接互联网，这样的网络都是 Stub 网络，在边界路由器都需要配置一条默认路由指向互联网。

4.6.2 默认路由概述

默认路由(default routing)实际上是一种特殊的静态路由，指的是当路由表中与数据包的目的子网之间没有匹配的路由条目时，路由器能够选择该默认路由做出转发决定。如果没有配置默认路由，那么目的子网地址在路由表中没有匹配的路由条目的那些数据包将被直接丢弃，并反馈 ICMP 目的不可达的消息。换言之，可以认为默认路由是保底用的，其他路由条目都匹配不了时，才选择默认路由。

4.6.3 默认路由的配置方法

默认路由的配置方法和静态路由是一致的，都是在全局配置模式下，使用相同的配置命令：

```
R1(config)# ip route 0.0.0.0 0.0.0.0 s0/2/1
```

不同的是，默认路由的目的网络地址和子网掩码是 0.0.0.0，表示任意网络均可以访问。

配置完默认路由后，查看路由表，输出如下：

```
R1 # show ip route
(部分内容省略)
C       10.136.10.0 is directly connected, Serial0/2/1
C       192.168.10.0/24 is directly connected, FastEthernet0/0
S *     0.0.0.0/0 [1/0] via 10.136.10.2                    //默认路由
```

注意到该路由表输出中最下面有一行以 S * 开头，这个路由条目就是默认路由。

此时，在主机 PC1 上尝试 ping 服务器 S2，有结果如下。

```
C:\Documents and Settings\Administrator > ping 172.16.16.1
Pinging 172.16.16.1 with 32 bytes of data:
Reply from 172.16.16.1: bytes = 32 time = 19ms TTL = 125
(部分内容省略)
Ping statistics for 172.16.16.1:
Packets: Sent = 4, Received = 4, Lost = 0 (0 % loss), Approximate round trip times in milli
 - seconds:
Minimum = 18ms, Maximum = 19ms, Average = 18ms
```

由结果可知，网络连通，满足实验需求。

4.7 浮动静态路由与配置方法

4.7.1 浮动静态路由概述

浮动静态路由也是一种特殊的静态路由，它用于路由器到达目的子网有多个出口的环境，可以进行路由冗余以提高网络可靠性。

浮动静态路由是通过配置一个比主路由的管理距离更大的静态路由，来保证当网络拓扑结构或者链路状态发生变化导致主路由失效时，提供备份路由，从而实现链路的备份。值得注意的是，当主路由存在的情况下，备份路由不会出现在路由表中。

4.7.2 浮动静态路由的配置方法

在全局配置模式下，可以配置浮动路由，命令语法如下：

```
Router(config) # ip route [destination_network] [mask] [exit_interface|next - hop_address]
[administrative_distance]
```

也就是在静态路由配置的命令后面，启用管理距离(AD)这个参数。

例如：

```
Router(config) # ip route 192.168.1.0 255.255.255.0 172.16.3.1 10
```

这条命令表明,到达网络号为 192.168.1.0,掩码为 255.255.255.0 的目的子网的下一跳路由器地址为 172.16.3.1,这条链路的管理距离为 10。

4.7.3 浮动静态路由配置实例

下面从需求分析、实验内容分析、实验配置方法和实验结果分析四个方面进行浮动静态路由配置的实例展示。

1) 需求分析

有 3 台路由器,2 个主机,拓扑图如图 4-7 所示,其中 R1 和 R2 之间有 2 条链路,一条以太网交叉线连接,另一条广域网串口连接。要求使用静态路由协议使得全网连通,R1 和 R2 之间配置浮动静态路由以提供路由冗余,数据包沿着浮动静态路由链路传送。

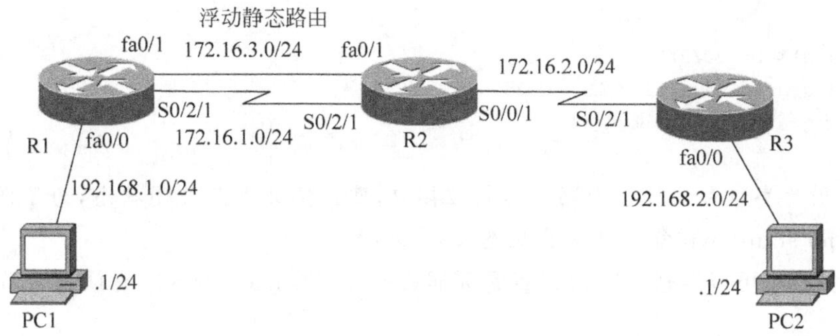

图 4-7 浮动静态路由实验拓扑图

网络中各子网规划如表 4-6 所示。

表 4-6 子网规划

子网 IP	子网掩码	子网内设备名称
172.16.1.0	255.255.255.0	R1、R2
172.16.2.0	255.255.255.0	R2、R3
192.168.1.0	255.255.255.0	R1、PC1
192.168.2.0	255.255.255.0	R3、PC2
172.16.3.0	255.255.255.0	R1、R2

2) 实验内容分析

(1) 基本配置:配置各路由器接口地址,配置 PC 的 IP 地址、掩码以及网关。

(2) 配置静态路由,测试设备间的连通性,在路由器上测试连通性。

(3) 测试各 PC 之间的连通性,以 PC1 至 PC2 的连通性为例,在 PC1 使用 ping 命令进行测试。

(4) 配置完成后,查看路由表,配置浮动静态路由。

(5) 实验测试,在 PC1 上使用 tracert 命令来追踪数据包经过的路径。

3) 实验配置方法

(1) 路由器和主机的基本配置。

按照图 4-7 示例拓扑图连接好各设备,然后配置串口地址与快速以太网口地址,其中接口 IP 地址和掩码如表 4-7 所示。

表 4-7 路由器 IP 地址规划

设备名称	接口	IP 地址	掩码
R1	S 0/2/1	172.16.1.1	255.255.255.0
R2	S 0/2/1	172.16.1.2	255.255.255.0
R2	S 0/0/1	172.16.2.2	255.255.255.0
R3	S 0/2/1	172.16.2.3	255.255.255.0
R1	F0/0	192.168.1.254	255.255.255.0
R3	F0/0	192.168.2.254	255.255.255.0

以路由器 R1 的 Serial 0/2/1 接口配置一个 IP 地址为例，其他接口的配置方法相同，此处不再赘述。

```
R1(config)# int s0/2/1
R1(config-if)# ip add 172.16.1.1 255.255.255.0
R1(config-if)# no shutdown
```

注意：因为串口和快速以太网口为物理接口，默认情况下是关闭状态，为了保持 UP 的状态，应用 no shutdown 命令避免其状态改为 DOWN。

配置完成后，可以通过 cdp 协议查看邻居(show cdp neighbors)，确认是否按照拓扑图正确连接。

在 R1 上查看邻居表：

```
R1# show cdp neighbors
Capability Codes: R - Router, T - Trans Bridge, B - Source Route Bridge
                  S - Switch, H - Host, I - IGMP, r - Repeater

Device ID     Local Interface     Holdtme     Capability     Platform     Port ID
R2            Ser 0/2/1           140         R S I          2811         Ser 0/2/1
```

上述结果中，由 Device ID 项得知，与 R1 相连的路由器有 R2。而通过查看 Local interface 项(简写为 Local Interface)和 Port ID 项可以得知，R1 通过本地的 S 0/2/1 接口与 R2 的 S 0/2/1 接口相连。

在 R2 上查看邻居表：

```
R2# show cdp neighbors
(部分内容省略)
Device ID     Local Interface     Holdtme     Capability     Platform     Port ID
R3            Ser 0/0/1           160         R S I          2811         Ser 0/2/1
R1            Ser 0/2/1           165         R S I          2811         Ser 0/2/1
```

上述结果可知，与 R2 相连的路由器有 R1 和 R3。R2 通过本地的 S 0/2/1 接口与 R1 的 S 0/2/1 接口相连，R2 通过本地的 S 0/0/1 接口与 R3 的 S 0/2/1 相连。

在 R3 上查看邻居表：

```
R3 # show cdp neighbors
(部分内容省略)
Device ID      Local Interface      Holdtme      Capability      Platform      Port ID
R2             Ser 0/2/1            179          R S I           2811          Ser 0/0/1
```

由上述结果可知，与 R3 相连的路由器有 R2。R3 通过本地的 S 0/2/1 接口与 R2 的 S 0/0/1 接口相连。

接下来配置 PC 的 IP 地址、掩码以及网关，如表 4-8 所示。

表 4-8 主机 IP 地址设置

设备名称	IP 地址	掩码	默认网关
PC1	192.168.1.1	255.255.255.0	192.168.1.254
PC2	192.168.2.1	255.255.255.0	192.168.2.254

在 PC1 配置 IP 地址如图 4-8 所示。

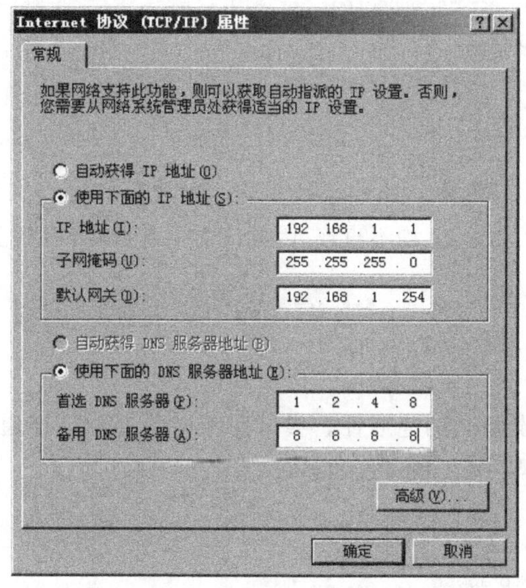

图 4-8 PC1 的 IP 地址设置

(2) 配置静态路由。

在完成了上述配置后，接下来的任务是配置静态路由，并在路由器上测试设备间的连通性。在配置静态路由前，查看路由表(R1 为例)如下。

```
R1 # show ip route
Codes: C - connected, S - static, R - RIP, M - mobile, B - BGP
(部分内容省略)
     172.16.0.0/24 is subnetted, 1 subnets
C    172.16.1.0 is directly connected, Serial0/2/1
C    192.168.1.0/24 is directly connected, FastEthernet0/0
```

可以发现最后两行信息标记为 C，通过 Codes 提示可以得知，C 表示直连网络，S 表示静态路由。

下面正式配置静态路由。路由器配置静态路由，要求配置与本设备不直接相连的所有网络的路由。先做如下分析：例如图 4-7，路由器 R1 与 172.16.1.0/24、192.168.1.0/24 这两个网络直连，不需要另外配置。但是 R1 与 172.16.2.0/24、192.168.2.0/24 不直接相连，因此需要在 R1 配置到 172.16.2.0/24、192.168.2.0/24 的静态路由。

```
R1(config)# ip route 172.16.2.0 255.255.255.0 172.16.1.2
R1(config)# ip route 192.168.2.0 255.255.255.0 172.16.1.2
```

再次查看路由表，输出如下。

```
R1#show ip route
Codes: C - connected, S - static, R - RIP, M - mobile, B - BGP
(部分内容省略)
       172.16.0.0/24 is subnetted, 2 subnets
C      172.16.1.0 is directly connected, Serial0/2/1
S      172.16.2.0 [1/0] via 172.16.1.2
C      192.168.1.0/24 is directly connected, FastEthernet0/0
S      192.168.2.0/24 [1/0] via 172.16.1.2
```

接下来，配置路由器 R2、R3：路由器 R2 与 172.16.1.0/24、172.16.2.0/24 直连，与 192.168.1.0/24、192.168.2.0/24 均不直连，因此应对后者两个网络配置静态路由，配置如下。

```
R2(config)#ip route 192.168.1.0 255.255.255.0 172.16.1.1
R2(config)#ip route 192.168.2.0 255.255.255.0 172.16.2.3
```

此时可以尝试测试设备间的连通性。尝试在路由器上测试连通性。在 R1 上使用 ping 命令进行测试，检查 R1 与 PC2 是否连通。

```
R1#ping 192.168.2.1
Type escape sequence to abort.
Sending 5, 100 - byte ICMP Echos to 192.168.2.1, timeout is 2 seconds:
...
Success rate is 0 percent (0/5)
```

在 R3 上使用 ping 命令进行测试，检查 R3 与 PC1 是否连通。

```
R3#ping 192.168.1.1
Type escape sequence to abort.
Sending 5, 100 - byte ICMP Echos to 192.168.1.1, timeout is 2 seconds:
...
Success rate is 0 percent (0/5)
```

可以发现，两个输出均为...，表明网络不连通。

再尝试在PC上测试设备的连通性。在PC1上ping PC2，得到结果如下。

```
C:\Documents and Settings\Administrator > ping 192.168.2.1
Pinging 192.168.2.1 with 32 bytes of data:
Request timed out.
Request timed out.
Request timed out.
Request timed out.

Ping statistics for 192.168.2.1:
Packets: Sent = 4, Received = 0, Lost = 4 (100% loss),
```

输出为Request timed out，说明网络是可达的(reachable)，即通往PC2方向上各静态路由配置是正确的。ICMP应答包能够到达主机PC2，但是PC1并没有接收到从PC2返回的ICMP应答包。其原因可能是没有配置回程静态路由，或者配置回程静态路由信息有输入错误等。

在PC2上ping主机PC1得到结果如下。

```
C:\Documents and Settings\Administrator > ping 192.168.1.1
Pinging 192.168.1.1 with 32 bytes of data:

Reply from 192.168.2.254: Destination host unreachable.
Reply from 192.168.2.254: Destination host unreachable.
Reply from 192.168.2.254: Destination host unreachable.
Reply from 192.168.2.254: Destination host unreachable.

Ping statistics for 192.168.1.1:
    Packets: Sent = 4, Received = 4, Lost = 0 (0% loss),
Approximate round trip times in milli-seconds:
    Minimum = 0ms, Maximum = 0ms, Average = 0ms
```

此时输出为Destination host unreachable。说明网络是不可达的(unreachable)。出现这个问题可能是因为链路上有设备并没有配置通往PC1网络方向上的静态路由。两个结果均表明R3缺少通往PC1所在网络的路由，所以R3并不知道应把ICMP应答包交付给哪一台设备，导致发往PC1所在网络的包会被R3丢弃。

静态路由应保证来路和回路畅通，双向配置。下面在R3上配置缺少的静态路由。

```
R3(config)# ip route 192.168.1.0 255.255.255.0 172.16.2.2
R3(config)# ip route 172.16.1.0 255.255.255.0 172.16.2.2
```

至此各路由器与各PC已配置完成。查看各路由器的路由表如下。

在 R1 上查看路由表：

```
R1 # show ip route
(部分内容省略)
        172.16.0.0/24 is subnetted, 2 subnets
C       172.16.1.0 is directly connected, Serial0/2/1
S       172.16.2.0 [1/0] via 172.16.1.2
C       192.168.1.0/24 is directly connected, FastEthernet0/0
S       192.168.2.0/24 [1/0] via 172.16.1.2
```

在 R2 上查看路由表：

```
R2 # show ip route
(部分内容省略)
        172.16.0.0/24 is subnetted, 2 subnets
C       172.16.1.0 is directly connected, Serial0/2/1
C       172.16.2.0 is directly connected, Serial0/0/1
S       192.168.1.0/24 [1/0] via 172.16.1.1
S       192.168.2.0/24 [1/0] via 172.16.2.3
```

在 R3 上查看路由表：

```
R3 # show ip route
(部分内容省略)
        172.16.0.0/24 is subnetted, 2 subnets
S       172.16.1.0 [1/0] via 172.16.2.2
C       172.16.2.0 is directly connected, Serial0/2/1
S       192.168.1.0/24 [1/0] via 172.16.2.2
C       192.168.2.0/24 is directly connected, FastEthernet0/0
```

(3) 连通性测试。

对各 PC 之间的连通性进行验证，以 PC1 至 PC2 的连通性为例，在 PC1 上使用 ping 命令进行测试。

```
C:\Documents and Settings\Administrator > ping 192.168.2.1
Pinging 192.168.2.1 with 32 bytes of data:
Reply from 192.168.2.1: bytes = 32 time = 18ms TTL = 253
Reply from 192.168.2.1: bytes = 32 time = 18ms TTL = 253
Reply from 192.168.2.1: bytes = 32 time = 18ms TTL = 253
Reply from 192.168.2.1: bytes = 32 time = 18ms TTL = 253
Ping statistics for 192.168.2.1:
    Packets: Sent = 4, Received = 4, Lost = 0 (0% loss),
Approximate round trip times in milli-seconds:
    Minimum = 18ms, Maximum = 18ms, Average = 18ms
```

从输出可知，发送了 4 个包，接收了 4 个包，丢包率为 0，PC1 至 PC2 连通。

(4) 配置浮动静态路由。

上述配置完成后，连接 R1 的 fa0/1 接口和 R2 的 fa0/1 接口，设置好 IP 地址如表 4-9 所示。

表 4-9 路由器以太网接口 IP 地址配置

设备名称	接口	IP 地址	掩码
R1	FastEthernet 0/1	172.16.3.1	255.255.255.0
R2	FastEthernet 0/1	172.16.3.2	255.255.255.0

配置 IP 地址的命令如下：

```
R1(config)#int fa 0/1
R1(config-if)#ip add 172.16.3.1 255.255.255.0
R1(config-if)#no shutdown

R2(config)#int fa 0/1
R2(config-if)#ip add 172.16.3.2 255.255.255.0
R2(config-if)#no shutdown
```

接着在 R1、R2 上配置浮动静态路由：

```
R1(config)#ip route 0.0.0.0 0.0.0.0 172.16.3.2 10
R2(config)#ip route 192.168.1.0 255.255.255.0 172.16.3.1 10
```

然后在 R1 上查看路由表：

```
R1#show ip route
(部分内容省略)

     172.16.0.0/24 is subnetted, 1 subnets
C    172.16.1.0 is directly connected, Serial0/2/1
C    172.16.3.0 is directly connected, FastEthernet0/1
C    192.168.1.0/24 is directly connected, FastEthernet0/0
S* 0.0.0.0/0 [1/0] via 172.16.1.2
```

在 R3 上查看路由表：

```
R3#show ip route
(部分内容省略)
     172.16.0.0/24 is subnetted, 2 subnets
S    172.16.1.0 [1/0] via 172.16.2.2
C    172.16.2.0 is directly connected, Serial0/2/1
S    192.168.1.0/24 [1/0] via 172.16.2.2
C    192.168.2.0/24 is directly connected, FastEthernet0/0
```

发现那条设置了管理距离值的浮动静态路由并没有出现在路由表中。

采用 shutdown 命令关闭 R2 上的 S 0/2/1 接口，模拟主链路失效。

```
R2(config)#int s0/2/1
R2(config-if)#shutdown
```

从理论上可知，当主链路失效时，冗余的浮动静态路由应该被写入路由表，成为新的主路由。然后再次在 R1 上查看路由表：

```
R1 # show ip route
(部分内容省略)


     172.16.0.0/24 is subnetted, 1 subnets
C    172.16.3.0 is directly connected, FastEthernet0/1
C    192.168.1.0/24 is directly connected, FastEthernet0/0
S*   0.0.0.0/0 [10/0] via 172.16.3.2
```

在 R3 上查看路由表：

```
R3 # show ip route
(部分内容省略)
     172.16.0.0/24 is subnetted, 2 subnets
C    172.16.2.0 is directly connected, Serial0/2/1
S    172.16.3.0 [1/0] via 172.16.3.2                    //浮动静态路由
C    192.168.2.0/24 is directly connected, FastEthernet0/0
S    192.168.1.0/24 [1/0] via 172.16.3.2
```

可以看到，上面第 2 条路由条目已经替换成了冗余的浮动静态路由。为了进一步确认数据包到底走的是不是冗余链路，可以使用 tracert 命令来验证。

(5) 在 PC1 上使用 tracert 命令来追踪数据包经过的路径。

```
C:\Documents and Settings\Administrator > tracert -d 172.16.2.3
Tracing route to 172.16.2.3 over a maximum of 30 hops
  1    1 ms     <1 ms    <1 ms   192.168.1.254
  2    <1 ms    <1 ms    <1 ms   172.16.3.2
  3    14 ms    13 ms    13 ms   172.16.2.3
Trace complete.
```

通过上面的结果可以看出，数据包是沿着 172.16.3.0 链路传送的，说明之前配置的备份链路已经生效。

4) 实验结果分析

浮动静态路由配置完成后，在 R1 上查看路由表，结果如下：

```
R1 # show ip route
(部分内容省略)
     172.16.0.0/24 is subnetted, 1 subnets
C    172.16.1.0 is directly connected, Serial0/2/1
C    172.16.3.0 is directly connected, FastEthernet0/1
C    192.168.1.0/24 is directly connected, FastEthernet0/0
S*   0.0.0.0/0 [1/0] via 172.16.1.2
```

在 R2 上查看路由表，结果如下：

```
R2#show ip route
(部分内容省略)
     172.16.0.0/24 is subnetted, 3 subnets
C    172.16.1.0 is directly connected, Serial0/2/1
C    172.16.3.0 is directly connected, FastEthernet0/1
C    172.16.2.0 is directly connected, Serial0/0/1
S    192.168.1.0/24 [1/0] via 172.16.1.1
S    192.168.2.0/24 [1/0] via 172.16.2.3
```

可以发现那条设置了管理距离值的浮动静态路由并没有出现在路由表中。因为在主路由没有断开的情况下，配置好的这条路由作为冗余路由，是不会“浮”上来的。

紧接着，通过 shutdown 命令关闭 R2 上的 s0/2/1 接口，模拟主链路失效。

```
R2(config)#int s0/2/1
R2(config-if)#shutdown
```

然后再次查看路由表，仔细观察路由条目的变化。

在 R1 上查看路由表信息，结果如下：

```
R1#show ip route
(部分内容省略)
     172.16.0.0/24 is subnetted, 1 subnets
C    172.16.3.0 is directly connected, FastEthernet0/1
C    192.168.1.0/24 is directly connected, FastEthernet0/0
S*   0.0.0.0/0 [10/0] via 172.16.3.2
```

在 R2 上查看路由表信息，结果如下：

```
R2#show ip route
(部分内容省略)
     172.16.0.0/24 is subnetted, 2 subnets
C    172.16.3.0 is directly connected, FastEthernet0/1
C    172.16.2.0 is directly connected, Serial0/0/1
S    192.168.1.0/24 [10/0] via 172.16.3.1
S    192.168.2.0/24 [1/0] via 172.16.2.3
```

根据路由表，不难发现，配置好的管理距离为 10 的浮动静态路由已经“浮”上来了。

R1 路由表上的浮动静态路由结果：

```
S*   0.0.0.0/0 [10/0] via 172.16.3.2
```

R2 路由表上的浮动静态路由结果：

```
S    192.168.1.0/24 [10/0] via 172.16.3.1
```

4.8 错误检测与排错技巧

下面列出几类常见错误，分析产生错误的原因，并给出有效的排错方法。

4.8.1 网络不通

网络不通是初学者经常遇到的问题，产生该问题的原因很多，在路由器上显示网络不通的结果主要有两种：U.U.U 或…。比如，在静态路由协议实验过程中，在信息学院路由器 R1 上 ping 图书馆数据库服务器 172.16.16.1 时有如下结果。

```
R1#ping 172.16.16.1

Type escape sequence to abort.
Sending 5, 100-byte ICMP Echos to 172.16.16.1, timeout is 2 seconds:
U.U.U
Success rate is 0 percent (0/5)
```

思科路由器中，U 代表目标不可达，点(.)表示超时，而感叹号(!)表示成功。只有显示五个感叹号(!!!!!)时，才能表示网络是连通的。而这里显示为 U.U.U 表明目的主机不可达或者超时，出现这种问题的原因多样，比较难以判断问题所在。

为了确认问题所在，可以在信息学院实验室的 PC1 上 ping 数据库服务器 S2 的 172.16.16.1，可能出现 Destination host unreachable 和 Request timed out 两种情况，具体分析如下。

1. Destination host unreachable

在 PC1 上 ping 服务器 172.16.16.1 时得到如下结果。

```
C:\Documents and Settings\Administrator>ping 172.16.16.1

Pinging 172.16.16.1 with 32 bytes of data:
Reply from 172.16.1.254: Destination host unreachable.
(部分内容省略)

Ping statistics for 172.16.16.1:
    Packets: Sent = 4, Received = 4, Lost = 0 (0% loss),
Approximate round trip times in milli-seconds:
    Minimum = 0ms, Maximum = 0ms, Average = 0ms
```

出现上述结果可能是因为在 R1、R2 上配置通往 172.16.16.0 方向(去程)上各静态路由时配置错误所致，数据包无法到达目的主机，从本地网关返回 ICMP 的目的不可达消息。此时，应分析各台路由器应该配置哪些路由，并仔细检查静态路由协议配置是否有错，可以通过 show ip route 查看路由表，检查是否正确。

2. Request timed out

在 PC1 上 ping 服务器 172.16.16.1 时得到如下结果。

```
C:\Documents and Settings\Administrator > ping 172.16.16.1
Pinging 172.16.16.1 with 32 bytes of data:
Request timed out.
Request timed out.
Request timed out.
Request timed out.
Ping statistics for 192.16.16.1:
    Packets: Sent = 4, Received = 0, Lost = 4 (100% loss),
```

上述结果表明目的网络是可达的，也就是通往 172.16.16.0 方向(去程)的各静态路由配置正确，ping 的包能够到达主机 172.16.16.1，但在回程时出错。出现这个结果可能是因为在 R2、R3 上没有配置回程静态路由，或者回程路由配置错误所致，应仔细检查配置是否出错。可以通过 show ip route 查看路由表，并检查是否正确。

4.8.2 静态路由排错思路

4.5.5 节介绍了当在数据源端路由器上配置完静态路由之后，因没有配置回程路由导致网络 ping 不通；如果配置了回程路由，在测试的时候如果还发现网络 ping 不通，则说明实验过程中还有些地方存在错误。除了上述问题及解决方法外，本节详细归纳了一些基本的排错思路，希望对初学者有所帮助。

1. 基础错误与排错思路

基础错误对于很多初学者而言是经常发生的，下面总结一些常见的基础错误：

(1) 拓扑搭建。实验室的设备已经固定在机柜里，路由器的串口线是固定安装好的，除此之外的其他所有线都没有连接，需要同学们自己连接，如果接口连接错误，不论你后面怎么按要求配置，结果都是错的。

(2) 路由器接口配置。接口配置虽然简单，但需要注意的是，路由器的接口默认情况下是关闭的，需要在接口模式下使用 no shutdown 激活物理接口；此外，如果两台路由器的两个接口直连，想要使接口处于双 UP 状态，还要求同一链路的这两个接口要配置在同一个子网，子网掩码必须相同，且这两个接口必须配置不同的 IP 地址。这一点看似简单，实际操作过程中，尤其是分组操作，每位同学分别配置一台路由器时，经常有同学忘记 no shutdown，子网掩码不同，或者多个接口配置相同的 IP 地址等。可以在特权模式下通过使用如下命令查看接口状态：

```
Router# show ip interface brief,或 Router# sh ip int b
```

在非特权模式下，采用 do show 命令即可。如果接口状态显示为双 UP 状态，则配置正常；否则，请检查是否激活接口、子网掩码、IP 地址等。

(3) 直连链路连通性。当直连的两个接口配置完之后,就可以测试连通性了,看相互之间是否能 ping 通。如果能 ping 通,则配置正常;如果 ping 不通,则两端使用 sh ip int b 命令查看接口状态,是否双 UP,是否在同一个子网配置不同 IP 地址。经过仔细检查,这些都没问题,一切正常,但就是直连链路 ping 不通。这个时候需要在特权模式下使用 show cdp neighbor 命令,核对各自的邻居接口是否匹配。没错,上面的问题,很可能就在这里。在以往实验过程中,还真有同学出现过这个问题,给不是邻居的接口配置上了邻居的 IP 地址,而恰好该接口也处于激活的双 UP 状态,所以检查接口状态的时候没发现这个问题。因此,在这里建议大家做实验前,先把所有物理接口都通过 no shut 激活,然后采用 sh cdp n 把各自邻居都找到,画出每个小组自己的拓扑结构图,然后再给相邻的接口配置正确的 IP 地址,这样就很容易排错了。

2. 静态路由排错思路

当上述问题都得到解决,基础配置完成,直连链路连通,之后就可以配置静态路由了。

在正式配置静态路由之前,需要先对全网分析路由,每台路由器有多少直连路由,有多少非直连路由。这个确定好后,静态路由要求所有非直连的路由都要配置。同时,还要求配置回程路由,否则数据包可以到达目的主机,但是无法回来导致超时而不通。

如果真出现配置完静态路由而 ping 不通目的主机的情况,在路由配置方面需要注意以下几方面:

(1) 使用 show ip route 命令查看路由表,是否链路上的所有路由条目都通过静态路由或默认路由添加进路由表。

(2) 配置下一跳地址时,是否是正确的下一跳 IP 地址,地址是否可达。

(3) 配置出接口时,是否是正确的出接口。

(4) 配置路由时,子网掩码是否匹配。

3. 测试连通性的基本思路

当需要测试源主机与远端路由器或目的主机间的连通性时,如果通过上面的排错方法还不能定位出错误,则可以采用下面的步骤,由近及远的逻辑来一步一步发现问题:

(1) 在源主机上先 ping 127.0.0.1,这个是自己的回环地址,测试本机的 TCP/IP 协议栈是否正常,正常则进行下一步。

(2) 继续在源主机上 ping 本机的 IP 地址,测试本机的网卡是否工作正常,IP 地址是否配置正确。

(3) 继续在源主机上 ping 本机的网关地址,测试本机与网关之间的链路是否连通。如果不通,则可能是网线有问题,或者本机 IP 与网关 IP 是否在同一个子网,子网掩码是否相同;如果连通,则继续下一步。

(4) 继续在源主机上 ping 远端主机地址,测试本地主机与远端主机之间的连通性。如果不通,则问题可能出在网关和远端主机之间,检查物理线路、IP 地址设置等问题;如果中间还有其他路由器,则还要按上面的方法检查路由协议是否配置正确。

上述分别介绍了几种常见的网络故障和排错的思路,第 5~12 章的实验过程中还可能会遇到,需要在实验过程中总结经验,慢慢提高自己的实践能力和排错技能。

4.9 实战演练

经过上面静态路由、默认路由、浮动静态路由三个详细的路由配置和分析实例，应该掌握了上述路由的特点、优势、配置、测试与分析方法。下面通过一个稍微复杂点的拓扑结构图进行实战演练。

1. 实战拓扑图

本实战演练的拓扑图如图 4-9 所示，共 4 台路由器，两两之间通过串口线连接，每台路由器还设置一个环回接口用于测试，R1 连接 PC1 用于测试。

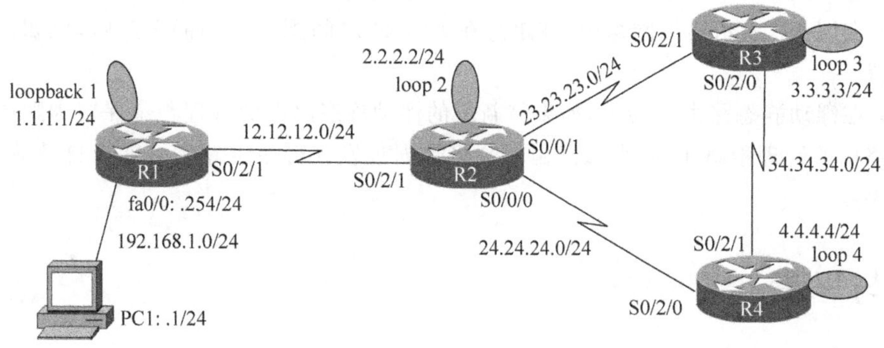

图 4-9 静态路由实验拓扑

2. 实战需求

1）按照实验拓扑图连接好各设备

验证方法：利用 CDP 协议查看邻居表，命令为 show cdp neighbors。

2）各设备进行基本配置，并测试直连链路连通性

配置各串行接口（serial）与各环回接口（loopback），配置完后测试直连链路连通性。

环回接口的配置方法和普通接口类似，全局配置模式下配置：

```
R1(config)# ip address 1.1.1.1 255.255.255.0
```

因环回接口是逻辑接口，默认情况下是一直开启的，不需要 no shutdown。

验证方法：通过 show ip interface brief 验证，查看各个接口状态。通过 ping 命令测试各设备直连链路连通性。

3）分析静态路由

观察各路由器的直连子网有哪些，再观察各路由器的非直连子网有哪些。所有非直连子网都需要配置静态路由。

4）配置静态路由

全局配置模式下使用 ip route 命令配置静态路由，注意配置相应的回程路由。

验证方法：首先查看路由表 show ip route；然后，测试连通性，即使用 ping 命令测试连

通性。

5）测试静态路由

通过 ping 命令测试全网连通性，可以在各路由器上测试到远端路由器接口之间的连通性。同时，在 PC1 上根据 4.8 节测试顺序测试其到各路由器环回接口的连通性。

6）配置默认路由

将 R1 改用默认路由，先用 no ip route ...（自行补全）删除已配置的所有静态路由，再改用默认路由。通过 show ip route 查看路由表是否有变化，再次使用 ping 命令测试全网连通性。

3. 思考题

（1）在图 4-9 所示实战网络中，R2、R3、R4 能否配置默认路由？为什么？

（2）在图 4-9 所示实战网络中，如果想在 R3、R4 之间配置浮动静态路由，该如何连线，如何配置？

（3）在浮动静态路由实验中，如果将新增的浮动静态路由的管理距离保留为默认值，让它与主路由的管理距离相同，那么路由器会将数据包发往哪条链路呢？能否自己动手测试实验结果？

习题与思考

1. 在实际生活中，你熟悉哪些应用的处理过程能够用来解释数据包在网络中的路由过程？这些应用主要考虑哪些因素？

2. 数据包在被路由的过程中，网络中的哪些地址是一直不变的？哪些地址是在不停变化的？你知道为什么会有这种变化吗？

3. 你能够读懂路由表吗？你能够从路由表里学习到哪些信息？能够通过路由表知道数据包的走向吗？你能通过路由表判断网络中哪些位置发生故障了吗？

4. 路由协议有哪些类型？分别具有哪些特征？静态路由在分析与配置的时候需要注意哪些事项？静态路由、默认路由、浮动静态路由分别适应哪些应用场景？

5. 路由协议优劣的判断依据是什么？同一种路由协议下，路径优劣的判断依据是什么？它们体现在路由表的什么位置？

6. 当路由协议配置完成，源端和目的端却无法 ping 通时，你会排错吗？你掌握哪些网络故障检测与排错技能？能和其他同学们一起分享吗？

第5章 路由信息协议与配置方法

本章学习第一种动态路由协议。路由信息协议是一种典型的距离矢量路由选择协议，仅以跳数作为度量因素，具有配置简单、周期性广播更新等特点。首先介绍为什么需要路由信息协议，接着介绍相关术语、基本概念和工作原理，然后介绍协议的配置与测试方法，最后给出实战演练项目。

5.1 为什么需要 RIP

本节先介绍为什么需要路由信息协议（Routing Information Protocol，RIP），然后对该协议进行简要介绍，给出距离矢量路由协议的相关概念和术语。

5.1.1 RIP 之问

第 4 章学习到静态路由主要适用于拓扑结构简单且较稳定的小型网络环境，当遇到中大型网络时，静态路由将给网络管理员带来许多困难，管理员需要分析全网所有路由器的非直连子网，对这些非直连子网都需要配置静态路由，还需要给每条路由配置回程路由。当其中某条链路故障时，又需要重新分析拓扑变化情况，以及变化后的非子网情况及下一跳是否变化，再逐一删除原来配置的静态路由，重新配置新的静态路由。由于非直连子网数量多，且还需要配置回程路由，这个过程非常容易出错，给管理员带来诸多麻烦和不便。

那么，针对上述静态路由的局限性，有没有一种路由协议，能够不需要关注有多少个非直连子网，也无须关注回程路由，还能自适应网络拓扑结构的变化呢？

答案是采用动态路由协议。继静态路由之后，最早设计开发并应用的动态路由协议是路由信息协议，它是一种典型的距离矢量路由选择协议，尤其适合于组建 15 跳以内的中小型网络，其工作原理和配置方法均非常简单，且易于管理。尤其是 RIPv2 版，支持子网划分和可变长子网掩码（VLSM），能够满足校园网和园区网络的灵活组网和路由需求，在早期中小型网络规划、设计与实施中应用十分广泛。

5.1.2 RIP 术语

RIP 包含如下概念和术语：

（1）路由表。路由表由多个路由条目组成，路由条目通常包含自己直连路由和通过路由协议学到的路由，路由器根据路由条目来选择到达目标网络的最佳路径。路由条目的结构由目标网络地址/子网掩码、管理距离/度量值(代价)、下一跳路由器接口地址、路由信息更新时间和本地出接口等字段组成。重点掌握其中的管理距离/度量值(代价)。

(2) 管理距离。管理距离(Administrative Distance，AD)用来衡量路由器已经接收的、来自相邻路由器的路由选择信息的可信度。例如，直连路由、静态路由、RIP、OSPF 都发现可以到达目标网络 A，那么路由表中应该添加哪一条路由呢？谁的 AD 值小，谁的路由优先级就高，就将谁添加进路由表。AD 是路由协议好坏的判断依据。

(3) 度量值。度量值(Metric)也称代价，度量值越小，优先级越高，路由(路径)就越好。例如，RIP 协议发现到目标网络 A 有两条路由(路径)，那么应该选用哪条呢？度量值小的那条将会被选用，并写入路由表。度量值是同一种协议下路由(路径)好坏的判断依据。

(4) 跳数。跳数是距离矢量路由选择协议中度量值的一种计数方式，1 跳一般是指跨一个子网或跨一台路由器。

(5) 距离。指从当前子网到达目的子网所经过的跳数，即所跨越的子网数量，最短距离的路由称为最佳路由。

(6) 矢量。从当前子网或路由器到达目的子网的最佳路由所指的方向。距离和矢量一起构成 RIP 协议的核心特征。

(7) 距离矢量路由选择协议。距离矢量路由协议通过距离和方向来确定到达目的子网的最佳路由，距离用跳数来计数，方向就是指能到达目的子网跳数最少的路由(路径)的方向。

(8) 路由信息协议(Routing Information Protocol，RIP)。一种典型的距离矢量路由选择协议，也是一种最先设计与应用的内部网关路由协议。RIP 仅利用跳数作为最佳路由的判断标准。它的跳数被限制为 15 跳，超过 15 跳(即 16 跳)则认为网络不可达，这在一定程度上限制了网络的规模，RIP 是为中小型网络设计的。

5.2 距离矢量路由协议

距离矢量路由协议在网络拓扑结构发生变化时，能够采用周期性广播更新方式自动更新路由表，并达到收敛稳定状态。具体为：每隔固定的时间，如 RIP 协议每隔 30s，距离矢量路由协议就要向所有邻居路由器发送自身完整的路由表，随后邻居路由器将接收到的路由表与自身的路由表进行合并，以完善自身路由表所存储的路由条目。但是，路由器周期性接收到的、从邻居路由器发送过来的路由信息只是邻居路由器对某个网络的认知，路由器本身无法查证接收到的路由信息的真实性。

当网络规模扩大时，网络中包含的路由器数量变多，这种每台路由器都要周期性广播完整路由表的方式，使得网络中充斥着路由表信息，大量消耗链路的有效带宽。因此，距离矢量路由协议比较适合于中小型网络，其典型代表是 RIP 协议，并规定网络规模在 15 跳以内，超过 15 跳被认为网络不可达。

5.2.1 距离矢量路由协议的工作原理

下面通过图例的方式介绍距离矢量路由协议的工作原理。如图 5-1 所示，当路由器在完成距离矢量路由协议配置后，进入路由协议初始化阶段，此时各自的路由表中仍然只有直连链路的相关路由信息，如网络号、输出接口和跳计数等，路由表中的路由条目以 C 开头，直连路由的跳计数为 0。

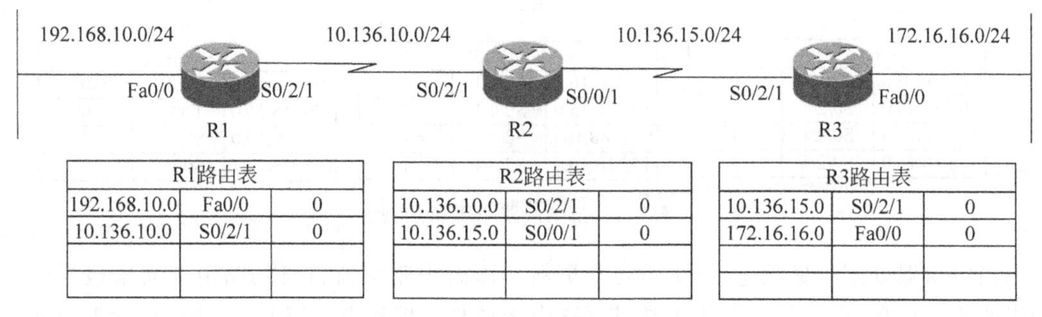

R1路由表		
192.168.10.0	Fa0/0	0
10.136.10.0	S0/2/1	0

R2路由表		
10.136.10.0	S0/2/1	0
10.136.15.0	S0/0/1	0

R3路由表		
10.136.15.0	S0/2/1	0
172.16.16.0	Fa0/0	0

图 5-1　协议初始化时的路由表

经过一段时间，到达路由更新周期后，三台路由器之间开始执行第一次完整的路由表更新。此时每台路由器均会将自身完整的路由表从所有激活的接口上广播发送给与其直连的邻居路由器。比如，R1 从 R2 发来的路由更新信息(R2 自己的完整路由表)中得到了一条新的网络 10.136.15.0 的路由信息，并将其加入到 R1 自身的路由表中；同理，R2 从 R1 发来的路由更新信息(R1 自己的完整路由表)中也发现了自己路由表没有的新网络 192.168.10.0，于是把这条新的路由信息加入到自身的路由表中；R2 还从 R3 的路由更新信息中学习到了网络 172.16.16.0。同理，R3 也完善了自身的路由表，如图 5-2 所示。这样，经过第一次路由更新，R1 学习到一条来自 R2 的路由，R2 分别从 R1 和 R3 各学习到一条，R3 从 R2 学习到一条，新学习到的路由均跨一台路由器，即 1 跳的距离。

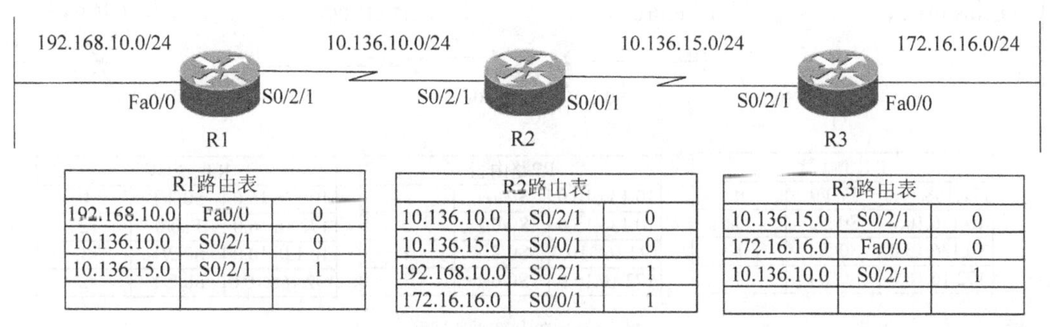

R1路由表		
192.168.10.0	Fa0/0	0
10.136.10.0	S0/2/1	0
10.136.15.0	S0/2/1	1

R2路由表		
10.136.10.0	S0/2/1	0
10.136.15.0	S0/0/1	0
192.168.10.0	S0/2/1	1
172.16.16.0	S0/0/1	1

R3路由表		
10.136.15.0	S0/2/1	0
172.16.16.0	Fa0/0	0
10.136.10.0	S0/2/1	1

图 5-2　第一次路由更新示例

再经过一个路由更新周期，各路由器发起第二次路由更新，同样地，将各自完整的路由表再次广播发送给邻居路由器。当 R2 将完整路由表发送给 R1 时，R1 将收到的路由更新信息与自己的路由表进行比较，发现一条新的路由 172.16.16.0，并确认 R2 是经过 1 跳学习到的，于是将跳数加 1，标记为 2 跳，并将该条路由加入自己的路由表。同理，R2 也将完整路由表发送给 R3，R3 同样经过 2 跳学习到来自网络 192.168.10.0 的路由。同理，R1 和 R3 也要将自己完整路由表发送给 R2，R2 比较完发现没有新的路由，于是 R2 的路由表保持不变。如图 5-3 所示，当完成第二次路由更新后，每台路由器均学习到了全网的所有路由信息，此时路由协议达到收敛状态，路由表稳定，可以正常进行路由选择和数据转发。

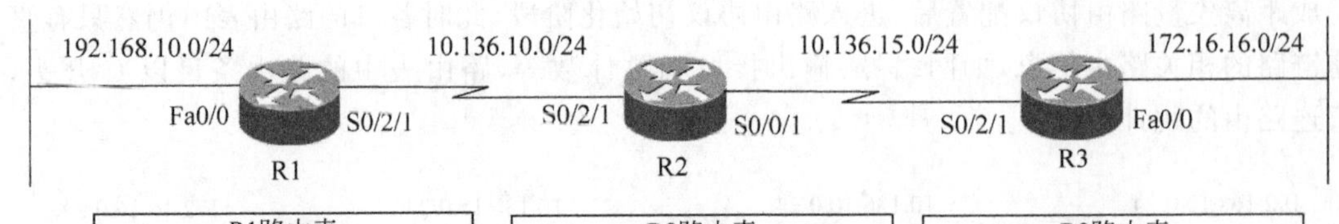

R1路由表		
192.168.10.0	Fa0/0	0
10.136.10.0	S0/2/1	0
10.136.15.0	S0/2/1	1
172.16.16.0	S0/2/1	2

R2路由表		
10.136.10.0	S0/2/1	0
10.136.15.0	S0/0/1	0
192.168.10.0	S0/2/1	1
172.16.16.0	S0/0/1	1

R3路由表		
10.136.15.0	S0/2/1	0
172.16.16.0	Fa0/0	0
10.136.10.0	S0/2/1	1
192.168.10.0	S0/2/1	2

图 5-3 第二次路由更新示例

当路由器处于会聚状态(路由学习与更新)时,由于路由器自身的路由表尚未包含整个网络的所有信息,因而导致无法正常进行路由选择与数据转发。因此,希望路由会聚时间越短越好,尽快进入收敛稳定状态。事实上,RIP 协议存在的主要问题就是路由会聚时间比较长,这将导致一个更为严重的问题,那就是路由环路。

5.2.2 路由环路问题

距离矢量路由选择协议会在路由器所有已激活的接口上周期性广播路由更新,以此来通知邻居路由器自身已知的网络以及网络的改变。但是,当某个网络发生故障时,问题也随之而来,由于距离矢量路由协议的慢收敛,最终会引起路由环路。导致路由环路的主要原因是每台路由器不能同时或者近乎同时地更新自身路由表。

下面以图 5-4 为例,分步骤说明如何产生路由环路。

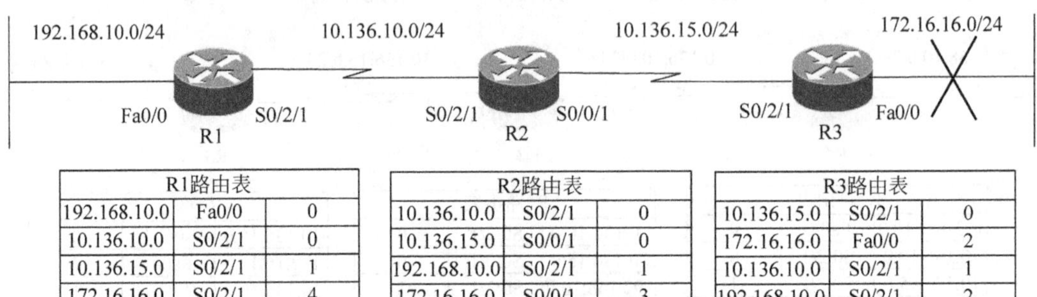

R1路由表		
192.168.10.0	Fa0/0	0
10.136.10.0	S0/2/1	0
10.136.15.0	S0/2/1	1
172.16.16.0	S0/2/1	4

R2路由表		
10.136.10.0	S0/2/1	0
10.136.15.0	S0/0/1	0
192.168.10.0	S0/2/1	1
172.16.16.0	S0/0/1	3

R3路由表		
10.136.15.0	S0/2/1	0
172.16.16.0	Fa0/0	2
10.136.10.0	S0/2/1	1
192.168.10.0	S0/2/1	2

图 5-4 路由环路问题

(1) 当网络 172.16.16.0 发生故障时,直连的 R3 路由器将其设为不可达,然后等待自己的更新周期到来时再将网络 172.16.16.0 不可达的消息通告给邻居路由器 R2。在 R3 的等待过程中,R2 的更新周期到了,这时,R2 将自己的完整路由表广播给 R1 和 R3,这时,R3 收到 R2 发送过来的路由更新信息中看到 R2 有到达网络 172.16.16.0 的路由(见图 5-4),经过 1 跳的距离,所以 R3 将其跳数加 1 变为 2 跳,并将该路由加入自己路由表。

(2) 不久之后,R3 的更新周期到来,R3 将自己完整路由表发送给 R2,将能够到达网络 172.16.16.0 的路由再次通告给 R2,R2 收到路由更新信息后,经过比较发现,可以通过 R3

到达网络 172.16.16.0，于是将其跳数再加 1 后存入自己路由表，从而 R2 到达网络 172.16.16.0 变成 3 跳。

(3) 随后，R2 的更新周期又到来了，R2 将自己能够到达网络 172.16.16.0 的路由再次通告给邻居路由器 R1 和 R3，R1 收到后将跳数加 1 后存入自己路由表，变成 4 跳。R3 又收到能够通过 R2 到达网络 172.16.16.0 的路由，跳数又再加 1；再等 R3 更新周期到达时，R2 又收到能够通过 R3 到达网络 172.16.16.0 的路由，跳数又再加 1，如此循环，路由环路形成。

(4) 当路由环路形成时，任何发送往目标网络 172.16.16.0 的路由均被转发给 R2，再转发给 R3，然后等待一会儿又再次转发给 R2，又再转发给 R3，最终会因进入死循环的路由更新信息大量消耗链路带宽而导致网络陷入瘫痪状态。

5.2.3　路由环路的解决方法

路由环路将给网络整体性能带来严重影响，甚至导致网络瘫痪。通常可以采用如下方法有效缓解或解决路由环路问题：

(1) 最大跳计数(defining a maximum)。通过定义最大跳计数来限制可能的路由循环的次数，如 RIP 设置最大跳计数为 15 跳。

(2) 水平分割(split horizon)。禁止路由协议回传路由更新信息。如图 5-4 所示，R2 的路由表中，网络 172.16.16.0 是通过接口 S0/0/1 从 R3 的路由更新信息中学习到的，水平分割即禁止 R2 再从接口 S0/0/1 将网络 172.16.16.0 的路由回传给 R3，从而有效避免路由环路的产生。

(3) 路由毒化(route prisoning)。当网络出现故障时，将直连该网络的路由器中的相应路由项的度量值设为 16 跳，表示该路由已经失效，以此启动路由毒化。如图 5-4 所示，当网络 172.16.16.0 发送故障，R3 即将该路由设为 16 跳，并通知给 R2，R2 收到此毒化路由也宣告给 R1，最后全网都知晓该网络不可达，从而避免路由环路。

(4) 触发更新(triggered update)。当路由器检测到网络故障时，立刻发送路由更新消息给相邻路由器，并依次产生触发更新通知其邻居的邻居路由器，如图 5-4 所示，当网络 172.16.16.0 发送故障，R3 立即触发更新，通知 R2，R2 立即通知 R1，使得整个网络在最短的时间内收到网络不可达的更新信息，避免了路由环路的产生。

(5) 抑制计时器(hold-down timer)。设置抑制计时器可以防止其他路由器的路由表中过早地恢复某些无效的路由。如图 5-4 所示，当网络 172.16.16.0 发送故障，各路由器激活抑制计时器，设置一个合理的计时值，在这个时间范围内，该故障路由一直保持无效状态，不参与路由表的更新，从而避免路由环路。

5.3　RIP 协议及工作原理

RIP 协议要求网络中的每台路由器都要维护从它自己到其他每个目标网络的距离记录。默认情况下，配置有 RIP 协议的路由器每隔 30s 就通过 UDP 520 端口向与它直连的所有邻居路由器广播发送自己完整的路由表,通过这种周期性广播的方式进行路由更新。RIP 协议采用分布式贝尔曼-福德(Bellman-Ford)算法,目前有两个版本,分别为 RIPv1 和 RIPv2。RIPv1 是最先设计并广泛使用的内部网关路由协议(IGP),是一种有类路由协议,而 RIPv2 则支持子网划分和可变长子网掩码(VLSM),是一种无类路由协议。

下面从协议的特性、计时器、路由表、两种版本、认证和汇总等方面系统介绍协议的工作原理。

5.3.1 RIP 的特性

RIP 协议的特性主要体现在如下几个方面:

(1) 一种典型的距离矢量路由协议,管理距离(AD)为 120,使用跳计数作为度量标准,最大跳计数为 15 跳,超过 15 跳将视为不可达而被丢弃分组。

(2) 使用 4 种计时器来管理协议的性能:路由更新计时器、路由失效计时器、路由抑制计时器和路由刷新计时器。

(3) 网络必须直连,采用周期性广播路由更新方式,将完整路由表广播给所有激活的邻居路由器,周期为 30s。RIP 消息通过广播地址 255.255.255.255 进行发送,使用 UDP 协议的 520 端口。

(4) 支持等价链路实现负载均衡,默认 4 条,最大可支持 6 条。

(5) RIPv1 只使用有类路由选择,是有类路由协议,即在该网络中的所有设备必须使用主类默认的网络掩码,因为它发送的路由更新数据中不携带子网掩码信息,不支持不连续子网和 VLSM 设计。

(6) RIPv2 支持无类路由选择,是无类路由协议,每条路由条目都可以携带自己的子网掩码,支持 VLSM,支持 CIDR 查找,在安全性方面还支持协议认证。

5.3.2 RIP 计时器

RIP 协议主要依赖如下 4 种计时器管控协议工作:

(1) 路由更新计时器(update timer)。用于设置路由器发送自身完整路由表给相邻路由器的时间间隔,通常为 30s。

(2) 路由失效计时器(invalid timer)。当超过 30s 仍然没有收到路由更新,则激活超时计时器,将继续等待 150s,即在这个等待时间里,如果路由器没有收到某个网络相关的路由更新信息,那么路由器将判定这条路由为无效路由(possible down),该等待时长共为 180s。

(3) 路由抑制计时器(holddown timer)。用于路由器宣告一条路由无效(possible down)后,即失效计时器失效后,路由器启动抑制计时器,开始向外宣告这条路由不可达,同时不接收任何更新信息,不对路由表中的该路由进行任何修改,从而避免路由环路,直到抑制计时器超时。默认情况下,该计时器持续时间为 180s。

(4) 路由刷新计时器(flush timer)。用于设置将无效路由从路由表中删除前需要等待的时间。将无效路由从路由表中删除之前,路由器会将此路由消息通告给相邻路由器。路由刷新计时器和路由失效计时器同时计时，通常为 240s，即失效计时器超时后路由条目只要进入 60s 的路由抑制时间就会被删除。当刷新计时器超时，路由条目被删除后，被删除的路由条目可以立刻被新的任何度量值的最优路由代替。

5.3.3 RIP 路由表条目

RIP 协议的路由条目如图 5-5 所示，前面的代码 R 表示 RIP 协议，10.136.10.0/24 表示该路由条目要到达的目标网络地址，[120/1]表示管理距离为 120，度量值是 1 跳，172.16.10.1 是该路由的下一跳 IP 地址，00:00:05 表示该路由已经更新了 5s，到下一次更新还差 25s，因为每 30s 一个周期，serial0/2/1 是该路由的本地出接口。完整理解这条路由条目是：本路由器采用 RIP 协议，通过出接口 serial0/2/1 到达下一跳接口 IP 地址 172.16.10.1，经过 1 跳的距离到达目标网络 10.136.10.0/24。

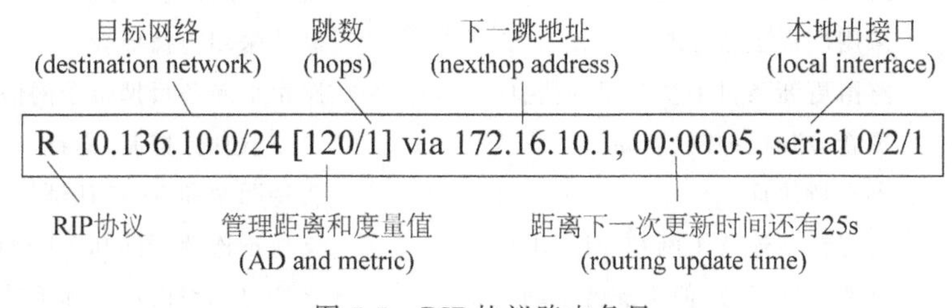

图 5-5　RIP 协议路由条目

5.3.4 RIPv1 和 RIPv2

RIP 目前有两个版本，RIPv1 和 RIPv2。

1. RIPv1 概述

RIPv1 是最先开发出来的内部网关路由协议，是一种有类路由协议，仅支持简单的主类路由，以广播的形式进行路由信息更新，在路由更新中发送自身完整的路由表且不携带任何子网掩码，将子网自动汇总成主类网络进行路由，屏蔽所有子网的特征。

RIPv1 采用 5.3.2 节所述 4 种计时器工作，跳计数最大值是 15 跳。

2. RIPv2 概述

RIPv2 不是一种新的协议，它只是在 RIPv1 协议的基础上增加了一些扩展特性，以适用于现代网络的路由选择环境。这些扩展特性有：每个路由条目采用组播的方式进行更新，在更新时都携带自己的子网掩码，路由选择更新增加了认证功能以提高安全性。因为路由更新条目中增加了子网掩码的字段，支持 VLSM，从而使 RIPv2 协议变成了一种无类路由协议，更满足实际应用的需求。

3. RIPv1 和 RIPv2 的异同点

RIPv1 和 RIPv2 之间有许多的相似之处，也有明显的不同，表 5-1 总结了这两个版本之间的异同点。

需要注意的是：通常情况下，RIPv1 和 RIPv2 是不兼容的，可以在路由器接口模式下做如下配置：

```
Route(config-if)# ip rip send version 1/2
Route(config-if)# ip rip receive version 1/2
```

上述配置方法可以使 RIPv1 和 RIPv2 相互兼容。

表 5-1 RIPv1 和 RIPv2 的异同点

协议版本	RIPv1	RIPv2
协议类型	有类路由协议	无类路由协议
度量因素	跳计数，最大 15 跳	跳计数，最大 15 跳
更新方式	采用广播更新 255.255.255.255	默认采用组播更新 224.0.0.9
子网信息	路由更新条目不携带子网信息	路由更新条目携带子网信息
计时器	更新、超时、抑制、刷新	更新、超时、抑制、刷新
认证类型	不支持认证	支持明文和 MD5 认证
VLSM	不支持不连续子网和 VLSM	支持不连续子网和 VLSM
汇总方式	支持自动汇总，但不支持手动汇总	支持自动路由汇总和手动路由汇总

5.3.5 RIP 命令语法

RIP 配置命令的语法如下：

```
Router(config)# router rip
Router(config-router)# version [version_number]
Router(config-router)# network [destination_network]
```

version_number 表示使用的 RIP 版本，可以选 1，表示 RIPv1；或者选 2，表示 RIPv2。

destination_network 表示要宣告到 RIP 协议的网络地址，即路由器直连接口所在网络的网络地址。

注意：RIPv1 是有类路由协议，配置的时候只要写主类网络地址就可以了，如 A 类地址 10.136.10.0/24，则只需要宣告 network 10.0.0.0 就可以了。如果有宣告，则表示该接口所在的网络加入到 RIP 协议，该接口可以接收和发送 RIP 路由更新信息；如果没有宣告，则该接口无法接收和发送 RIP 路由更新信息。

下面以图 5-6 为例，介绍这两个版本的配置方法。

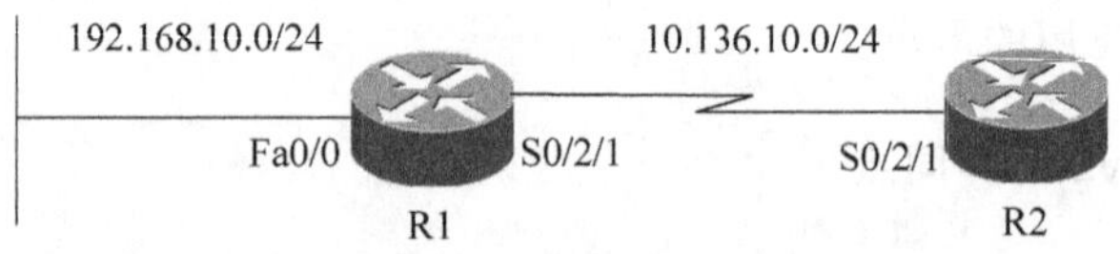

图 5-6 RIP 基本配置示例

在路由器 R1 上配置 RIPv1，配置方法如下：

```
R1(config)# router rip
R1(config-router)# version 1
//RIPv1
R1(config-router)# network 192.168.10.0                //C 类主类网络地址
R1(config-router)# network 10.0.0.0                    //A 类主类网络地址
R1(config-router)# end
```

在路由器 R1 上配置 RIPv2，配置方法如下：

```
R1(config)# router rip
R1(config-router)# version 2                           //RIPv2
R1(config-router)# network 192.168.10.0                //C 类网络地址
R1(config-router)# network 10.136.10.0                 //A 类携带 VLSM
R1(config-router)# end
```

要删除一条 RIP 配置时，只需要在宣告网络时，在命令前面加上 no，其他部分保持不变。如要删除图 5-6 的左边局域网的 RIP 路由，配置命令如下：

```
R1(config)# router rip
R1(config-router)# version 2                           //RIPv2
R1(config-router)#no network 192.168.10.0              //删除 RIP 路由
```

如果要删除整个路由协议，则只需要一条命令就可以：

```
R1(config)# no router rip                              //删除整个路由协议
```

5.3.6 RIPv2 认证方法

1. RIP 认证方式

RIPv1 不支持链路认证。如果发送并接收的均是 RIPv2 数据包，可以在接口上启用 RIP 认证。路由器支持两种认证模式，即明文认证和 MD5 认证，默认为明文认证方式。

配置方法如下：

```
Router(config)#key chain name                          //定义钥匙链，只有本地意义
Router(config-keychain)#key number                     //定义密匙号码，必须匹配
Router(config-keychain-key)#key-string password        //定义密匙，口令两边必须相同
Router(config)#interface s 0/2/1                       //进入接口
Router(config-if)#ip rip authentication key-chain name-of-chain
Router(config-if)#ip rip authentication mode [text|md5] //启用 RIP 认证，调用配置的密匙
```

2. RIP 认证的密钥匹配原则

RIP 是距离矢量路由协议，不需要建立邻居关系，其认证是单向的，即 R1 成功认证了 R2 时(R2 是被认证方)，R1 就可以接收 R2 发送来的路由；反之，如果 R1 没认证 R2 时(R2 是被认证方)，R1 将不能接收 R2 发送来的路由。值得注意的是：R1 成功认证了 R2(R2 是被认证方)不代表 R2 也能成功认证 R1(R1 是被认证方)。

RIP 明文认证和 MD5 认证分别有各自的密钥匹配原则，分别如下：

(1) 明文认证的匹配原则。

A. 发送方(被认证方)发送最小 key ID 的密钥。

B. 不携带 key ID 号码。

C. 接收方(认证方)会和所有 key chain 中的密钥匹配，如果匹配成功，则通过认证。

案例 1：路由器 R1 有一个 key ID，key1＝321；路由器 R2 有两个 key ID，key1＝123，key2＝321。

根据上面的原则，当 R1 认证 R2(被认证方)时，R2 将最小 ID 的密钥值 123 发送给 R1，R1 收到后和自己的 key 进行匹配，而自己的 key 为 321，不匹配，所以结果是认证失败；反过来，当 R2 认证 R1(被认证方)时，R1 将 key1＝321 发送给 R2，R2 收到后与自己所有的 key 进行匹配，而它自己有 key2＝321，能够匹配，所以结果是认证成功。

(2) MD5 认证的匹配原则。

A. 发送方(被认证方)发送最小 key ID 的密钥。

B. 携带 key ID 号码。

C. 接收方(认证方)首先会查找是否有相同的 key ID，如果有，只匹配一次，决定认证是否成功；如果没有该 key ID，查找该 ID 往后的最近 ID 的 key，如果匹配，认证成功；如果不匹配或者没有往后的 ID，则认证失败。

案例 2：路由器 R1 有三个 key ID，key1＝123，key3＝321，key5＝cisco；路由器 R2 有一个 key ID，key2＝123。

根据上面的原则，当 R1 认证 R2(被认证方)时，R2 将最小的 key2＝123 发送给 R1，R1 收到后检查是否有相同的 key2，而 R1 没有 key2，往后最近的 key3＝321，不匹配，所以结果是认证失败；反过来，当 R2 认证 R1(被认证方)时，R1 将最小的 key1＝123 发送给 R2，R2 收到后检查是否有相同的 key1，而 R2 没有 key1，往后最近的 ID 是 key2＝123，与 R1 发送过来的 123 能够匹配，所以结果是认证成功。

5.3.7 RIP 汇总

RIPv1 默认情况下是自动汇总，且不可以手动开启和关闭；RIPv2 默认情况下也是自动汇总，但是可以手动开启和关闭，还可以手动进行汇总。配置方法如下：

```
Router(config)#router rip
Router(config-router)#no auto-summary                         //关闭自动汇总
Router(config)#interface s0/0/1
Router(config-if)#ip summary-address rip {汇总 IP 与掩码}   //手动汇总
```

5.3.8 RIP 单播更新与触发更新

RIP 路由更新用的是广播地址，在某些情况下可能不需要采用广播的方式。思科引入 neighbor 命令可以指定邻居，以单播的方式发送路由更新，更新的目的地址为 neighbor 命令中指定的邻居 IP 地址。如果在允许广播的链路上配置 neighbor 命令，则广播和单播更新同时进行，也就是 neighbor 命令会产生一份备份路由更新。此外，还引入 passive-interface 命令来阻止在某个接口上的更新，以便在不必要产生动态路由信息的链路上节约资源。

当这两个命令同时配置在一台路由器上时，passive-interface 接口将停止默认的广播式更新，而单播更新会经过该接口发到 neighbor 命令所指定的邻居上(假设 neighbor 命令指定的邻居和此接口相连)。这两个命令是平等的，不存在优先级，只是停止 RIP 协议默认的路由更新，并允许通过第三方命令指定更新方式。

触发更新(triggered update)：一旦收到消息报告网络不可达，就立即广播，不必等下一个广播周期(30s)到达。同时，在广播中保持此目标网络，只是加一个很大的代价值。

配置方法如下：

```
RTA(config)# interface Serial0/2/1
RTA(config-if)# ip rip triggered          //触发更新,配置触发更新后,只会传递汇总路由; 否
                                          //则除了汇总路由,还有自动汇总的主类路由
RTA(config)# router rip
RTA(config-router)# neithbor 172.1.1.2                         //配置邻居
RTA(config-router)# passive-interface Serial 0/2/1         //抑制传播,只接收更新不发送更新
```

5.4 RIP 协议配置与测试方法

5.4.1 实验内容

1. 实验拓扑

信息学院的路由器为 R1，工科楼群主节点为 R2，图书馆主节点为 R3，信息学院与工科楼群主节点间的子网为 10.136.10.0/24，工科楼群主节点与图书馆主节点间的子网为 10.136.15.0/24，如图 5-7 所示。

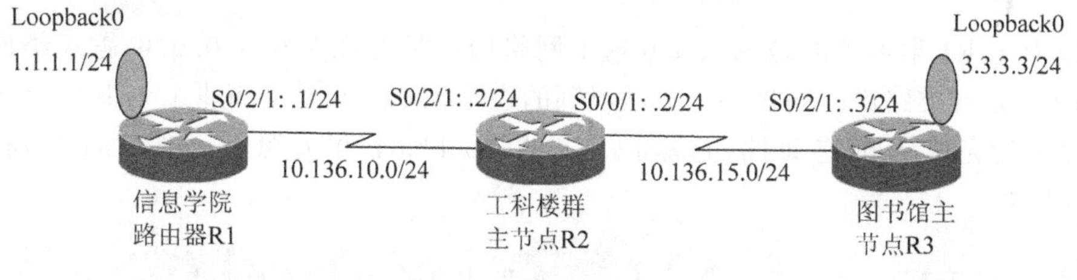

图 5-7 RIP 基本配置

2. 实验需求

要求配置 RIP 协议，使得全网连通，信息学院路由器 R1 的 Loopback 0 接口能够连通图书馆主节点 R3 的 Loopback 0 接口。实验步骤如下：

(1) 对各路由器进行基础配置并改名，接着配置各个接口的 IP 地址与状态。配置完成后，可以用 CDP 协议确认是否按照拓扑正确连接。然后，可以用 show ip interface brief 查看各接口 IP 地址与状态，确认无误后，继续以下操作。

(2) 在三台路由器上配置 RIPv1 协议和 RIPv2 协议，查看相关日志。

(3) 更改 RIP 路由协议计时器。

5.4.2 实验配置

1) 基本配置

基础配置在 4.5.5 节已经操作过，此处不再详细列举。

2) 在三台路由器上配置 RIPv1 协议，并查看相关日志

以路由器 R1 为例，它与 1.1.1.0、10.136.10.0 这两个网络直连，因此配置 RIP 时，只需配置这两个网络，即自身接口相连的网络。

```
R1(config)#router rip
R1(config-router)#version 1
R1(config-router)#network 1.1.1.0          //还可以配置为 1.0.0.0
R1(config-router)#network 10.136.10.0      //还可以配置为 10.0.0.0
R1(config-router)#end
```

同理，路由器 R2 配置 10.136.10.0、10.136.15.0 这两个网络，路由器 R3 配置 10.136.15.0、3.3.3.0 这两个网络。

各路由器上配置完 RIP 后，可以查看路由表，这里以路由器 R1 为例：

```
R1#show ip route
(部分内容省略)
1.0.0.0/24 is subnetted, 1 subnets
C     1.1.1.0 is directly connected, Loopback0
R     3.0.0.0/8[120/2] via 10.136.10.2, 00:00:09, Serial0/2/1
10.136.10.0/24 is subnetted, 2subnets
C     10.136.10.0 is directly connected, Serial0/2/1
R     10.136.15.0[120/1] via 10.136.10.2, 00:00:09, Serial0/2/1
```

可以看出 R1 学习到的是 3.0.0.0 这个网络而不是 3.3.3.0，3.0.0.0 是 A 类网络，证明了 RIPv1 是有类路由。同理，R3 上学习到的也是 1.0.0.0 子网而非 1.1.1.0。

RIP 配置完成测试连通性，这里以 R1 的 Loopback 0 为源 ping R3 的 Loopback 0 为例。

```
R1#ping 3.3.3.3                      //在 R1 上直接 ping 远端地址 3.3.3.3
Type escape sequence to abort.
```

```
Sending 5, 100-byte ICMP Echos to 3.3.3.3, timeout is 2 seconds:
!!!!!                                   //成功连通
Success rate is 100 percent (5/5), round-trip min/avg/max = 2/14/25 ms
R1#ping 3.3.3.3 source loop 0           //在 R1 上以 loopback0 接口为源 ping 远端地址 3.3.3.3
Type escape sequence to abort.
Sending 5, 100-byte ICMP Echos to 3.3.3.3, timeout is 2 seconds:
Packet sent with a source address of 1.1.1.1
!!!!!                                   //成功连通
Success rate is 100 percent (5/5), round-trip min/avg/max = 28/29/32 ms
```

出现!!!!!,证明 R1 和 R3 之间成功连通。

3) RIP 协议配置完成,查看协议信息

```
R1#show ip protocols
Routing Protocol is "rip"
Outgoing update filter list for all interfaces is not set
Incoming update filter list for all interfaces is not set
Sending updates every 30 seconds, next due in 20 seconds
Invalid after 180 seconds, hold down 180, flushed after 240
Redistributing: rip
Default version control: send version 1, receive version 1
Interface        Send      Recv     Triggered RIP Key-chain
Serial0/2/1       1          1
Loopback0         1          1
Automatic network summarization is in effect
Maximum path: 4
Routing for Networks:
1.0.0.0
10.0.0.0
Routing Information Sources:
Gateway        Distance       Last Update
10.136.10.2     120            00:00:05
Distance: (default is 120)
```

RIP 协议信息的具体分析如下:

(1) 由 Routing Protocol is "rip"可知,当前运行着 RIP 协议。

(2) Sending updates every 30 seconds, next due in 20 seconds,更新时间默认为 30s,距离下次发包还有 20s。

(3) Invalid after 180 seconds,hold down 180,flushed after 240,无效时间、拒绝时间、清除时间分别为 180s、180s 和 240s。如果这台运行着 RIP 协议的路由器在 180s 内未接收到其他路由器的更新信息,当前路由器将标记相应未更新的路由为无效路由。接下来的 180s 内,路由信息将被标记为 possibly down,如果这个时间内恢复正常,也要等到计时结束后该路由信息才会更新为 up 状态。而这个时间内始终未恢复正常,将会计时 240s;如果 240s 内仍然没有更新信息,该条路由信息将被删除。

(4) Default version control: send version 1,receive version 1,默认发送版本 RIPv1,接收也默认为 RIPv1。下方的列表也可知具体接口的发送和接收版本均为 1。

(5) Routing for Networks 记录了当前路由器向外发送的网络信息。

(6) Routing Information Sources 记录了当前路由器从相邻路由器学习的一些信息，例如接口和管理距离，RIP 默认的管理距离为 120。

4) 开启 debug 模式查看日志，大致日志信息如下，如发送版本、接收版本、度量值等

```
R1#debug ip rip
*Aug 10 12:09:50.127: RIP: sending v1 update to 255.255.255.255 via Loopback0 (1.1.1.1)
*Aug 10 12:09:50.127: RIP: build update entries
*Aug 10 12:09:50.127:   network 3.0.0.0 metric 3
*Aug 10 12:09:50.127:   network 10.0.0.0 metric 1
R1#
*Aug 10 12:09:59.823: RIP: sending v1 update to 255.255.255.255 via Serial0/2/1 (10.136.
10.1)
*Aug 10 12:09:59.823: RIP: build update entries
*Aug 10 12:09:59.823:   network 1.0.0.0 metric 1
R1#
*Aug 10 12:10:03.423: RIP: received v1 update from 10.136.10.2 on Serial0/2/1
*Aug 10 12:10:03.423:      3.0.0.0 in 2 hops
*Aug 10 12:10:03.423:      10.136.15.0 in 1 hops
```

部分可能的输出结果解释如下：

(1) RIP：sending v1 update to 255.255.255.255 via Serial0/2/1(10.136.10.1)，在 Serial0/2/1 上配置了 RIPv1。

(2) RIP：sending v2 update to 224.0.0.9 via Serial0/2/1(10.136.10.1)，在 Serial0/2/1 上配置了 RIPv2。

(3) RIP：received v1 update from 10.136.10.2 on Serial0/2/1，从 Serial0/2/1 接口接收来自 10.136.10.2 路由信息，其版本是 RIPv1(若显示 v2 则是 RIPv2)。

(4) RIP：ignored v2 packet from 1.1.1.1(sourced from one of our addresses)版本配置不一致，忽略了接收到的包。

5) 三台路由器上配置 RIPv2 协议并查看相关日志

首先，我们通过如下命令清除各路由器上的路由表。这里以路由器 R1 为例，路由器 R2、R3 上的操作方法一致(下同)。

```
R1#clear ip route *
```

改用 RIPv2 协议并关闭自动汇总。这里以路由器 R1 为例：

```
R1(config)#route rip
R1(config-router)#version 2                        //启用 RIPv2
R1(config-router)#no auto-summary                  //关闭自动汇总
R1(config-router)#end
```

6) 重新查看协议信息

在 R1 上查看协议信息，如下所示：

```
R1#show ip protocols
Routing Protocol is "rip"
Outgoing update filter list for all interfaces is not set
Incoming update filter list for all interfaces is not set
Sending updates every 30 seconds, next due in 14 seconds
Invalid after 180 seconds, hold down 180, flushed after 240
Redistributing: rip
Default version control: send version 2, receive version 2      //发送和接收版本均为 RIPv2
Interface         Send     Recv     Triggered  RIP  Key-chain
Serial0/2/1        2         2
Loopback0          2         2
Automatic network summarization is not in effect
Maximum path: 4
Routing for Networks:
1.0.0.0
10.136.10.0
Routing Information Sources:
Gateway          Distance     Last Update
10.136.10.2        120          00:00:04
Distance: (default is 120)
```

与之前的 RIPv1 对比，从 Default version control 一行可以发现默认发送接收版本均为 2。下方的列表也可知具体端口的发送和接收版本均为 2。

当然，也可以通过配置接口，在接口模式下指定特定的版本，命令分别是：

```
Router(config-if)# ip rip send version 1
Router(config-if)# ip rip send version 2
Router(config-if)# ip rip receive version 1
Router(config-if)# ip rip receive version 2
```

这些命令指定了接口只接收或发送某一 RIP 版本或两个版本的路由信息。默认情况下，路由器接收两个 RIP 版本的路由信息，但只发送 RIPv1 的路由信息。

7) RIPv2 配置后查看路由表

```
R1#show ip route
...(部分内容省略)
          1.0.0.0/24 is subnetted, 1 subnets
C         1.1.1.0 is directly connected, Loopback0
          3.0.0.0/24 is subnetted, 1 subnets
R         3.3.3.0 [120/2] via 10.136.10.2, 00:00:00, Serial0/2/1
          10.136.10.0/24 is subnetted, 2 subnets
C         10.136.10.0 is directly connected, Serial0/2/1
R         10.136.15.0 [120/1] via 10.136.10.2, 00:00:00, Serial0/2/1
```

仔细观察可以发现：

```
R    3.3.3.0 [120/2] via 10.136.10.2, 00:00:00, Serial0/2/1
```

通过 RIP 学习到目标子网 3.3.3.0 的路由，该路由证明了 RIPv2 是无类路由，支持 VLSM，因为 3.3.3.0 本应是 3.0.0.0 的一个子网。

```
R1#show ip rip database
1.0.0.0/8        auto-summary
1.1.1.0/24       directly connected, Loopback0
3.0.0.0/8        auto-summary
3.3.3.0/24
[2] via 10.136.10.2, 00:00:18, Serial0/2/1
10.136.0.0/16   auto-summary
10.136.10.0/24 directly connected, Serial0/2/1
10.136.15.0/24
[1] via 10.136.10.2, 00:00:18, Serial0/2/1
```

8）更改 RIP 路由协议计时器

在 R1、R2 上更改 RIP 路由协议计时器，原来默认值分别为 30s、180s、180s 和 240s。这里翻倍更改。

```
R1(config)#router rip
R1(config-router)#timers basic 60 360 360 480
R1(config-router)#end
```

9）再次查看协议信息

```
R1#show ip protocol
Routing Protocol is "rip"
(部分内容省略)
Sending updates every 60 seconds, next due in 51 seconds
Invalid after 360 seconds, hold down 360, flushed after 480
(部分内容省略)
```

可以发现，我们成功更改了 R1 中 RIP 路由协议计时器。而 R3 上没有更改，仍然显示为：

```
R3#show ip protocol
Routing Protocol is "rip"
(部分内容省略)
Sending updates every 30 seconds, next due in 8 seconds
Invalid after 180 seconds, hold down 180, flushed after 240
(部分内容省略)
```

同一网络下的多台路由器的 RIP 计时器设置应该一致。通过修改 RIP 协议计时器值虽然可以减少路由刷新的频率，进而减少带宽消耗，但一般不建议更改默认值。

恢复计时器默认值需用命令 no timers basic。

5.4.3 实验结果分析

路由信息协议(RIP)默认情况下，每隔 30s 就发送自己完整的路由表到所有激活的接口，通过路由表发现路由，根据路由表转发数据包。

观察路由表，Codes 部分在静态路由中已经提及过了，这里关注以 R 开头的两行，如下：

```
R     3.0.0.0/8 [120/2] via 10.136.10.2, 00:00:09, Serial0/2/1
R     10.136.15.0 [120/1] via 10.136.10.2, 00:00:09, Serial0/2/1
```

对上述路由条目，详细解读如下：

(1) R 表示 RIP 协议，表明这是通过 RIP 协议自动学习到的路由信息。

(2) 3.0.0.0/8 目标网络地址(destination network)。

(3) [120/2]管理距离(AD)和度量值(metric)，RIP 的管理距离默认为 120，不同协议下，管理距离小的，路由的优先级高，视为更好。度量值等于跳数(hop count)，同一协议下，度量值越低视为越好。

(4) via 12.12.12.1 通过下一跳的 IP 地址(nexthop address)。

(5) 00:00:09 路由上次更新到现在经过的时间(routing update time)，这里为 9s。

(6) Serial0/2/1 本地出接口(local interface)，通过该接口将数据转发到下一跳 IP 地址。

5.5 配置 RIP 手动路由汇总

5.5.1 实验内容

1. 实验拓扑

某高校工科有计算机学院、通信学院、信息学院和网络空间安全学院共四个学院，每个学院的边界都有一台路由器，分别为 R1、R2、R3 和 R4，这些路由器之间通过串口线连接，如图 5-8 所示，将四个学院组成一个网络，共享学院资源。此外，在网络空间安全学院的路由器 R4 上设置四个回环接口 Loopback1、Loopback2、Loopback3 和 Loopback4，在计算机学院的路由器 R1 上设置一个回环接口 Loopback0。

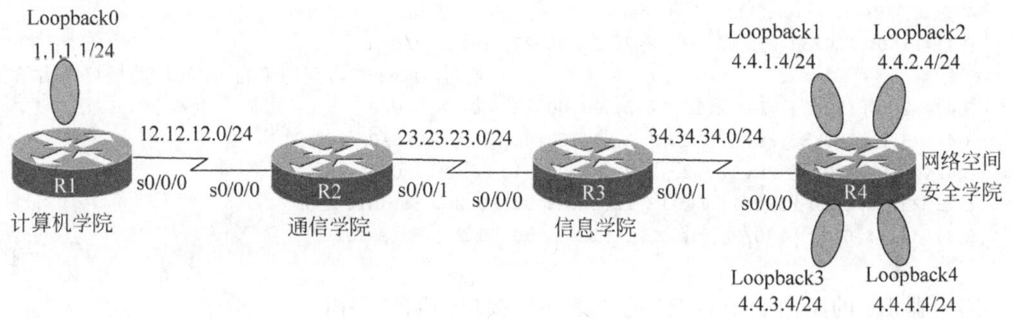

图 5-8　RIP 路由汇总

2. 实验需求

在 R4 上手动配置路由汇总，对 4 个 Loopback 接口地址做汇总，配置前先设计好子网地址。

5.5.2 实验配置

路由器 R1、R2 和 R3 启用常规的 RIPv2，R4 的配置如下：

```
R4(config)# router rip
R4(config-router)# version 2
R4(config-router)# no auto-summary                    //关闭自动汇总
R4(config-router)# network 34.34.34.0                 //将接口地址宣告进 RIPv2 协议
R4(config-router)# network 4.4.1.0
R4(config-router)# network 4.4.2.0
R4(config-router)# network 4.4.3.0
R4(config-router)# network 4.4.4.0
```

5.5.3 实验结果分析

在 R4 未进行手动汇总前，在其他路由器上查看路由表，注意路由表条目信息。下面以在计算机学院的路由器 R1 上查看为例：

```
R1# show ip route
Codes: C - connected, S - static, R - RIP, M - mobile, B - BGP
D - EIGRP, EX - EIGRP external, O - OSPF, IA - OSPF inter area
N1 - OSPF NSSA external type 1, N2 - OSPF NSSA external type 2
E1 - OSPF external type 1, E2 - OSPF external type 2
i - IS-IS, su - IS-IS summary, L1 - IS-IS level-1, L2 - IS-IS level-2
ia - IS-IS inter area, * - candidate default, U - per-user static route
o - ODR, P - periodic downloaded static route
Gateway of last resort is not set
C 192.168.12.0/24 is directly connected, Serial0/0/0
1.0.0.0/24 is subnetted, 1 subnets
C 1.1.1.0 is directly connected, Loopback0
4.0.0.0/24 is subnetted, 4 subnets
R 4.4.1.0 [120/3] via 12.12.12.2, 00:00:21, Serial0/0/0
                                        //通过 RIPv2 学习到的来自 R4 的环回接口路由条目
R 4.4.2.0 [120/3] via 12.12.12.2, 00:00:12, Serial0/0/0
R 4.4.3.0 [120/3] via 12.12.12.2, 00:00:05, Serial0/0/0
R 4.4.4.0 [120/3] via 12.12.12.2, 00:00:21, Serial0/0/0
R 23.23.23.0/24 [120/1] via 12.12.12.2, 00:00:21, Serial0/0/0
R 34.34.34.0/24 [120/2] via 12.12.12.2, 00:00:22, Serial0/0/0
```

路由器 R1 的路由表中有 R4 的 4 条环回接口的明细路由。

为了减少路由表条目数量，提升网络有效带宽，应该对 R4 的环回接口路由进行手动汇总。

手动汇总一般在接口模式下启用，在 R4 的接口 s0/0/0 上配置手动汇总，命令如下：

```
R4(config)# interface s0/0/0
R4(config-if)# ip summary-address rip 4.4.0.0 255.255.252.0    //在接口配置 RIP 手动汇总
```

再次在计算机学院的路由器 R1 上查看路由表：

```
R1# show ip route
Codes: C - connected, S - static, R - RIP, M - mobile, B - BGP
D - EIGRP, EX - EIGRP external, O - OSPF, IA - OSPF inter area
N1 - OSPF NSSA external type 1, N2 - OSPF NSSA external type 2
E1 - OSPF external type 1, E2 - OSPF external type 2
i - IS-IS, su - IS-IS summary, L1 - IS-IS level-1, L2 - IS-IS level-2
ia - IS-IS inter area, * - candidate default, U - per-user static route
o - ODR, P - periodic downloaded static route
Gateway of last resort is not set
C 12.12.12.0/24 is directly connected, Serial0/0/0
1.0.0.0/24 is subnetted, 1 subnets
C 1.1.1.0 is directly connected, Loopback0
4.0.0.0/22 is subnetted, 1 subnets
R 4.4.0.0 [120/3] via 12.12.12.2, 00:00:21, Serial0/0/0    //汇总路由,原来有 4 条,现在只有一条
R 23.23.23.0/24 [120/1] via 12.12.12.2, 00:00:21, Serial0/0/0
R 34.34.34.0/24 [120/2] via 12.12.12.2, 00:00:22, Serial0/0/0
```

路由器 R1 的路由表中接收到汇总路由 4.4.0.0/22，同理，R2、R3 也收到汇总条目。

5.6 配置 RIP 认证及触发更新

5.6.1 实验内容

1. 实验拓扑

本实验拓扑图如图 5-8 所示。

2. 实验需求

在路由器 R1、R2、R3、R4 配置认证，同时启用触发更新。

5.6.2 实验配置

(1) 在路由器 R1 上配置认证和触发更新。

```
R1(config)# key chain test                                  //配置密钥链
R1(config-keychain)# key 1                                  //配置 KEY ID
R1(config-keychain-key)# key-string cisco                   //配置 KEY ID 的密钥
R1(config)# interface s0/0/0
R1(config-if)# ip rip authentication mode text
//启用认证,认证模式为明文,默认认证模式就是明文,所以也可以不用指定
R1(config-if)# ip rip authentication key-chain test         //在接口上调用密钥链
R1(config-if)# ip rip triggered                             //在接口上启用触发更新
```

(2) 在路由器 R2 上启用认证和触发更新。

```
R2(config)# key chain test
R2(config-keychain)# key 1                                   //最好一致
R2(config-keychain-key)# key-string cisco                    //最好一致
R2(config)# interface s0/0/0
R2(config-if)# ip rip triggered
R2(config-if)# ip rip authentication key-chain test
R2(config-if)# interface s0/0/1
R2(config-if)# ip rip authentication key-chain test
R2(config-if)# ip rip triggered
```

(3) 在路由器 R3 上启用认证和触发更新。

```
R3(config)# key chain test
R3(config-keychain)# key 1
R3(config-keychain-key)# key-string cisco
R3(config)# interface s0/0/0
R3(config-if)# ip rip authentication key-chain test
R3(config-if)# ip rip triggered
R3(config-if)# interface s0/0/1
R3(config-if)# ip rip authentication key-chain test
R3(config-if)# ip rip triggered
```

(4) 在路由器 R4 上启用认证和触发更新。

```
R4(config)# key chain test
R4(config-keychain)# key 1
R4(config-keychain-key)# key-string cisco
R4(config)# interface s0/0/0
R4(config-if)# ip rip authentication key-chain test
```

5.6.3 实验结果分析

在 R2 上使用 show ip protocols 查看协议状态：

```
R2# show ip protocols
Routing Protocol is "rip"
Outgoing update filter list for all interfaces is not set
Incoming update filter list for all interfaces is not set

Sending updates every 30 seconds, next due in 4 seconds
Invalid after 180 seconds, hold down 0, flushed after 240
// 由于触发更新,hold down 计时器自动为 0
Redistributing: rip
Default version control: send version 2, receive version 2
Interface Send Recv Triggered RIP Key-chain
```

```
Serial0/0/0  2    2    Yes        test
Serial0/0/1  2    2    Yes        test
//以上两行表明 s0/0/0 和 s0/0/1 接口启用了认证和触发更新
Automatic network summarization is not in effect
Maximum path: 4
Routing for Networks:
12.12.12.0
23.23.23.0
Routing Information Sources:
Gateway          Distance       Last Update
12.12.12.1       120            00:26:10
23.23.23.3       120            00:26:01
Distance: default is 120
```

在 R2 上使用 debug ip rip 查看调试信息：

```
R2# debug ip rip
RIP protocol debugging is on
R2# clear ip route *
*Feb 11 13:51:31.827: RIP: sending triggered request on Serial0/0/0 to 224.0.0.9
                                                                        //触发更新开启
*Feb 11 13:51:31.831: RIP: sending triggered request on Serial0/0/1 to 224.0.0.9
*Feb 11 13:51:31.843: RIP: sending triggered request on Serial0/0/0 to 224.0.0.9
*Feb 11 13:51:31.847: RIP: sending triggered request on Serial0/0/1 to 224.0.0.9
*Feb 11 13:51:31.847: RIP: send v2 triggered flush update to 12.12.12.1 on Serial0/0/0 with
no route
*Feb 11 13:51:31.851: RIP: start retransmit timer of 12.12.12.1
*Feb 11 13:51:31.855: RIP: send v2 triggered flush update to 23.23.23.3 on Serial0/0/1 with
no route
*Feb 11 13:51:31.855: RIP: start retransmit timer of 23.23.23.3
*Feb 11 13:51:32.019: RIP: received packet with text authentication cisco   //明文认证开启
*Feb 11 13:51:32.019: RIP: received v2 triggered update from 12.12.12.1 on Serial0/0/0
*Feb 11 13:51:32.023: RIP: sending v2 ack to 12.12.12.1 via Serial0/0/0 (12.12.12.2),
flush, seq# 1
*Feb 11 13:51:32.027: 1.1.1.0/24 via 0.0.0.0 in 1 hops
*Feb 11 13:51:32.031: RIP: received packet with text authentication cisco

*Feb 11 13:51:32.019: RIP: received v2 triggered update from 12.12.12.1 on Serial0/0/0
*Feb 11 13:51:32.023: RIP: sending v2 ack to 12.12.12.1 via Serial0/0/0 (12.12.12.2),
flush, seq# 1
*Feb 11 13:51:32.027: 1.1.1.0/24 via 0.0.0.0 in 1 hops
*Feb 11 13:51:32.031: RIP: received packet with text authentication cisco
*Feb 11 13:51:32.035: RIP: received v2 triggered update from 23.23.23.3 on Serial0/0/1
*Feb 11 13:51:32.035: RIP: sending v2 ack to 23.23.23.3 via Serial0/0/1(23.23.23.2),
flush, seq# 2
*Feb 11 13:51:32.039: 34.34.34.0/24 via 0.0.0.0 in 1 hops
*Feb 11 13:51:32.043: 4.4.4.0/24 via 0.0.0.0 in 2 hops
*Feb 11 13:51:32.071: RIP: received packet with text authentication cisco
*Feb 11 13:51:32.071: RIP: received v2 triggered update from 23.23.23.3 on Serial0/0/1
```

```
*Feb 11 13:51:32.071: RIP: sending v2 ack to 23.23.23.3 via Serial0/0/1(23.23.23.2),
flush, seq# 3
*Feb 11 13:51:32.075: 34.34.34.0/24 via 0.0.0.0 in 1 hops
*Feb 11 13:51:32.079: 4.4.4.0/24 via 0.0.0.0 in 2 hops
*Feb 11 13:51:32.083: RIP: received packet with text authentication cisco
*Feb 11 13:51:32.083: RIP: received v2 triggered ack from 23.23.23.3 on Serial0/0/1
flush seq# 2
*Feb 11 13:51:32.087: RIP: send v2 triggered update to 23.23.23.3 on Serial0/0/1
*Feb 11 13:51:32.087: RIP: build update entries
*Feb 11 13:51:32.091: route 176: 12.12.12.0/24 metric 1, tag 0
*Feb 11 13:51:32.091: route 181: 1.1.1.0/24 metric 2, tag 0
*Feb 11 13:51:32.095: RIP: Update contains 2 routes, start 176, end 188
*Feb 11 13:51:32.095: RIP: start retransmit timer of 23.23.23.3
*Feb 11 13:51:32.099: RIP: received packet with text authentication cisco
*Feb 11 13:51:32.099: RIP: received v2 triggered update from 12.12.12.1 on Serial0/0/0
*Feb 11 13:51:32.103: RIP: sending v2 ack to 12.12.12.1 via Serial0/0/0 (12.12.12.2),
flush, seq# 2
*Feb 11 13:51:32.107: 1.1.1.0/24 via 0.0.0.0 in 1 hops
*Feb 11 13:51:32.107: RIP: received packet with text authentication cisco
*Feb 11 13:51:32.111: RIP: received v2 triggered ack from 12.12.12.1 on Serial0/0/0
flush seq# 3
*Feb 11 13:51:32.111: RIP: send v2 triggered update to 12.12.12.1 on Serial0/0/0
*Feb 11 13:51:32.115: RIP: build update entries
*Feb 11 13:51:32.115: route 178: 23.23.23.0/24 metric 1, tag 0
*Feb 11 13:51:32.119: route 184: 34.34.34.0/24 metric 2, tag 0
*Feb 11 13:51:32.123: route 187: 4.4.4.0/24 metric 3, tag 0
*Feb 11 13:51:32.123: RIP: Update contains 3 routes, start 178, end 188
*Feb 11 13:51:32.123: RIP: start retransmit timer of 12.12.12.1
*Feb 11 13:51:32.263: RIP: received packet with text authentication cisco
*Feb 11 13:51:32.263: RIP: received v2 triggered ack from 23.23.23.3 on Serial0/0/1
seq# 3
*Feb 11 13:51:32.267: RIP: received packet with text authentication cisco
*Feb 11 13:51:32.271: RIP: received v2 triggered ack from 12.12.12.1 on Serial0/0/0
seq# 4
```

在路由器 R2 上开启 debug ip rip，由于触发更新，RIP 不需要再等待 30s 的路由更新时间，所有的更新中都带有 triggered 触发更新标记，同时在接收的更新中带有 text authentication，证明 R2 接口开启了明文认证。

RIPv2 还支持 MD5 认证，留给同学们网上查找资料，自己探究。

5.7 实战演练

经过上述详细的 RIP 路由协议配置和分析实例，应该掌握了 RIP 协议的工作原理、配置与测试，以及分析方法。下面亲自动手实践，通过一个稍微复杂的拓扑结构图进行实战演练。

1. 实战拓扑图

某高校工科有计算机学院、通信学院、信息学院和网络空间安全学院共四个学院，每个学院的边界都有一台路由器，分别为 R1、R2、R3 和 R4，R1 和 R2 间通过串口线连接，R2、R3、R4 两两之间通过串口线连接，如图 5-9 所示，将四个学院组成一个网络，共享学院资源。此外，每台路由器上设置一个回环接口用于测试。

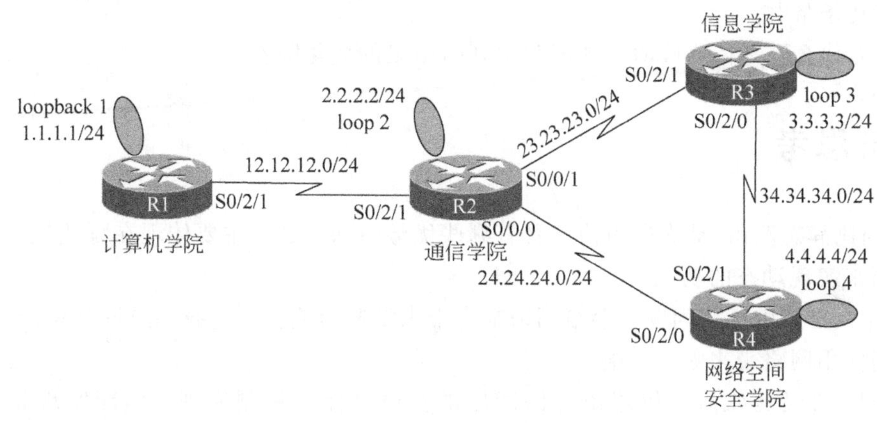

图 5-9 RIP 实战拓扑图

2. 实战需求

(1) 在各自路由器上进行基本配置，包括路由器名称、接口 IP 地址等，并测试直连链路连通性。验证方法：利用 CDP 协议查看邻居表(命令为 show cdp neighbors)验证是否按照拓扑图正确连接。

利用 show ip interface brief 验证 IP 地址配置信息，双 UP 状态表示正常。

(2) 在各路由器上进行 RIP 协议基本配置。

(3) 等待一段时间(各路由器路由表更新周期)后，在各路由器上查看路由表，查看关键信息(管理距离、度量值、下 跳接口、本地化接口等)。查看路由表：show ip route，仅查看 RIP 路由信息：show ip route rip。

(4) 测试连通性。所有路由器配置好 RIP 协议后，查看各自路由器是否能够 ping 通其他网段的 IP 地址。验证方法：在路由器上通过 ping 其他设备 IP 地址验证是否正确配置 RIP 协议，如果各自 ping 的结果均为!!!!!，则表示 RIP 配置正常。

(5) 观察路由的动态过程：在路由器 R2 上关闭 s0/0/0 接口，等待一段时间后，在各路由器上查看路由表；重新在路由器 R2 上开启 s0/0/0 接口，等待一段时间后，在各路由器上查看路由表，观察路由的变化。

关闭接口方法：进入该接口模式，执行命令 shutdown 即可。启用接口方法：进入该接口，执行 no shutdown 即可。

(6) 清除路由表(包括清除静态路由配置)。清除路由表命令：clear ip route * 。

(7) 查看协议信息。查看协议信息命令：show ip protocols。

(8) 删除所有 RIPv1 路由协议，全部路由器改为配置 RIPv2 协议，仔细观察路由表的变化。删除 RIPv1 方法：原命令前加 no。那么路由器会将数据包发往哪条链路呢？

3. 思考题

(1) 为什么路由器 R1 上配置 RIP 协议使用 network 1.0.0.0？如果使用 network 1.1.0.0 或者 network 1.1.1.0 时，效果一样吗？三者有什么区别？为什么？

(2) 路由器 R1 到达网络 4.4.4.0/24 分别有哪几条路由？路由器 R3 到达网络 1.0.0.0/8 分别有哪几条路由？

(3) 为什么要等待一段时间才能观察到路由表的变化呢？

习题与思考

1. 相比静态路由，动态路由协议具有哪些优势？动态二字主要体现在哪些地方？通过什么机制来实现动态的功能？

2. 什么是路由环路问题？会给网络本身带来哪些影响？例如我们是网络中的用户，又会给我们使用网络带来哪些影响？

3. RIP 协议是如何缓解路由环路问题的？通过什么机制实现？你能实现相应的算法吗？

4. RIP 协议的工作原理是什么？配置的时候需要注意什么？RIP 协议有什么局限性？

5. RIP v1 和 RIP v2 有何异同之处？它们相互兼容吗？如何配置能让它们相互兼容？

第6章 增强型内部网关路由协议与配置方法

本章开始学习一种新的动态路由协议，增强型内部网关路由协议，它兼具有距离矢量路由协议和链路状态路由协议的特点，是一种混合型路由协议；同时，它也是一种 Cisco 私有协议，只能运行在 Cisco 的路由设备上。首先介绍为什么需要增强型内部网关路由协议，接着介绍相关术语、基本概念和工作原理，然后介绍协议的配置和测试方法，最后给出实战演练项目。

6.1 为什么需要 EIGRP

通过第 5 章的学习，我们了解到 RIP 协议存在一定的局限性，本章向同学们介绍为什么需要使用增强型内部网关路由协议(EIGRP)，以及其基本概念和相关术语。

6.1.1 EIGRP 之问

作为最早开发并应用的内部网关路由协议，RIP 协议的工作原理和配置方法都比较简单，对网络管理员而言的确带来许多方便。但是，RIP 协议具有明显的局限性，主要的问题是如下两个，一个是最大距离限制 15 跳，这就限制了网络的最大规模，一般的局域网，例如高校校园网，通常都有 20～40 个学院，每个学院采用一台路由器或三层以上交换机作为网络边界，还有图书馆、学生宿舍、行政机关等单位也有相关设备，这样的局域网就远远大于 15 跳，因此，在这种网络规模下，RIP 协议难以满足需要。另一个问题就是路由环路问题仍可能存在，虽然可以采取一些措施予以缓解，但仍不可避免，影响网络整体性能。

那么，有没有一种动态路由协议能够打破 15 跳的距离限制，更好地适应网络规模的扩展和提升整体网络性能，且彻底解决路由环路问题呢？

回答是肯定的。作为先进网络技术的引领者，Cisco 公司开发出一种能够适应大规模网络且高性能的内部网关路由协议，即增强型内部网关路由协议(Enhanced Interior Gateway Routing Protocol，EIGRP)，这是一款 Cisco 私有协议，也是一种混合型路由协议；它具有距离矢量路由协议的特点，最大支持 255 跳路由，极大扩展了网络规模；还兼有链路状态路由协议的特点，能够迅速构建逻辑无环结构，实现快速收敛，以有效解决路由环路问题。

在 Cisco 网络环境中，EIGRP 协议应用十分广泛。

6.1.2 EIGRP 术语

EIGRP 协议的工作原理相对 RIP 要复杂很多，涉及如下关键术语：

(1) EIGRP，增强型的 IGRP 协议，即再度改良、优化 IGRP 而变成 EIGRP。因此，Cisco 也称 EIGRP 协议为增强型距离矢量路由选择协议。

(2) 弥散更新算法(Diffusing Update Algorithm，DUAL)，是一个快速收敛且无环的路由计算算法，用于选择将某些路由信息存储到拓扑表中和路由表中。因此，DUAL 内嵌了用于完成所有 EIGRP 路由计算的决策过程，它记录邻居通告的所有路由，根据度量值来选择到每个目标网络的有效且无环路路径，并将其加入到路由表中。

(3) 后继(Successor，S)，是指到达指定目标网络最优的下一跳邻居路由器，即通过该后继到达目标网络的度量值(路径开销)最低(FD 最小)，且无环路，后继将作为最佳路由加入路由表，用来转发数据包。如果存在多个后继，则均加入路由表，实施负载均衡，如果多个后继路由的度量值相同，则进行等价负载均衡，EIGRP 还支持不等价负载均衡。

(4) 可行后继(Feasible Successor，FS)，除了后继路由外，DUAL 还存储前往每个目标网络的备用路由。该备用路由的下一跳路由器被称为可行后继(FS)。FS 是指除了后继外的到达目标网络最近的路由，是备份路由，当前没有用来转发数据，被存入拓扑表中，当后继路由失效时，能够马上将可行后继路由载入路由表。FS 和 S 是同时选择的，对于同一目标网络，拓扑表中可以保存多条可行后继。

(5) 通告距离(Advertised Distance，AD)，邻居路由器通告它到达目标网络的距离(度量值、开销)。

(6) 可行距离(Feasible Distance，FD)，自己路由器到达目标网络的最小距离(度量值、开销)。需要注意的是，自己到达目标网络的路由可能有很多条，其中最小的那条是 FD。DUAL 通过距离来选择无环路的高效路由。

(7) 可行性条件(Feasible Condition)：AD＜FD，即通告距离要小于可行距离。满足该条件的路由才是可行路由，其下一跳即可行后继，被加入拓扑表中。

(8) 路由表，路由表只添加到达每个目标网络的最佳路由，用于转发数据包，后继路由被存储到路由表中。每台配置 EIGRP 协议的路由器都维护一个路由表。

(9) 邻居表，EIGRP 路由器使用 Hello 包来发现邻居，路由器发现新邻居并同其建立邻居关系后，将在邻居表添加一个条目，其中包含该邻居的地址以及可到达该邻居的接口。该表能够确保直连邻居之间能够进行双向通信，每台配置 EIGRP 协议的路由器都维护一个邻居表。

(10) 拓扑表，路由器动态地发现邻居后，将向它发送一个路由更新，每台路由器都将其邻居的路由表存储在自己的 EIGRP 拓扑表中。每台配置 EIGRP 协议的路由器都维护着一个拓扑表。

(11) 可靠传输协议(Reliable Transport Protocol，RTP)，负责 EIGRP 数据包到所有邻居的有保证和按顺序传输，并确保能够维持在相邻路由器间正在进行的通信，它支持组播和单播传送数据包的混合传输。EIGRP 的可靠传输协议确保了到达邻居路由器的关键路由信息的传输，这些信息是 EIGRP 维护逻辑无环拓扑结构所必需的，所有传递路由信息（更新、查询、应答）的数据都被可靠地传输。

(12) 协议相关模块(Protocol Dependent Modules，PDM)，PDM 负责处理与每个网络层协议对应的特定路由任务，因而支持多种不同的网络层协议（包括 IP、IPX 和 AppleTalk 等）。如 IP-EIGRP 模块负责发送和接收在 IP 中封装的 EIGRP 数据包，并负责使用 DUAL 来建立和维护 IP 路由表；IPX-EIGRP 模块负责与其他 IPX EIGRP 路由器交换与 IPX 网络相关的路由信息；EIGRP 针对每个网络层协议使用不同的 EIGRP 数据包，并为其维护单独的邻居表、拓扑表和路由表。

6.2 EIGRP 协议

EIGRP 是一种 Cisco 私有（专有）协议，同时具备距离矢量和链路状态路由协议的优点。EIGRP 是从距离矢量路由协议派生而来，其行为是可预测的，易于配置，适用于各种网络拓扑，支持无类别域间路由选择（CIDR），可以利用 CIDR 和可变长子网掩码（VLSM）将地址空间最大化利用，收敛速度快，且通过弥散更新算法（DUAL）可确保在任何时候都能够构建逻辑无环拓扑，彻底解决路由环路问题。

EIGRP 协议的 AD 值是 90，要优先于 RIP 协议。当路由器启动 EIGRP 协议时，将同步邻近 Router 的路由表，随后仅当路由发生变化时 DUAL 会快速地反应，将路由变化的部分通告出去，而不是整个路由表；EIGRP 也不会周期性地通告路由信息以节省带宽的使用，EIGRP 协议的最大跳计数为 255（默认设置为 100），非常适合于在特大网络环境中应用，且通过相关协议模块可以支持多种网络层协议，例如 IP 协议和 IPv6 协议。

6.2.1 EIGRP 工作原理

EIGRP 是一种最典型的混合路由协议，它同时融合了距离矢量和链路状态两种路由选择协议的优点，使用弥散更新算法（Diffusing Update Algorithm，DUAL），实现了协议的快速收敛和很高的路由性能。

初始运行 EIGRP 的路由器都要经历邻居发现、学习网络拓扑、选择路由的过程，在这个过程中同时建立和维护三个独立的表：列有相邻路由器的邻居表、描述网络结构的拓扑表和路由表，并在运行过程中当网络拓扑发生变化时更新这三个表。

1. 建立邻居关系（邻居发现，ND）

配置 EIGRP 协议的两台路由器在彼此交换路由信息之前，它们必须是邻居。路由器之间建立邻居关系必须要满足如下三个条件：

(1) 收到 Hello 数据包或者 ACK 数据包。路由器自开始运行起，就不断地用组播地址从配置 EIGRP 的各个接口向外发送 Hello 包，当路由器收到某个邻居路由器的第一个 Hello 包时，以单播方式回送一个更新包（Update），在得到对方路由器对更新包的确认包后，这时双方建立起邻居关系，并存入邻居表。

(2) 具有相同的自治系统（AS）号，不同 AS 号的路由器之间无法共享路由信息，需要用到外部网关路由协议。

(3) 具有相同的度量因素和度量参数。

当网络处于正常情况时，EIGRP 协议不会周期性地定时发送路由更新信息。因此，为了维持彼此之间的邻居关系，需要持续地从邻居那里获得 Hello 信息。

当 EIGRP 发现一个新邻居并通过交换 Hello 信息建立邻居关系后，需要通告它的整个路由表(唯一一次)，以后只通告路由表变化部分，以加速收敛、节约网络带宽。

2. 发现网络拓扑，选择最佳路由

当路由器动态地发现了一个新邻居时，也获得了来自该新邻居所通告的路由更新信息(有且仅有第一次通告完整的路由表，以后都只通告网络变化部分)，路由器将获得的路由更新信息首先与拓扑表中所记录的信息进行比较，符合可行条件的路由被放入拓扑表，再将拓扑表中经过 DUAL 算法计算出的后继路由加入路由表；如果有多条可行后继路由的度量值在所配置的非等价负载均衡的倍数范围内，也加入路由表；否则，这些可行后继被保存在拓扑表中作为备份路由。如果路由器通过不同的路由协议学到了到达同一目的地的多条路由，则比较路由协议的管理距离，管理距离最小的路由为最优路由。

3. 路由查询、更新

当路由信息没有变化时，EIGRP 邻居间只是通过定期发送 Hello 包来维持邻居关系，以减少对有效网络带宽的占用。当发现一个邻居丢失或一条链路不可用时，则路由器失去了经过该链路到达目标网络的后继路由，EIGRP 会立即从拓扑表中将可行后继加入路由表参与数据转发；如果拓扑表中没有可行后继路由，则 EIGRP 将该失去的后继路由标记为活跃状态，是一条不可用的路由；当一条路由处于活跃状态时，路由器向邻居发送查询包来寻找另外一条能够到达该目标网络的路由；如果某个邻居有一条到达该目标网络的路由，那么它将对这个查询进行应答，并且不再扩散这个查询；否则，它将进一步地向它自己的每个邻居查询，只有所有查询都得到应答后，EIGRP 才重启 DUAL 算法重新计算路由，选择新的后继路由。

此外，EIGRP 的路径采用复合度量(Composite Metric)方法，涉及五个度量因素，分别为带宽(bandwidth)、负载(load)、延时(delay)、可靠性(reliability)、最大传输单元(MTU)。

EIGRP Metric 的计算方法有 2 种：

(1) Metric＝[K1×bandwidth＋((K2×bandwidth)/(256－load))＋K3×delay]×256，此时 K1＝1，K2＝0，K3＝1，K4＝0，K5＝0；

(2) Metric＝[K1×bandwidth＋((K2×bandwidth)/(256－load))＋K3×delay]×[K5/(reliablility＋K4)]×256，此时 K1＝1，K2＝0，K3＝1，K4＝0，K5＝1。

默认情况下，EIGRP 采用第 1 种计算方法计算度量值，例如路由表中有一条通过 EIGRP 协议学到的路由如下：

```
D 192.168.10.0/24 [90/20640000] via 10.136.15.1, 00;04;15, Serial 0/2/1
```

bandwidth＝10^7/所经由链路中入口带宽(单位为 kb/s)的最小值，delay＝所经由链路中入口的延时(单位 μs)总和/10。

注意：链路带宽和延时可以通过 show interface 命令查看。带宽为所经由链路的最小带宽，在本例中，Serial 0/2/1 的带宽为 128kb/s，延时为所经由链路延时总和，经过 2 条链路，延时为(5000＋20000)μs。

此时，EIGRP 的度量值为$[10^7/128+(5000+20000)/10]\times 256=20640000$，即为括号中的[90/20640000]。

6.2.2 EIGRP 的特征

运行 EIGRP 的路由器之间形成邻居关系，并交换路由信息。相邻路由器之间通过发送和接收 Hello 包来保持邻居关系，Hello 包的发送间隔默认值为 5s。EIGRP 协议具有许多优异的特征，如表 6-1 所示。

表 6-1 EIGRP 协议特征

特 征	描 述
私有协议	Cisco 私有协议，是高级距离矢量路由协议，是一种混合型路由协议
复合度量	EIGRP 使用带宽(Bandwidth)、延时(Delay)、负载(Load)、可靠性(Reliability)、最大传输单元(MTU)作为度量因素，默认情况下，只使用带宽和延时。EIGRP 的度量值是 256 乘以 IGRP 的度量值，因而 EIGRP 具有更大的度量值范围
快速收敛 逻辑无环	EIGRP 采用弥散更新算法(Diffusing Update Algorithm，DUAL)，能够确保 100%无环路，EIGRP 在拓扑表中保存可行后继，当后继路由消失后，可行后继马上进入路由表
配置简单	EIGRP 的基本配置与 IGRP 配置方法类似，比较简单，并且 EIGRP 和 IGRP 相互兼容
触发更新	EIGRP 采用触发更新，减少有效带宽占用，而不像 RIP 那样，每次都发送完整的路由表
可靠更新	EIGRP 采用可靠传输协议(Reliable Transport Protocol，RTP)，并且 EIGRP 为每个邻居都保存对应的重传列表，确保可靠更新
建立邻居关系	EIGRP 中通过发送和接收 Hello 包建立以及维持邻居关系，运行在 EIGRP 的路由器中，对每一种网络协议，都维持独立的 3 张表，即路由表、邻居表和拓扑表，EIGRP 存储整个网络拓扑结构的信息，以便快速适应网络变化
支持多种网络协议	EIGRP 采用模块化设计。通过协议相关模块(Protocol Dependent Modules，PDM)，实现支持多种网络层协议，例如 Apple talk、IP、IPX、Novell 和 NetWare 等
支持 VLSM 和 CIDR	EIGRP 是无类路由协议，支持可变长子网掩码(VLSM)和无类域间路由(CIDR)
可手动汇总	EIGRP 默认开启自动汇总功能，但同时它能够关闭自动汇总，支持手动汇总
组播更新	EIGRP 可以使用单播进行路由更新，另外也可以使用组播更新，用于替代广播更新。EIGRP 使用的组播地址是 224.0.0.10
支持负载均衡	EIGRP 支持等价和不等价的负载均衡。RIP 和 OSPF 支持等价负载均衡，但不支持不等价负载均衡

6.2.3 EIGRP 三个表

配置 EIGRP 协议的路由器都要创建和维护邻居表、拓扑表和路由表，其关系如图 6-1 所示。

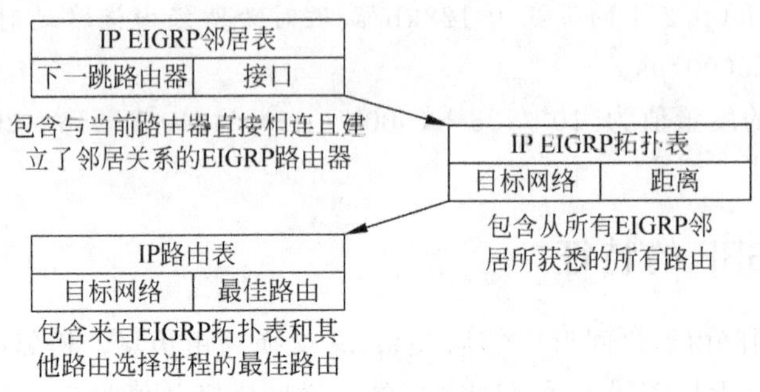

图 6-1 EIGRP 维护的三个表的关系

1. EIGRP 邻居表

邻居表包括每个邻居路由器的 IP 地址以及可以前往该邻居路由器的接口，邻居表还包含了 RTP 所需的信息，往返定时器存储在邻居表条目中，用于估算最佳的重传时间间隔。

使用命令 Router# show ip eigrp neighbors 可以查看 EIGRP 的邻居表。

```
Router# show ip eigrp neighbors
EIGRP-IPv4 Neighbors for AS(110)
H  Address        Interface      Hold Uptime   SRTT   RTO    Q    Seq
                                               (sec)  (ms)   Cnt  Num
1  23.23.23.3     Et0/1          12 00:00:33   1993   5000   0    3
0  12.12.12.1     Et0/0          10 00:00:37   1596   5000   0    3
```

2. EIGRP 拓扑表

EIGRP 协议启动，路由器之间建立邻居关系后，路由器会将自己的完整路由表(唯一的一次完整路由表)发送给 EIGRP 邻居表中的所有邻居，邻居路由器收到路由表后将其存储到 EIGRP 拓扑表中。拓扑表中还包含邻居通告的前往每个目标网络的度量值(AD)以及经由该邻居前往目的地址的度量值(FD)。

使用命令 Router# show ip eigrp topology all-links 可以查看 EIGRP 的拓扑表中的所有 IP 条目。

```
Router# show ip eigrp topology all-links
EIGRP-IPv4 Topology Table for AS(110)/ID(23.23.23.2)
Codes: P - Passive, A - Active, U - Update, Q - Query, R - Reply,
       r - reply Status, s - sia Status
P 23.23.23.0/24, 1 successors, FD is 281600, serno 2
        via Connected, Ethernet0/1
P 12.12.12.0/24, 1 successors, FD is 281600, serno 1
        via Connected, Ethernet0/0
```

3. EIGRP 路由表

每台 EIGRP 路由器查看其 EIGRP 拓扑表，在拓扑表中运行 DUAL 算法，确定前往每个目标网络的后继(最佳路由)和可行后继(备份路由),并将后继路由条目加入路由表中,可行后继继续保留在拓扑表中。

使用命令 Router# show ip route eigrp 可以查看 EIGRP 的路由表中的所有路由条目。

```
Router# show ip route eigrp
Codes: L - local, C - connected, S - static, R - RIP, M - mobile, B - BGP
       D - EIGRP, EX - EIGRP external, O - OSPF, IA - OSPF inter area
       N1 - OSPF NSSA external type 1, N2 - OSPF NSSA external type 2
       E1 - OSPF external type 1, E2 - OSPF external type 2
       i - IS-IS, su - IS-IS summary, L1 - IS-IS level-1, L2 - IS-IS level-2
       ia - IS-IS inter area, * - candidate default, U - per-user static route
       o - ODR, P - periodic downloaded static route, H - NHRP, l - LISP
Gateway of last resort is not set
      1.0.0.0/24 is subnetted, 1 subnets
D        1.1.1.0 [90/409600] via 12.12.12.1, 00:00:42, Ethernet0/0
      3.0.0.0/24 is subnetted, 1 subnets
D        3.3.3.0 [90/409600] via 23.23.23.3, 00:00:04, Ethernet0/1
```

6.2.4 EIGRP 数据包类型

EIGRP 的数据包共有下面 5 种类型。

1. Hello

EIGRP 使用 Hello 包来发现、验证和重新发现邻居路由器。EIGRP 以固定时间间隔、通过使用组播地址 224.0.0.10 发送 Hello 包给邻居,邻居收到后无须确认。在邻居表中包含一个“保持时间”字段,记录了最后收到 Hello 包的时间。如果 EIGRP 路由器在保持时间间隔内没有收到邻居路由器的任何 Hello 包,则认为这个邻居失效,将从本地拓扑表里删除通过该邻居获得的所有路由。

默认情况下,保持时间是 Hello 包间隔的 3 倍,链路带宽小于或等于 1.544Mb/s 的,如多点帧中继链路,Hello 包间隔为 60s,保持时间为 180s;链路带宽大于 1.544Mb/s 的,如 T1 链路、以太网等,Hello 包间隔为 5s,保持时间为 15s。

2. Update

Update 包即更新包。当路由器发现新的邻居时,便使用更新包。一台 EIGRP 路由器向新的邻居发送单播更新包使之可以被加入到拓扑表中。当路由器检测到拓扑变化时向所有邻居发送组播更新来通告网络的变化。所有的单播更新或组播更新包必须使用可靠传输协议。

3. Query

Query 包即查询包。当 EIGRP 路由器需要从某一个或其他路由器上获取指定路由时,使用查询包。如果一台 EIGRP 路由器失去某条路由的后继,并且没有可行后继时,DUAL 算法则将该路由置为活动状态;然后路由器向所有邻居组播发送查询包,试图重新定位能够到达目标网络的后继。不管是单播还是组播的查询包，都需要被确认，都必须使用可靠传输协议。

4. Reply

Reply 包即应答包。对邻居路由器的查询包进行应答，应答包采用单播传输，并且需要被确认，也必须使用可靠传输协议。

5. ACK

ACK 包即确认包。EIGRP 路由器在交互期间，使用确认包来表示收到了 EIGRP 数据包。EIGRP 接收路由器必须确认发送者的消息，保证在路由器间提供可靠的通信。与多播的 Hello 包不同，确认包仅单播传输，只发往特定的路由器。为了提高效率，确认包也可以搭载在其他类型的 EIGRP 数据包上，如应答包。

6.2.5 EIGRP 命令语法

1. EIGRP 配置命令

EIGRP 协议也是一种动态路由协议，配置方法和 RIP 类似，在全局配置模式下进入 EIGRP 路由协议进程，然后将直连路由宣告到 EIGRP 协议。配置命令如下：

```
Router(config) # router eigrp [autonomous_system_number]
Router(config-router) # network [destination_network] [wildcard_mask]
Router(config-router) # end
```

其中：

(1) autonomous_system_number：自治系统号，注意，同一个网络内的所有路由器都要求配置相同的自治系统号，否则就要采用外部网关路由协议了。

(2) destination_network：目标网络地址，这里配置将要宣告到协议的所有直连网络。

(3) wildcard_mask：通配符掩码，路由器使用通配符掩码与源或目标地址一起来精确匹配 IP 地址范围，它与子网掩码不同，子网掩码告诉路由器 IP 地址的哪一位属于网络号，而通配符掩码告诉路由器为了界定匹配，它需要检查 IP 地址中的哪些位。通配符掩码从左边高位开始标记为 0，表示严格匹配该位，如果标记为 1，表示该位对应的 IP 地址可以是 1 也可以是 0。

例如，EIGRP 协议配置举例如下：

```
R1(config)#router eigrp 100
R1(config-router)#network 192.168.1.0 0.0.0.255
R1(config-router)#network 192.168.2.0 0.0.0.255
R1(config-router)#network 192.168.3.0 0.0.0.255
R1(config-router)#network 172.16.12.0 0.0.0.255
R1(config-router)#network 172.16.13.0 0.0.0.255
R1(config-router)#exit
```

上述命令表明，在路由器上使用 EIGRP 协议，自治系统号为 100，路由器将宣告网络号为 192.168.1.0、192.168.2.0、192.168.3.0、172.16.12.0、172.16.13.0 共五个网络到 EIGRP 协议。

2. 删除已配置的 EIGRP

要删除一条 EIGRP 配置时，只需要在宣告网络时，在配置命令前面加 no，其他部分保持不变。形式如下：

```
Router(config)# router eigrp 100
R1(config-router)#no network 192.168.1.0 0.0.0.255
R1(config-router)#no network 192.168.2.0 0.0.0.255
```

或者直接删除所有的 EIGRP 路由配置信息，直接使用以下命令即可：

```
Router(config)#no router eigrp 100
```

6.2.6 EIGRP 协议总结

EIGPR 协议可以总结为如下 5 个要点：

(1) "1"个条件：AD<FD，可行性条件。

(2) "2"个概念：S/FS，AD/FD。

(3) "3"个表：邻居表、拓扑表、路由表。

(4) "4"大特色：ND、PDM、DUAL、RTP。

(5) "5"个包：Hello、更新、查询、应答、ACK。

6.3 EIGRP 协议配置与测试方法

6.3.1 实验内容

1. 实验拓扑

本实例的拓扑结构图如图 6-2 所示，计算机学院、通信学院和自动化学院，每个学院的边界都有一台路由器，分别为 R1、R2 和 R3，这些路由器两两之间通过串口线连接，将三个学院组成一个网络，共享学院资源。在 R1 上设置三个回环接口 Loopback1、Loopback2 和 Loopback3，在 R3 上设置一个回环接口 Loopback0，使用 EIGRP 协议实现三个学院的互联互通。

2. 实验需求

(1) 对各路由器进行基础配置并改名，接着配置各个接口的 IP 地址与状态。配置完成后，可以用 CDP 协议确认是否按照拓扑正确连接。然后，可以用 show ip interface brief 查看各接口 IP 地址与状态。

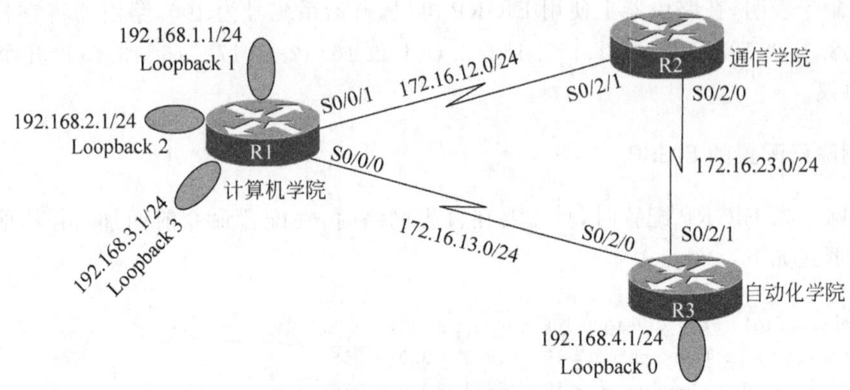

图 6-2 EIGRP 协议示例拓扑图

（2）在三台路由器上配置 EIGRP 协议。

3. 注意事项

（1）与 RIP 一样，EIGRP 最多允许 6 条等价路由同时装入路由表。

（2）Hello 间隔被修改后，保持时间并不会自动地相应调整；因此，修改 Hello 间隔后，必须手动调整保持时间。

（3）EIGRP 发送部分更新而不是定期更新，且仅在路由的路径或度量值发生变化时才发送，更新中只包含已变化的链路信息，而不是整个路由表，此外，还自动限制这些部分更新的传播，只将其传输给需要的路由器。

（4）EIGRP 使用 DUAL 来计算前往目的地的最佳路由。DUAL 根据复合度量值来选择后继和可行后继，并确保选择的路由没有环路。

（5）EIGRP 手动汇总是在接口模式下配置。

（6）EIGRP 支持在任意节点上手动汇总路由表。

6.3.2 实验配置

1）基本配置

基本配置在之前章节已经详细讨论过，这里就不再一一讲解。

2）在三台路由器上配置 EIGRP 协议

以 R1 为例，R1 与 192.168.1.0/24 等五个网络相连，因此配置 EIGRP 时，需配置这五个网络。如

```
R1(config)#router eigrp 100
R1(config-router)#network 192.168.1.0 0.0.0.255
R1(config-router)#network 192.168.2.0 0.0.0.255
R1(config-router)#network 192.168.3.0 0.0.0.255
R1(config-router)#network 172.16.12.0 0.0.0.255
R1(config-router)#network 172.16.13.0 0.0.0.255
R1(config-router)#end
```

注意：router eigrp 100，其中编号 100 是自治系统(AS)号，全网必须一致，才可以相互通信。

同理，路由器 R2 配置 172.16.12.0 和 172.16.23.0 两个网络。路由器 R3 上配置 172.16.13.0 和 172.16.23.0 两个网络。

各路由器上配置完 EIGRP 后，可以查看路由表，这里以路由器 R1 为例。

```
R1#show ip route
...(部分内容省略)
     172.16.0.0/16 is variably subnetted, 4 subnets, 2 masks
D    172.16.23.0/24 [90/21024000] via 172.16.13.3, 00:00:06, Serial0/0/0
                   [90/21024000] via 172.16.12.2, 00:00:06, Serial0/0/1
C    172.16.12.0/24 is directly connected, Serial0/0/1
C    172.16.13.0/24 is directly connected, Serial0/0/0
D    172.16.0.0/16 is a summary, 00:00:06, Null0
C    198.168.2.0/24 is directly connected, Loopback2
C    192.168.1.0/24 is directly connected, Loopback1
C    192.168.3.0/24 is directly connected, Loopback3
```

以 D 开头的内容为通过 EIGRP 协议学习到的内容。

EGIRP 配置完成测试连通性，这里以 R1 的 Loopback1 为源 ping R3 的 Loopback 0 为例。

```
R1#ping 192.168.4.1 source loop 1
Type escape sequence to abort.
Sending 5, 100-byte ICMP Echos to 192.168.4.1, timeout is 2 seconds:
Packet sent with a source address of 192.168.1.1
!!!!!
Success rate is 100 percent (5/5), round-trip min/avg/max = 28/29/32 ms
```

出现!!!!!，证明连通。

3）查看协议信息

```
R1#show ip protocols
Routing Protocol is "eigrp 100"
  Outgoing update filter list for all interfaces is not set
  Incoming update filter list for all interfaces is not set
  Default networks flagged in outgoing updates
  Default networks accepted from incoming updates
  EIGRP metric weight K1 = 1, K2 = 0, K3 = 1, K4 = 0, K5 = 0
  EIGRP maximum hopcount 100
EIGRP maximum metric variance 1
  Redistributing: eigrp 100
  EIGRP NSF - aware route hold timer is 240s
  Automatic network summarization is in effect
  Automatic address summarization:
    192.168.3.0/24 for Serial0/0/1, Loopback1, Serial0/0/0
      Loopback2
    192.168.2.0/24 for Serial0/0/1, Serial0/0/0, Loopback1
      Loopback3
```

```
    192.168.1.0/24 for Serial0/0/1, Loopback3, Serial0/0/0
      Loopback2
    172.16.0.0/16 for Loopback1, Loopback3, Loopback2
      Summarizing with metric 20512000
  Maximum path: 4
  Routing for Networks:
    172.16.12.0/24
    172.16.13.0/24
    192.168.1.0
    192.168.2.0
    192.168.3.0
  Routing Information Sources:
    Gateway          Distance          Last Update
    (this router)          90             00:06:38
    Gateway          Distance          Last Update
    172.16.12.2            90             00:06:47
    172.16.13.3            90             00:06:47
  Distance: internal 90 external 170
```

4）查看接口信息

通过以下命令可以看到 EIGRP 相关接口信息。

```
R1#show ip eigrp interface
```

例如：

```
R1#show ip eigrp int
IP-EIGRP interfaces for process 100
Xmit Queue   Mean   Pacing Time  Multicast    Pending
Interface     Peers  Un/Reliable  SRTT     Un/Reliable  Flow Timer  Routes
Se0/0/1         1        0/0        12       5/190         242           0
Se0/0/0         1        0/0        9        5/190         234           0
Lo1             0        0/0        0        0/1           0             0
Lo3             0        0/0        0        0/1           0             0
Lo2             0        0/0        0        0/1           0             0
```

5）查看邻居表

```
R1#show ip eigrp neighbors
```

通过以下命令可以看到 EIGRP 邻居表信息。

例如：

```
R1#show ip eigrp neighbors
IP-EIGRP neighbors for process 100
H  Address         Interface      Hold Uptime     SRTT     RTO     Q     Seq
                                  (sec)           (ms)             Cnt   Num
1  172.16.12.2     Se0/0/1        10 00:15:56     12       1140    0     15
0  172.16.13.3     Se0/0/0        11 00:42:05     9        1140    0     13
```

Address 为当前路由器的 IP 地址，Interface 为对应的接口。

6）查看拓扑表

通过以下命令可以看到 EIGRP 拓扑表信息。

```
R1 # show ip eigrp topology
```

例如：

```
R1 # show ip eigrp topology
IP - EIGRP Topology Table for AS(100)/ID(172.16.12.1)
Codes: P - Passive, A - Active, U - Update, Q - Query, R - Reply,
       r - reply Status, s - sia Status
P 192.168.1.0/24, 1 successors, FD is 128256
         via Connected, Loopback1
P 192.168.2.0/24, 1 successors, FD is 128256
         via Connected, Loopback2
P 192.168.3.0/24, 1 successors, FD is 128256
         via Connected, Loopback3
P 172.16.23.0/24, 2 successors, FD is 21024000
         via 172.16.12.2 (21024000/20512000), Serial0/0/1
         via 172.16.13.3 (21024000/20512000), Serial0/0/0
P 172.16.12.0/24, 1 successors, FD is 20512000
         via Connected, Serial0/0/1
P 172.16.13.0/24, 1 successors, FD is 20512000
         via Connected, Serial0/0/0
P 172.16.0.0/16, 1 successors, FD is 20512000
         via Summary (20512000/0), Null0
```

7）关闭自动汇总，采用手动汇总

```
R1(config) # router eigrp 100
R1(config-router) # no auto-summary                                    //关闭自动汇总
R1(config-router) # int s0/0/0
R1(config-if) # ip summary eigrp 100 192.168.0.0 255.255.252.0  //在接口模式下启用手动汇总
R1(config) # int s 0/0/1
R1(config-if) # ip summary eigrp 100 192.168.0.0 255.255.252.0
R1(config-if) # exit
```

再次查看路由表，与刚才的路由表对比，可以发现确实关闭自动汇总，而采用了手动汇总。

```
R1 # show ip route
     172.16.0.0/24 is subnetted, 3 subnets
D    172.16.23.0 [90/21024000] via 172.16.13.3, 00:21:09, Serial0/0/0
                 [90/21024000] via 172.16.12.2, 00:21:09, Serial0/0/1
C    172.16.12.0 is directly connected, Serial0/0/1
C    172.16.13.0 is directly connected, Serial0/0/0
C    192.168.1.0/24 is directly connected, Loopback1
C    192.168.2.0/24 is directly connected, Loopback2
C    192.168.3.0/24 is directly connected, Loopback3
D    192.168.0.0/22 is a summary, 00:01:01, Null0
```

以下为手动汇总信息：

```
D     192.168.0.0/22 is a summary, 00:01:01, Null0
```

6.3.3 实验结果分析

各路由器上配置完 EIGRP 后的路由表，这里以计算机学院的路由器 R1 为例。

```
R1#show ip route
...(部分内容省略)
      172.16.0.0/16 is variably subnetted, 4 subnets, 2 masks
D     172.16.23.0/24 [90/21024000] via 172.16.13.3, 00:00:06, Serial0/0/0
                     [90/21024000] via 172.16.12.2, 00:00:06, Serial0/0/1
C     172.16.12.0/24 is directly connected, Serial0/0/1
C     172.16.13.0/24 is directly connected, Serial0/0/0
D     172.16.0.0/16 is a summary, 00:00:06, Null0
C     198.168.2.0/24 is directly connected, Loopback2
C     192.168.1.0/24 is directly connected, Loopback1
C     192.168.3.0/24 is directly connected, Loopback3
```

以 D 开头的路由表条目为通过 EIGRP 协议学习到的内容。

```
D     172.16.23.0/24 [90/21024000] via 172.16.13.3, 00:00:06, Serial0/0/0
```

注意：该汇总路由指向 Null0 接口，目的是防止路由环路。当数据包依据选路三原则匹配不到详细路由条目，但匹配到该汇总路由条目时，数据包会被 Null0 丢弃，从而避免路由环路。

6.3.4 排错思路

配置完 EIGRP 协议后，如果网络发生故障，则导致网络不通的原因有很多，除了前面章节提到一些简单的问题之外，还需要考虑如下一些问题：

(1) 自治系统 AS 号是否一致？

(2) 接口地址或者通配符掩码(反掩码)配置是否正确？

(3) 自动汇总是否对 VLSM 产生影响？

(4) 度量参数中 K 值是否相同？

(5) 常用的查看命令：

debug eigrp packet：显示 EIGRP 数据包的活动行为。

show ip eigrp neighbors：查看 EIGRP 的邻居表。

show ip eigrp topology：查看 EIGRP 的拓扑表。

show ip eigrp route：查看 EIGRP 的路由表。

6.4 实战演练

1. 实战拓扑图

本实战拓扑图如图 6-3 所示，某高校工科有计算机学院、通信学院、信息学院和网络空间安全学院共四个学院，每个学院的边界都有一台路由器，分别为 R1、R2、R3 和 R4，这些路由器两两之间通过串口线连接，将四个学院组成一个网络，共享学院资源。另外，每台路由器还设置一个环回接口用于测试，计算机学院 R1 连接 PC1 用于测试。

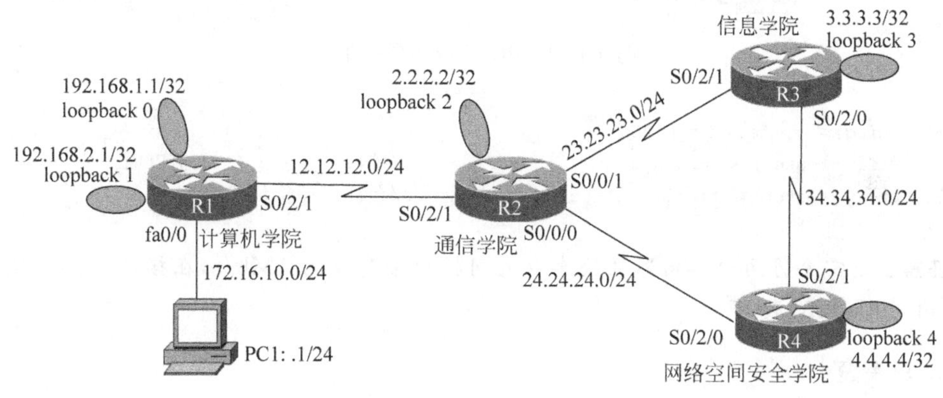

图 6-3 EIGRP 实战拓扑

2. 实战需求

(1) 在各自路由器上进行基本配置，包括路由器名称、接口 IP 地址等，并测试直连链路连通性。

(2) 分析路由，确定每台路由器上需要配置哪些路由。然后为整个网络配置 EIGRP 协议，要求能够全网 ping 通。

(3) 查看 EIGRP 的邻居表、拓扑表以及路由表，并分析所获得的结果。

(4) 将 EIGRP 的自动汇总功能关闭，查看路由表的变化情况。

(5) 在 R1 的 S0/2/1 接口上手动汇总，要求在别的路由器中只能看到一条最精确的路由。

(6) 将 R2 的 S0/0/0 接口关闭，观察 R4 上路由表变化。

(7) 在 R4 上开启 debug eigrp packets，然后打开 R2 的 S0/0/0 接口，观察 R4 上信息的变化并分析原因。

(8) 实验拓展，在图 6-3 的基础上，在 R3 和 R4 之间添加一条以太网链路，并宣告进 EIGRP 路由，以实现 EIGRP 非等价负载均衡，如图 6-4 所示。

(9) 使用以下命令，在 R3、R4 上开启不等价负载均衡，观察信息学院的路由器 R3 到网络空间安全学院的路由器 R4 环回接口 4.4.4.4 的路由表，并分析路由条目的变化情况(不等价负载均衡的条件：FD1＞FD2)。

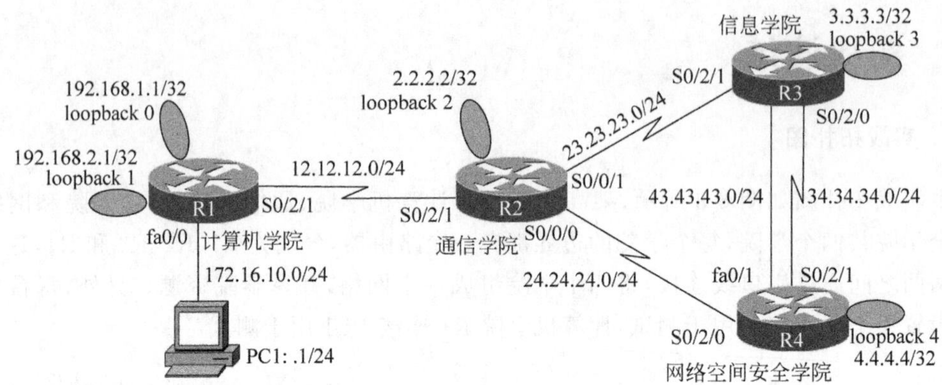

图 6-4 EIGRP 实战拓展拓扑图

```
R3(config)# router eigrp 100
R3(config-router)# variance 10              //接口带宽差值在 10 倍以内
R3(config-router)# traffic-share balanced   //允许不等价负载均衡
```

注意：先需要将两台路由器的快速以太网接口带宽改为 1Mb/s，在接口模式下使用命令 bandwidth 1000 即可。

3. 思考题

(1) 在没有关闭自动汇总前，在 R2 上 ping 路由器 R4 的 Loopback 接口会有什么现象？为什么？

(2) 将 R1 上 Loopback 接口所在网段进行手动汇总后的精确路由是什么？

(3) 配置完负载均衡后，观察 R3 到 4.4.4.4 有多少条路由条目，并试说明理由。

习题与思考

1. 同样都是动态路由协议，相比 RIP 协议、EIGRP 协议有何相似之处？有什么优势？这些优势主要体现在哪些方面？这些方面你都能理解清楚吗？

2. EIGRP 的工作原理是什么？度量机制是什么？这种度量方法与 RIP 相比，在算法实现方面有什么不同？

3. 你们学校的校园网能使用 EIGRP 吗？为什么？

4. 配置好 EIGRP 协议的网络，发现源端主机 ping 不通目的端主机，一般导致这个问题会有哪几种原因？你会排错吗？会的话把排错的思路总结出来和大家分享吧。

第7章 开放式最短路径优先协议与配置方法

本章学习一种开放式的动态路由协议，开放式最短路径优先协议，所有设备供应商都支持该协议，是典型的链路状态路由协议，具有扩展性好、触发更新、快速收敛等诸多优势。首先介绍为什么需要开放式最短路径优先协议，接着介绍相关术语、基本概念和工作原理，然后介绍协议的配置和测试方法，最后给出实战演练项目。

7.1 为什么需要 OSPF

本节向同学们介绍为什么需要使用开放式最短路径优先协议(OSPF)，以及其基本概念和相关术语。

7.1.1 OSPF 之问

通过第 6 章的学习，了解到 EIGRP 协议是 Cisco 私有协议，其他供应商的设备不支持该协议，因此其应用受到明显的局限。此外，RIP 协议和 EIGRP 协议都属于扁平拓扑结构，当网络规模不断扩大时，路由表的条目数量迅速增长，导致路由更新和收敛时间延长，且消耗大量有效带宽。因此，有没有一种路由协议能够解决上述问题呢？答案是肯定的。

IETF 在 20 世纪 80 年代末期开发出一种开放式最短路径优先(Open Shortest Path First，OSPF)协议，是一种典型的链路状态路由协议，仍属于内部网关路由协议(IGP)范畴，故和 RIP、EIGRP 一样运行于自治系统内部，通过收集和传递自治系统的链路状态来动态地发现并传播路由，非常适合校园网设计。OSPF 采用 Dijkstra 算法计算最短路径树，构建逻辑无环结构，快速达到收敛状态，有效解决路由环路问题。在校园网、园区网络甚至更大型局域网里部署 OSPF 协议还有一个重要原因，就是 OSPF 提出了“区域”(Area)的概念，一个网络可以由单一区域或者多个区域组成，其中一个特别的区域被称为骨干区域，是 OSPF 的核心。例如校园网的核心层网络是骨干区域，其他区域都直接连接到骨干区域，不能直接连接的可以通过其他区域间接连接到骨干区域，构建层次型 OSPF 网络，使得 OSPF 网络具有极其灵活的扩展能力，非常适合不断向纵深发展的大型校园网的设计、实施、运行和维护。例如，作为学校汇聚层的各个学院，都在快速发展，每年不断有重点实验室、工程研究中心、研究所等新的科研平台，每个平台下面又有多个研究室，使得学院的网络不断扩大，网络层数变多,恰好可以采用 OSPF 的区域来规划和设计这些新增网络。目前,绝大部分校园网部署 OSPF 协议。

7.1.2 OSPF 简介

随着 Internet 技术的飞速发展,OSPF 已成为目前 Internet 广域网和 Intranet 企业网采用最多、应用最广泛的路由协议之一。因为 RIP 路由协议不能服务于大型网络,所以,国际互联网工程任务组(The Internet Engineering Task Force,IETF)的 IGP(内部网关协议)工作组特别开发出一种链路状态协议——OSPF,它是一种基于 SPF 算法的路由协议。

OSPF 在一个自治系统内进行路由选择和数据转发,采用 OSPF 的路由器彼此交换并保存整个网络的链路信息,从而掌握全网的拓扑结构,每个节点能够独立计算路由。

OSPF 协议的管理距离为 110,它基于 Dijkstra 算法,通过收集和传递链路状态来动态地发现并传播路由,并使用"代价"(Cost)作为路由度量因素,链路带宽越大,Cost 越小,链路越优先;当链路状态发生变化时触发更新,且只更新路由变化部分,具有较高的收敛速度;此外,OSPF 还支持无类路由、不连续子网、VLSM,支持手工汇总、等价负载均衡和认证,适合于大型网络。

OSPF 有三个版本,最初的规范即版本 OSPFv1 体现在 RFC1131 中;随后很快被进行了重大改进的版本 OSPFv2 替代,在 RFC1247 中明确指出了版本 OSPFv2 对于稳定性和功能性的实质性改进,并由 RFC2328 正式定义 OSPFv2,主要用于 IPv4 网络;在这之后又推出了针对 IPv6 的版本 OSPFv3,由 RFC 5340 正式定义,主要用于 IPv6 网络。

与 EIGRP 协议不同的是,OSPF 协议为开放式协议,具有开放的标准,被各种网络开发商和设备供应商广泛使用。

7.1.3 术语

OSPF 协议相对 RIP 和 EIGRP 而言是一个内容非常丰富且复杂的协议,包含许多的概念和术语,下面进行简要介绍。

(1) 链路(link)。指一个网络或一个被指定给某一网络的路由器接口,当一个路由器接口被添加进 OSPF 协议进程时,该接口就被认为是一个 OSPF 链路。

(2) 链路状态(link state)。用来描述路由器接口及其与邻居路由器的关系。所有链路状态信息构成链路状态数据库(SLDB)。

(3) 链路状态通告(LSA)。用于交换路由器之间的链路状态信息,OSPF 路由器只与建立了邻接关系的路由器交换 LSA 数据包。

(4) 链路状态数据库(Link State Database,LSDB)。代表网络拓扑结构,其中包含了网络中所有路由器的链路状态信息,一个区域内的所有路由器有着相同的 LSDB。

(5) 邻居(Neighbor)。连接在同一个网络的路由器之间构成邻居,与 RIP 和 EIGRP 协议不同,仅有邻居关系的 OSPF 路由器之间是不能传递路由信息的,必须建立邻接关系。

(6) 邻接(Adjacent)。从邻居关系中选出的为了能够交换路由信息而形成的一种关系,OSPF 协议只与建立了邻接关系的路由器直接共享路由信息,而邻接关系的建立取决于网络类型和路由器的配置。

(7) 路由器 ID(RID)。用来唯一标识路由器,类似路由器的身份证,采用 IP 地址的形式来表示。

(8) 指定路由器(DR)。在同一个广播型多路访问网络(如以太网)中,具有最高优先级的路由器、能够代表网络内所有路由器的这台路由器被选举为 DR(类似一个班级的班长,无线传感器网络的簇头节点等),当在相同优先级路由器中选择 DR 时,路由器 ID 最高的被选举为 DR,负责收集和组播路由选择信息,从而使得建立的邻接关系的数量达到最小化。

(9) 备用指定路由器(BDR)。在广播型多路访问网络中,随时准备接替 DR 的路由器(副班长),备用指定路由器从邻接路由器上接受所有的路由更新,但是不同于 DR,BDR 不组播 LSA 更新。

(10) 自治系统(Autonomous System,AS)。采用同一种路由协议交换路由信息的路由器及其网络构成一个自治系统。即遵循共同的路由策略统一管理下的网络群。域 domian 类似 AS,其下可分多个 area。

(11) OSPF 区域(area)。有相同区域 ID 的一组路由器接口的集合,一台路由器可以是多个区域的成员,所以区域 ID 是被指定给路由器上的接口,在同一个区域内的路由器有相同的拓扑数据库。

(12) Hello 包。用于动态地发现邻居,并维护邻居关系。Hello 数据包和链路状态通告(LSA)数据包共同用于建立和维护拓扑数据库,Hello 包使用组播地址 224.0.0.5。

(13) 路由表(routing table)。又称转发数据库(forwarding database)。每台路由器对自己的拓扑结构数据库运行 SPF 算法得出的路由条目,每台路由器的路由表是不同的。

(14) 邻居关系数据库。管理关于邻居路由器相关信息的列表,内容包括路由器 ID 和状态等信息。

(15) 拓扑数据库。实际上是与路由器有关联的网络的总图,包含一个区域内的所有链路状态通告(LSA)数据包的信息,因为同一区域内的路由器共享相同的信息,所以它们具有相同的拓扑数据库。

(16) 开销(cost)。用来描述从接口发送数据包所需要花费的代价。带宽越大,开销越小,开销的计算公式为 10^8/带宽(b/s)。带宽是接口下使用 bandwidth 命令设置的值,默认情况下,带宽为 100M,则开销为 1。

7.2　OSPF 协议工作原理

首先介绍 OSPF 协议的主要特征、数据包类型、网络类型,然后介绍 OSPF 路由协议工作原理,接着介绍命令语法、链路认证、路由汇总、优先级等,最后介绍不同区域的路由学习方法。

7.2.1　OSPF 的特征

OSPF 协议具有许多优秀的特征,总结如下:

(1) 开放标准式协议,支持各种不同的网络开发商和设备提供商,能够适应大规模的网络。

(2) 采用 Dijkstra 算法寻找最短路径树型路由结构,构建逻辑无环路由,收敛速度快。

(3) 无类路由协议,完全支持不连续子网、VLSM 和 CIDR。

(4) 支持多条路径的等价负载均衡,最多支持 6 条链路。

(5) OSPF 协议的管理距离为 110,其可靠性要优于 RIP 协议。

(6) 支持链路认证,主要为简单口令认证和 MD5 认证。

(7) 使用组播地址发送协议数据包,只有链路状态发生变化时才更新,最小化路由选择的更新流量,减少了非 OSPF 路由器的负载。

(8) 使用路由标签来表示来自外部区域的路由。

(9) 采用开销(cost=10^8BW)作为度量标准,拥有无限制的跳计数,适合超大规模网络。

(10) OSPF 协议支持多种网络类型,包括点到点网络、广播式以太网络、非广播多路访问网络、点到多点网络等。

(11) OSPF 路由器也有多种类型,包括内部路由器、骨干路由器、区域边界路由器和 AS 边界路由器等。

(12) 在 AS 内部使用区域,支持路由分级管理、区域划分,构成结构化层次网络,能够减小单台路由器的 CPU 负载,具有良好的扩展性。

7.2.2 OSPF 数据包类型

OSPF 定义了以下 5 种协议数据包类型。

1) Hello 包

Hello 包的 OSPF 包类型为 1,这些包周期性从各个接口(包括虚链路)发出,用来创建和维护邻居关系。另外,在支持组播或广播的物理网络上,Hello 包使用组播地址(通常为 224.0.0.5)发送。Hello 包的发送间隔时间由 Hello interval 指定(通常为 10s),假如在间隔达到 Router dead interval 所规定的时长(通常为 40s)仍未收到一个已创建连接的路由器的 Hello 包,路由器将会终止这一连接,将对方的状态标记为 Down。相邻路由器发送的 Hello 包的间隔时间、Area ID、认证类型和密码必须一致才能建立邻接关系。

2) 链路状态数据库描述包(Database Description,DBD)

DBD 包的 OSPF 类型为 2,当邻接关系初始化后,便开始交换该数据包,以便描述链路状态数据库的摘要信息(只包含 LSA 的头部信息)。DBD 包含内容为空的 DBD 包和包含 LSA 头部信息的 DBD 包两种。

当两台路由器互相收到 Hello 包之后,将会开始互相发送空 DBD 包,空 DBD 包被用来进行主从关系的确定,通常以 RID 较大的为 Master。当主从关系确立之后,从路由器将会使用主路由器的序号(DBD sequence number)向其发送第一个包含 LSA 头部信息的 DBD 包;主路由器将会在收到从路由器的 DBD 包之后发送自己的序号加 1 的 DBD 包,作为对于从路由器的确认包,从而使得主从路由器同步。

3) 链路状态请求包(Link State Request,LSR)

LSR 包的 OSPF 类型为 3,在相互交换完 DBD 包之后,路由器便知道其自身链路状态数据库缺少哪些 LSA,以及哪些 LSA 是过期的,这时就可以发送 LSR 包来请求对方发送缺少的 LSA 和最新的 LSA。

4) 链路状态更新包(Link State Update,LSU)

LSU 包的 OSPF 类型为 4,该包用于将多个 LSA 广播给其他路由器,也用于对接收到的 LSR 进行应答;当网络变化时就发送 LSU 的信息进行更新。每一个 LSU 包可能包含多条 LSA 信息,这里的 LSA 信息是完整的,而不像 DBD 包只包含 LSA 的头部信息。

5)链路状态确认包(Link State Acknowledgement,LSAck)

LSAck 包的 OSPF 类型为 5,路由器采用 LSAck 包对收到的 LSA 进行显式确认。

7.2.3 OSPF 网络类型

OSPF 定义了以下 4 种网络类型。

1) 点到点网络(point-to-point)

两台路由器直接连接组成的网络拓扑类型,例如 E1、SONET,连接可以是物理的,也可以是逻辑的,一对 OSPF 路由器自动完成邻居关系的发现,形成完全邻接关系(full adjacency),并且不进行 DR 和 BDR 的选举,OSPF 自动检测这种接口类型。点到点网络上的路由器使用组播地址 224.0.0.5 发送 OSPF 协议数据包。

在点到点网络中,OSPF 路由器之间的 Hello 数据包每 10s 发送一次,邻居的死亡间隔时间为 40s。

2) 广播型多路访问网络(Broadcast Multi-Access,BMA)

BMA 允许多台设备连接到同一个网络,例如以太网、令牌环网、FDDI 等,在 BMA 网络上的 OSPF 路由器必须选举一台指定路由器(DR)和一台备份指定路由器(BDR),并通过 DR 或 BDR 将数据包广播或组播到该网络中的所有节点。在该类型网络中,通常以组播的方式发送 Hello、LSU 和 LSAck 数据包,以单播形式发送 DBD 和 LSR 数据包。其中,普通的 OSPF 设备的组播地址为 224.0.0.5,DR/BDR 设备的组播地址为 224.0.0.6。

在 BMA 网络中,OSPF 路由器之间的 Hello 数据包每 10s 发送一次,邻居的死亡间隔时间为 40s。

3) 非广播型多路访问网络(Non-Broadcast Multi-Access,NBMA)

NBMA 类似于广播型多路访问网络,可以同时连接两台以上的路由器,例如帧中继、X.25 和异步传输模式(ATM)网络等都属于 NBMA,但是不具备广播能力,在 NBMA 网络上,需要手工指定 DR 和 BDR,之后,其运行模式将同广播网络一样,并且所有的 OSPF 数据包都是以单播形式发送。

在 NBMA 网络中,OSPF 路由器之间的 Hello 数据包每 30s 发送一次,邻居的死亡间隔时间为 120s。

4) 点到多点网络(point-to-multipoint)

单台路由器上的单一接口与多台路由器间的一系列连接组成了点到多点的网络拓扑结构,是 NBMA 网络的一个特殊设置,可以看作是一群点到点链路的集合,因此在该网络上不必选举 DR 和 BDR。点到多点网络上 OSPF 的行为和点到点网络 OSPF 的行为一样,也使用组播地址 224.0.0.5 发送 OSPF 协议数据包,以单播形式发送其他协议数据包。

在点到多点网络中,OSPF 路由器之间的 Hello 数据包每 30s 发送一次,邻居的死亡间隔时间为 120s。

7.2.4 OSPF 区域思想

一个 OSPF 网络(自治系统,AS)可以被分割成多个区域(Area)。区域能够对网络中的路由器进行逻辑分组,并以区域为单位向网络的其余部分发送路由汇总信息。区域编号一般采用十进制数字格式,如骨干区域用 Area 0 表示,其他区域可以用 Area 1、Area 2、Area 3 表示等。

OSPF 区域是以路由器接口(Interface)为单位来划分的,所以一台多接口路由器可能属于多个区域。相同区域内的所有路由器都维护一份相同的链路状态数据库(LSDB)。如果一台路由器属于多个区域,那么它将为每一个区域维护一份独立的 LSDB。

将一个网络划分为多个 OSPF 区域有以下优点:

(1) 某一区域内的路由器只用维护该区域的 LSDB,而不用维护整个 OSPF 网络的 LSDB。

(2) 将某一区域网络拓扑结构变化的影响限制在该区域内,不会影响到整个 OSPF 网络,从而减小 OSPF 计算拓扑、最短路径优先算法、最短路由的频率。

(3) 将 LSA 的广播限制在本区域内,从而降低 OSPF 协议产生的各类数据包的总量。

(4) 划分区域可以对网络进行层次化结构设计,便于网络的扩展。

(5) 划分区域有利于网络资源的合理调配,骨干区域可以部署性能较好的设备资源,边缘区域可以部署性能较差的设备资源。

OSPF 网络可以只有一个区域,则这个区域必须是骨干区域 Area 0。同时,也可以有多个区域,则必须包含一个骨干区域 Area 0,其他区域可以是 Area 1、Area 2、Area 10 等,直接或间接和 Area 0 相连。

7.2.5 OSPF 路由器类型

因为 OSPF 将一个网络或 AS 划分为多个区域,所以在 OSPF 网络中,不同的路由器扮演着不同的角色,除了 DR 和 BDR 之外,还有以下几种类型:

(1) 区域内部路由器(Internal Router,IR)。该类路由器的所有接口都属于同一个 OSPF 区域。

(2) 骨干路由器(Backbone Router,BR)。该类路由器至少有一个接口属于骨干区域 Area 0。

(3) 区域边界路由器(Area Border Router,ABR)。该类路由器同时属于两个及以上的 OSPF 区域,但是其中一个必须是骨干区域(Area 0)。ABR 主要用来连接骨干和非骨干区域,并为每一个与之相连的区域维护一份 LSDB。因此,ABR 需要比 IR 具备更多的内存资源和更高性能的处理器。

(4) 自治系统边界路由器(AS Boundary Router,ASBR)。该类路由器主要用于与其他 AS 交换路由信息。ASBR 用来把从其他路由协议(如 BGP、EIGRP、其他进程号的 OSPF 等)学习到的路由以路由重分发的方式注入 OSPF 进程,从而使得整个 OSPF 域内的路由器都可以学习到这些路由。因此,只要一台 OSPF 路由器引入了外部路由信息,它就是 ASBR。所以,ASBR 除了位于 AS 的边界之外,还可以是 IR、BR 或 ABR。

如图 7-1 所示,该示意图有三个区域,其中 Area 1、Area 2 的区域边界各有一台路由器 B 和 E 与骨干区域 Area 0 相连,这两台路由器 B 和 E 均为 ABR,恰巧这两台路由器 B 和 E

又属于 Area 0，所以同时又是 BR。Area 0、Area 1、Area 2 内部的其他路由器 A、C、D、G 则均为 IR。路由器 F 属于 Area 2 的边界，它又与另外一个路由协议 EIGRP 交换路由信息，因此路由器 F 为 ASBR。另外需要注意的是，OSPF 要求任何其他区域都必须与骨干区域 Area 0 相连，或者通过虚链路与 Area 0 相连。

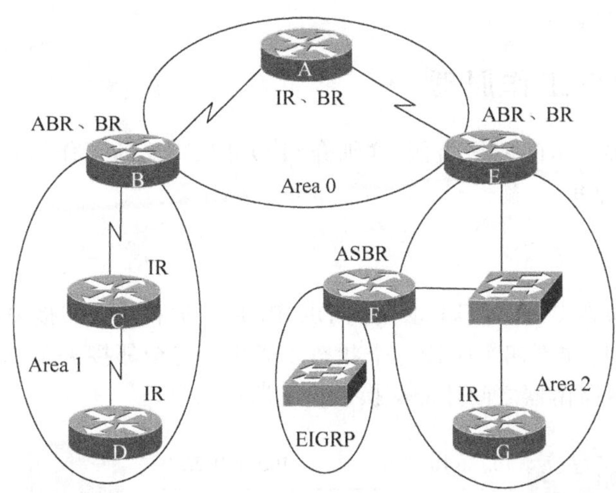

图 7-1　OSPF 路由器类型示意图

7.2.6　OSPF LSA 类型

OSPF 主要的 LSA 类型有如下几种。

(1) 第 1 类：路由器 LSA(router LSA)。它描述了路由器物理接口所连接的链路或接口，指明了链路的状态、代价等。每个 OSPF 区域内的路由器均会产生第 1 类 LSA，它让路由器彼此认识各自的链路和接口等，该类型的 LSA 只在产生的区域内广播。

(2) 第 2 类：网络 LSA(network LSA)。它是由 DR 始发的，类型 2 的 LSA 只在一个区域里传播，不会穿越 ABR。网络 LSA 描述了组成 transit network 的直连的路由器，transit network 直连至少要两台 OSPF 路由器，DR 负责通告类型 2 的 LSA，然后在 transit network 的一个 area 里进行广播，类型 2 的 LSA ID 是 DR 进行通告的那个接口的 IP 地址。

(3) 第 3 类：网络汇总 LSA(network summary LSA)。它是由 ABR 发出的，它将某个区域的汇总告知其他区域，也就是通知其他区域路由器要到这些网络就找我。默认 OSPF 不会对连续子网进行汇总，可在 ABR 上启动手动汇总，类型 3 的 LSA 可以在整个 AS 内进行广播。

(4) 第 4 类：ASBR 汇总 LSA(ASBR summary LSA)，它也是由 ABR 发出的，但是它却是告诉其他区域路由器到某个非 OSPF AS 外的网络要找通告里告诉的那个 ASBR，可以理解为汇总是由 ASBR 产生但由 ABR 代为通告出去的。类型 4 的 LSA 只使用在 Area 里存在 ASBR 的时候，能够鉴别 ASBR 和提供到达 ASBR 的路由，且只包含了 ASBR 的 RID 信息。类型 4 的 LSA 可以在整个 AS 内进行广播。

(5) 第 5 类：自治系统外部 LSA(autonomous system external LSA)。它是由 ASBR 产生的，用来通告自治系统外部的路由，它在整个 OSPF 自治系统内广播，所以网络管理员应该尽量在 ASBR 上进行路由汇总(summary-address 外部汇总网络号 汇总掩码)。

(6) 第 7 类：NSSA 外部 LSA(NSSA external LSA)。NSSA 是指在非纯末梢区域内(not-so-stubby area)由 ASBR 发出的通告外部 AS 的 LSA,仅仅在这个非纯末梢区域内广播,不能在整个自治系统内广播。NSSA 网络中的 ABR 会将这个第 7 类 LSA 转换为第 5 类 LSA 告诉骨干区域。

7.2.7 OSPF 工作原理

下面以广播型多路访问网络为例,详细介绍 OSPF 协议的工作原理,主要包含路由发现、路由选择和路由维护。

1. 路由发现

路由发现主要包括发现路由器、必要的 DR/BDR 选举和建立邻接关系。从 OSPF 协议初始化开始,需要经历如下四个阶段七个状态才能建立完全邻接关系,如图 7-2 所示,只有建立邻接关系的两台路由器之间才能交换 OSPF 路由信息。

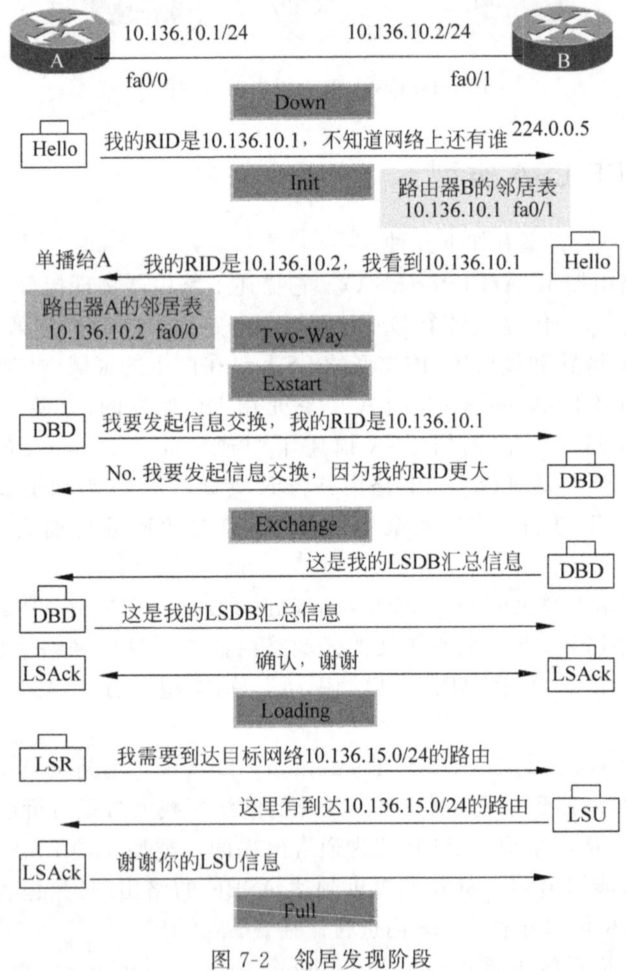

图 7-2 邻居发现阶段

1）邻居发现阶段

如图 7-2 所示，路由器 A 新加入 OSPF 网络，开始的状态为 Down 状态，没有发送或接收任何 OSPF 数据包。

当路由器 A 的 fa0/0 接口启动 OSPF 协议以后，通过组播地址 224.0.0.5 向其所在网络的所有直连 OSPF 设备发送 Hello 数据包。此时路由器 A 尚未与其他路由器建立邻居关系，所以 Hello 包中只封装了自己的 RID 为 10.136.10.1。

路由器 B 接收到来自 A 的 Hello 包以后，将接收到 Hello 包的接口 fa0/1 转换为 Init 状态，同时从 Hello 包中获取 A 的 RID 10.136.10.1 并添加到邻居表中。同时，检查 Hello 包的一些字段(RID 是否重复、区域 ID 是否相同、Hello 间隔和失效时间是否一致等)。接着，路由器 B 在 Dead interval 超时之前以单播的方式向路由器 A 发送封装有自己 RID 10.136.10.2 和 A 的 RID 的 Hello 包。

路由器 A 接收到来自 B 的 Hello 包后发现，该数据包里有自己的 RID，则将接收到来自 B 的 Hello 包的接口 fa0/0 转换为 Two-Way 状态，同时从报文中获取路由器 B 的 RID 10.136.10.2 并添加到邻居表中，随后 A 在 Dead interval 超时之前以组播的方式向其所有直连 OSPF 设备发送封装有自己 RID 和路由器 B 的 RID 的 Hello 包。

路由器 B 再次收到来自 A 的 Hello 包时，发现该数据包里有自己的 RID，将接收到来自 A 的 Hello 包的接口 fa0/1 转换为 Two-Way 状态。通过上述两次握手，路由器 A 和 B 建立双向邻居关系。

2）主从关系确认阶段

在路由器 A 和 B 建立双向邻居关系后，即可通过 Hello 包选举 DR 和 BDR。DR 和 BDR 是在同一个网络中的路由器间，通过优先级和 RID 选举，Hello 包中的 Priority 字段的值大于 0 的路由器才具备被选举的资格。在与多个邻居之间都建立双向邻居关系后，本地路由器检测每个邻居路由器发来的 Hello 包中的优先级、DR、BDR 字段；此时，所有路由器都默认自己是 DR 与 BDR。在 DR 和 BDR 字段中，优先级最高的路由器被选为 DR、如果优先级一样，则拥有最高 RID 的路由器被选为 DR。在图 7-2 中，因为路由器 B 的 RID 更大，所以 B 是 DR，路由器 A 是 BDR。

选举完之后进入 Exstart(预启动)状态，路由器 A 和 B 通过 DBD 包交互确认双方的主/从关系，确定用于交换 LSDB 过程中的初始序列号，以保证路由器得到的都是最新的链路状态信息。主从关系通过 RID 决定，RID 较高的一方为主设备。图 7-2 中，路由器 B 是 DR，为主路由器，A 是 BDR，为从路由器。

3）数据库同步阶段

主从关系确认后，主路由器 B 确定初始序列号，使用 DBD 包通过 fa0/1 接口发送它的 LSDB 汇总信息给从路由器 A，并将 fa0/1 转换为 Exchange 状态；从路由器 A 通过接口 fa0/0 收到主路由器 B 的 DBD 包并确认序列号，将接口 fa0/0 转换为 Exchange 状态；并向 B 发送它的 LSDB 汇总信息，B 收到后相互发送 LSAck 的确认包。

主路由器 B 向从路由器 A 发送带有 LSA 头部信息的数据包，对 A 进行数据更新，当 B 向 A 发完最后一个数据包时，将 fa0/1 接口转换为 Loading 状态，同样，A 接收完 B 发来的最后一个包时，也将 fa0/0 转换为 Loading 状态。

随后，路由器 A 将从 B 得来的数据包信息与自身的 LSDB 进行对比，如果发现自身的

LSDB 中没有某些网络信息,或者其内容已经过时了。如 7-2 中,A 发现自己缺少到目标网络 10.136.15.0/24 的路由,此时 A 会向 B 发出 LSR 请求更新;B 收到 A 发来的 LSR 以后,会发送 LSU 数据包给 A。路由器 A 接收到 B 发来的 LSU 数据包后会回以 LSAck 数据包进行确认,完成数据库同步。注意,主从角色并不是固定不变的,因为路由器 A 和 B 可能都拥有对方所没有的 LSA(或者某一方的信息已过时),所以双方都可以向对方发送 LSR 报文请求更新;当路由器 A 的优先级修改,重启路由进程后,可能变成新的 DR,主从关系均可以改变。

4) 完全邻接阶段

当路由器 A 和 B 的 LSDB 同步完成后,双方的 fa0/0 和 fa0/1 接口转换为 Full 状态,此时路由器 A 和 B 建立完全邻接关系。注意:邻接路由器相互拥有自己独立的、完整的链路状态数据库 LSDB。

2. 路由选择

当一台路由器拥有完整独立的 LSDB 后,OSPF 路由器依据 LSDB 的内容,独立运行 SPF 算法计算出到每一个目标网络的最优路径,并将这条路径添加到路由表中。

OSPF 利用开销 cost 计算到目标网络的路径代价,cost 最小的即为最优路由,被写入路由表。

3. 路由维护

当链路状态发生变化时,OSPF 路由器将链路状态更新 LSU 使用组播地址 224.0.0.6 通告网络上的 DR 路由器。

DR 确认收到这个 LSU 后,采用组播地址 224.0.0.5 通告给网络上的其他路由器,其他路由器收到 DR 的 LSU 之后发送各自的 LSAck 包给 DR。

如果路由器还连接其他路由器,则它将这个 LSU 组播给网络中的其他路由器,或者点对点网络的邻接路由器。

当一个路由器收到变化了的 LSU,路由器更新它的链路状态数据库/拓扑数据库,并运行 SPF 算法重新计算路径,产生一个新的路由表,SPF 经过一个较短时间完成新路由表的计算。

7.2.8 OSPF 命令语法

在 OSPF 路由进程中配置路由协议,命令语法如下:

```
Router(config)# router ospf [process_id]
Router(config-router)# network [ip_address] [inverse-mask] area [area_id]
```

(1) process_id:OSPF 的进程 ID,范围为 1～65 535。每台路由器上的进程 ID 可以相同,也可以不同,进程 ID 只具有本地意义,它是为了让 OSPF 能在路由器上运行。

(2) network_address:宣告运行 OSPF 协议的网络的网络地址,一般都为直连接口的网络地址。

(3) inverse-mask：通配符(反)掩码。

(4) area_id：限定运行 OSPF 协议的接口所在的区域，范围为 0～4 294 967 295。

7.2.9 OSPF 认证方法

OSPF 协议定义 3 种认证类型：0 表示不认证，是默认的类型；1 表示采用明文认证；2 表示采用 MD5 认证。

OSPF 认证的配置方法如下：

```
Router(config)#int s0/0                                      //进入接口
Router(config-if)#ip ospf authentication null                //定义不认证(默认不认证)
Router(config-if)#ip ospf authentication                     //明文认证
Router(config-if)#ip ospf authentication-key password        //不需要携带 key id
Router(config-if)#ip ospf authentication message-digest      //MD5 认证
Router(config-if)#ip ospf message-digest-key number md5 password
//密文认证要携带 key id 并且两边 key id 必须一致
//注意:认证方式和两边的密码必须一致,否则两台路由器的邻居关系无法建立。命令 debug ip
ospf obj 显示与 OSPF 邻接相关的事件,对于排除身份验证故障有帮助。
```

7.2.10 OSPF RID、汇总、优先级

1. RID 的作用及配置方法

路由器 ID(Router ID,RID)本质是一个 32 位长的二进制数，OSPF 协议下，RID 用来唯一标识自治系统(AS)内的路由器(RFC 2328)。默认情况下，如果设置了环回接口，则选择这个环回地址作为 RID。如果设置了多个环回接口，则选择环回接口 IP 地址最大的作为 ID。例如，同时设置了两个环回接口，IP 地址为 192.168.10.1 和 192.168.15.1，则会把 IP 地址较大的 192.168.15.1 作为 RID。如果没有设置环回接口，只有活动接口，则选择活动接口中 IP 地址最大的作为 RID。有时需要人为指定路由器的 RID，方法如下：

```
Router(config)#router ospf [process_id]
Router(config-router)#router-id A.B.C.D
```

2. OSPF 路由汇总

汇总是将子网化后明细的网段合并成大的网络，以减少路由器条目的大小，降低资源的消耗。子网化明细网段的变化，不会影响到路由汇总的信息。OSPF 只能在不同区域之间进行汇总，并且没有自动汇总。手动汇总配置方法如下：

```
Router(config)#router ospf 100
Router(config-router)#area 0 range {汇总 ip 与掩码}           //手动汇总
```

3. OSPF 接口优先级

更改接口优先级，便于 OSPF 对于 DR/BDR 的选举，若优先级为 255，则该路由器永远为 DR，若优先级为 0，则不参与选举。

更改接口优先级的配置如下：

```
Router(config)#interface Serial0/2/1
Router(config-if)#ip ospf priority xx          //越大越优先
```

7.2.11 解决不同区域学习路由问题

在 OSPF 中，Area 0 是骨干区域，所有其他区域必须和 Area 0 直连，才能相互学习到路由条目。如果存在不同区域之间相连，没有连接 Area 0 怎么办？以下介绍两种 OSPF 常用的解决不连续区域的方法。

1. 虚链路

虚链路是指在两台路由器中间打上一个隧道，这个隧道默认是被定义成 Area 0 的，所以在骨干区域和其他区域之间启用虚链路，这样其他区域的路由器通过虚链路，就相当于连接 Area 0 了，从而可以进行路由条目的学习了。

虚链路的配置方法如下：

```
R2(config-router)#area 2 virtual-link 3.3.3.3
//其中 area 2 是你想要穿越的那个非 0 区域
//virture-link 代表启用虚链路，需两端同时启用
//3.3.3.3 代表对方路由器的 RID
//虚链路区域默认为 area 0
查看邻居表：sh ip ospf nei
查看 debug 信息：debug ip os adj/events/packet...
```

在对方 RID 后面可添加 MD5 的认证，配置相应的密码。

2. Tunnel 隧道技术

因为 OSPF 运用环境广，有时因为特殊区域的问题，无法使用虚链路，而这时就要用到一种更加稳定的技术，即 Tunnel 隧道技术。

隧道技术在应用上，不会受到限制，它是一个实际存在的接口，并且有相应 IP 地址的虚拟链路，可以通过将隧道的接口，加入相应的 OSPF 区域，来解决不连续的区域问题。

Tunnel 配置方法如下：

```
R4(config)#int tunnel 1                              //启用隧道接口
R4(config-if)#ip add 192.168.46.4 255.255.255.0      //为隧道配置接口地址
R4(config-if)#ip ospf 110 area 0                     //在隧道中启用 ospf，且区域为骨干区域
R4(config-if)#tunnel source 192.168.34.4             //指定隧道的源，通常本路由器的直连接口
R4(config-if)#tunnel destination 192.168.26.6
                                     //指定隧道的目的端，为建立隧道对端的直连接口
```

```
R6(config)# int tunnel 1
R6(config-if)# ip address 192.168.46.6 255.255.255.0
R6(config-if)# ip ospf 110 area 0
R6(config-if)# tunnel source 192.168.26.6
R6(config-if)# tunnel destination 192.168.34.4
```

7.3 点对点型网络配置单区域 OSPF 实例

7.3.1 实验拓扑

图 7-3 中由三台路由器 R1、R2 和 R3 通过串口线进行连接，并各自设置环回接口。

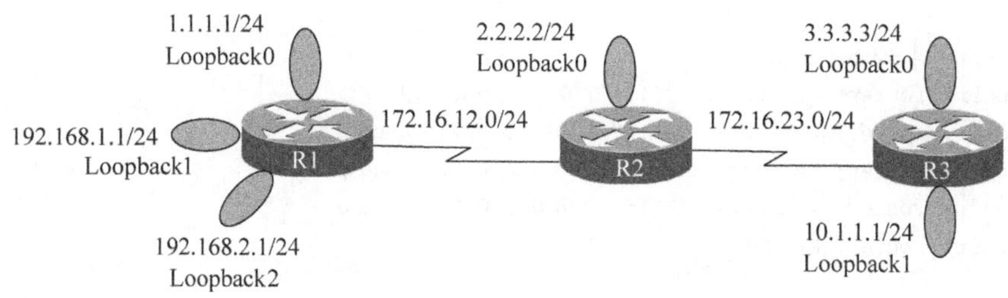

图 7-3 点对点型网络配置单区域 OSPF 拓扑图

7.3.2 实验内容

(1) 对各路由器进行基础配置并改名，接着配置各个接口的 IP 地址与状态。配置完成后，可以用 CDP 协议确认是否按照拓扑正确连接。然后，可以用 show ip interface brief 查看各接口 IP 地址与状态。

(2) 在三台路由器上配置 OSPF 协议。

7.3.3 实验配置

1. 对各路由器进行基础配置

路由器的基本配置在 4.5.5 节有介绍，这里不再重复。其中，路由器的环回接口(Loopback)为逻辑接口，不需要 no shutdown。以路由器 R1 为例，配置如下，其他路由器操作类似。

```
R1(config)# int lo 0
R1(config-if)# ip add 1.1.1.1 255.255.255.0
R1(config-if)# int lo 1
R1(config-if)# ip add 192.168.1.1 255.255.255.0
R1(config-if)# int lo 2
R1(config-if)# ip add 192.168.2.1 255.255.255.0
R1(config-if)# exit
R1(config)# int fa 0/0
```

```
R1(config-if)#ip add 172.16.12.1 255.255.255.0
R1(config-if)#no shut
R1(config-if)#exit
```

2. 在三台路由器上配置 OSPF

这里约定三台路由器上 OSPF 进程号均为 1,这不是必需的,每台路由器上的进程号都只有本地意义,不同路由器上的 OSPF 进程号可以不相同。此处约定区域号为 0,如果只有一个区域,在范围内任意指定区域号均可,但如果有多个区域,area 0 (或 area 0.0.0.0)是必须存在的。区域号码为 0 时是骨干区域(backbone),其他区域交换路由信息时都将经过骨干区域。

在 R1 路由器上,将自己直连路由宣告进 OSPF 路由协议。

```
R1(config)#router ospf 1
R1(config-router)#network 1.1.1.1 0.0.0.255 area 0
R1(config-router)#network 192.168.1.0 0.0.0.255 area 0
R1(config-router)#network 192.168.2.0 0.0.0.255 area 0
R1(config-router)#network 172.16.12.0 0.0.0.255 area 0
R1(config-router)#end
```

其中,有两行可以合并成一行,原有的两行如下:

```
R1(config-router)#network 192.168.1.0 0.0.0.255 area 0
R1(config-router)#network 192.168.2.0 0.0.0.255 area 0
```

可以改写为下面这行,将网络改为 192.168.0.0,且将通配符掩码改为 0.0.255.255。

```
R1(config-router)#network 192.168.0.0 0.0.255.255 area 0
```

在 R2 路由器上,将自己直连路由宣告进 OSPF 路由协议。

```
R2(config)#router ospf 1
R2(config-router)#net 2.2.2.0 0.0.0.255 area 0
R2(config-router)#net 172.16.12.0 0.0.0.255 area 0
R2(config-router)#net 172.16.23.0 0.0.0.255 area 0
R2(config-router)#end
```

在 R3 路由器上,将自己直连路由宣告进 OSPF 路由协议。

```
R3(config)#router ospf 1
R3(config-router)#net 3.3.3.0 0.0.0.255 area 0
R3(config-router)#net 10.1.1.0 0.0.0.255 area 0
R3(config-router)#net 172.16.23.0 0.0.0.255 area 0
R3(config-router)#end
```

配置完成后,分别在三台路由器上查看路由表。

```
R1#show ip route
...(省略部分内容)
     1.0.0.0/24 is subnetted, 1 subnets
C       1.1.1.0 is directly connected, Loopback0
     2.0.0.0/32 is subnetted, 1 subnets
O       2.2.2.2 [110/65] via 172.16.12.2, 00:20:01, Serial0/2/1
     3.0.0.0/32 is subnetted, 1 subnets
O       3.3.3.3 [110/129] via 172.16.12.2, 00:03:29, Serial0/2/1

     10.0.0.0/32 is subnetted, 1 subnets
O       10.1.1.1 [110/129] via 172.16.12.2, 00:01:01, Serial0/2/1
     172.16.0.0/24 is subnetted, 2 subnets
C       172.16.12.0 is directly connected, Serial0/2/1
O       172.16.23.0 [110/128] via 172.16.12.2, 00:04:20, Serial0/2/1
C    192.168.1.0/24 is directly connected, Loopback1
C    192.168.2.0/24 is directly connected, Loopback2
```

或只查看 OSPF 相关的条目，

```
R1#show ip route ospf
     2.0.0.0/32 is subnetted, 1 subnets
O       2.2.2.2 [110/65] via 172.16.12.2, 00:21:41, Serial0/2/1
     3.0.0.0/32 is subnetted, 1 subnets
O       3.3.3.3 [110/129] via 172.16.12.2, 00:05:10, Serial0/2/1
     10.0.0.0/32 is subnetted, 1 subnets
O       10.1.1.1 [110/129] via 172.16.12.2, 00:02:41, Serial0/2/1
     172.16.0.0/24 is subnetted, 2 subnets
O       172.16.23.0 [110/128] via 172.16.12.2, 00:06:00, Serial0/2/1
```

在 R2 上查看 OSPF 相关条目，

```
R2#sh ip route ospf
     1.0.0.0/32 is subnetted, 1 subnets
O       1.1.1.1 [110/65] via 172.16.12.1, 00:23:02, Serial0/2/1
     3.0.0.0/32 is subnetted, 1 subnets
O       3.3.3.3 [110/65] via 172.16.23.3, 00:06:43, Serial0/0/1
     10.0.0.0/32 is subnetted, 1 subnets
O       10.1.1.1 [110/65] via 172.16.23.3, 00:04:05, Serial0/0/1
     192.168.1.0/32 is subnetted, 1 subnets
O       192.168.1.1 [110/65] via 172.16.12.1, 00:23:02, Serial0/2/1
     192.168.2.0/32 is subnetted, 1 subnets
O       192.168.2.1 [110/65] via 172.16.12.1, 00:23:02, Serial0/2/1
```

在 R3 上查看 OSPF 相关条目，

```
R3#sh ip route ospf
     1.0.0.0/32 is subnetted, 1 subnets
O       1.1.1.1 [110/129] via 172.16.23.2, 00:07:59, Serial0/2/1
```

```
     2.0.0.0/32 is subnetted, 1 subnets
O       2.2.2.2 [110/65] via 172.16.23.2, 00:07:59, Serial0/2/1
     172.16.0.0/24 is subnetted, 2 subnets
O       172.16.12.0 [110/128] via 172.16.23.2, 00:07:59, Serial0/2/1
     192.168.1.0/32 is subnetted, 1 subnets
O       192.168.1.1 [110/129] via 172.16.23.2, 00:07:59, Serial0/2/1
     192.168.2.0/32 is subnetted, 1 subnets
O       192.168.2.1 [110/129] via 172.16.23.2, 00:07:59, Serial0/2/1
```

3. 查看 OSPF 信息

在三台设备上查看 OSPF 信息。这里以路由器 R1 为例。

```
R1#sh ip ospf
Routing Process "ospf 1" with ID 192.168.2.1
Supports only single TOS(TOS0) routes
Supports opaque LSA
SPF schedule delay 5 secs, Hold time between two SPFs 10 secs
Minimum LSA interval 5 secs. Minimum LSA arrival 1 secs
Number of external LSA 0. Checksum Sum 0x000000
Number of opaque AS LSA 0. Checksum Sum 0x000000
Number of DCbitless external and opaque AS LSA 0
Number of DoNotAge external and opaque AS LSA 0
Number of areas in this router is 1. 1 normal 0 stub 0 nssa
External flood list length 0
   Area BACKBONE(0)
      Number of interfaces in this area is 4
      Area has no authentication
      SPF algorithm executed 10 times
      Area ranges are
      Number of LSA 3. Checksum Sum 0x016bd2
      Number of opaque link LSA 0. Checksum Sum 0x000000
      Number of DCbitless LSA 0
      Number of indication LSA 0
      Number of DoNotAge LSA 0
      Flood list length 0
```

从中可以看到路由器 ID 为 192.168.2.1，还有一些区域信息、SPF 统计信息、LSA 定时器信息等。

4. 验证路由器 ID

三台路由器上通过 show ip ospf 查看可得知，

```
R1: Routing Process "ospf 1" with ID 192.168.2.1
R2: Routing Process "ospf 1" with ID 2.2.2.2
R3: Routing Process "ospf 1" with ID 10.1.1.1
```

路由器 R2 配置了环回接口，因此采用 2.2.2.2 作为路由器 ID，而路由器 R1 和 R3 配置了多个环回接口，所以选取各自环回接口中 IP 地址最大的那个作为 RID。

5. 指定路由器 ID

可以用 router-id 命令重新指定路由器 ID。

```
R1(config)#router ospf 1
R1(config-router)#router-id 1.1.1.1
Reload or use "clear ip ospf process" command, for this to take effect
R1(config-router)#end
R1#clear ip ospf process
Reset ALL OSPF processes? [no]: yes
```

6. 查看协议信息

通过 show ip protocols 命令，可以查看路由器当前运行的协议信息。若当前运行 OSPF，则会显示 OSPF 进程 ID、OSPF 路由器 ID、OSPF 区域类型等。除此之外，还有当前 OSPF 配置的网络与区域的信息、运行 OSPF 的邻居路由器的 ID 等。

```
R1#sh ip protocols
Routing Protocol is "ospf 1"
  Outgoing update filter list for all interfaces is not set
  Incoming update filter list for all interfaces is not set
  Router ID 1.1.1.1
  Number of areas in this router is 1. 1 normal 0 stub 0 nssa
  Maximum path: 4
  Routing for Networks:
    1.1.1.0 0.0.0.255 area 0
    172.16.12.0 0.0.0.255 area 0
    192.168.0.0 0.0.255.255 area 0
  Routing Information Sources:
    Gateway        Distance      Last Update
    1.1.1.1          110         00:01:04
    2.2.2.2          110         00:08:12
    3.3.3.3          110         00:27:33
  Distance: (default is 110)
```

7. 查看 OSPF 协议接口、邻居

通过以下三条命令，可以了解到 OSPF 相关的接口、邻居路由器列表等信息。

```
Router#show ip ospf interface
Router#show ip ospf neighbor
Router#show ip ospf database
```

通过下面这条命令，可以了解到对应 OSPF 进程的相关信息。

```
R1 # show ip ospf < process-id >
R1 # show ip ospf 1
```

其中，注意 show ip ospf neighbor 的输出信息。

在 R1 路由器上：

```
Neighbor ID     Pri    State      Dead Time    Address        Interface
2.2.2.2         0      FULL/ -    00:00:34     172.16.12.2    Serial0/2/1
```

在 R2 路由器上：

```
Neighbor ID     Pri    State      Dead Time    Address        Interface
3.3.3.3         0      FULL/ -    00:00:32     172.16.23.3    Serial0/0/1
1.1.1.1         0      FULL/ -    00:00:37     172.16.12.1    Serial0/2/1
```

在 R3 路由器上：

```
Neighbor ID     Pri    State      Dead Time    Address        Interface
2.2.2.2         0      FULL/ -    00:00:31     172.16.23.2    Serial0/2/1
```

从结果中可知，点对点型网络中，不选举 DR 和 BDR。

8. 查看 Debug 信息

有时需要查看 debug 信息方便排错。可以通过 debug ip ospf events 开启 debug 消息。在本实验中，通过查看事件信息，可以看到通过组播地址 224.0.0.5 发送 Hello 包，自动发现邻居，建立邻接关系。本实验还验证了点到点网络中 OSPF 不选举 DR 和 BDR，并支持 MD5 密文认证。

```
OSPF: Send hello to 224.0.0.5 area 0 on Serial0/2/1 from 172.16.12.1
OSPF: Rcv hello from 2.2.2.2 area 0 from Serial0/2/1 172.16.12.2
OSPF: End of hello processing
```

以上消息为 debug ip ospf events 输出示例。

7.4 广播型网络配置单区域 OSPF 实例

7.4.1 实验拓扑

图 7-4 由四台路由器 R1、R2、R3 和 R4 分别和交换机 SW 进行连接。

7.4.2 实验内容

(1) 对各路由器进行基础配置并改名，接着配置各个接口的 IP 地址与状态。配置完成后，可以用 CDP 协议确认是否按照拓扑正确连接。然后，可以用 show ip interface brief 查看各接口 IP 地址与状态。

(2) 在四台路由器上配置 OSPF。

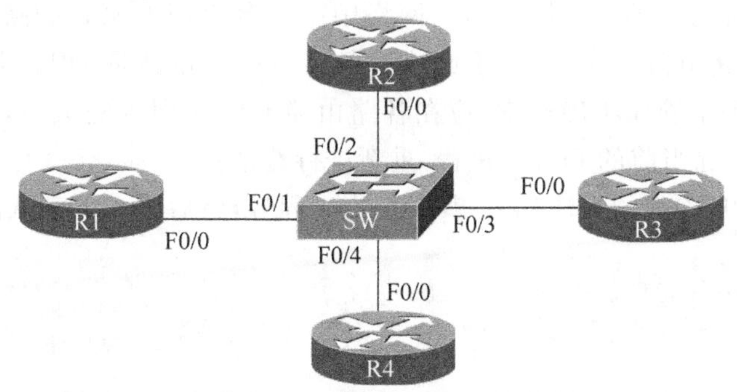

图 7-4 广播型网络配置单区域 OSPF 拓扑图

7.4.3 实验配置

1. 对各路由器进行基础配置

基本配置 4.5.5 节有介绍，这里不再重复。其中，路由器的环回接口(Loopback)为逻辑接口，不需要 no shutdown。以路由器 R1 为例，配置如下，其他路由器操作类似。

```
R1(config)#int lo 0
R1(config-if)#ip add 1.1.1.1 255.255.255.0
R1(config-if)#exit
R1(config)#int fa 0/0
R1(config-if)#ip add 192.168.1.1 255.255.255.0
R1(config-if)#no shut
R1(config-if)#exit
```

2. 在四台路由器上配置 OSPF

约定进程号为 2，区域号为 0。这里以 R1 为例，其他路由器操作方法类似：

```
R1(config)#router ospf 2
R1(config-router)#router-id 1.1.1.1
R1(config-router)#network 1.1.1.0 0.0.0.255 area 0
R1(config-router)#network 192.168.1.0 0.0.0.255 area 0
R1(config-router)#end
```

各路由器配置完成后，测试全网的连通性。然后检查各路由器 OSPF 学习到的路由信息、OSPF 邻居信息以及 OSPF 数据库。

3. DR 与 BDR 选举

默认情况下，OSPF 优先级最高的路由器会选举成为 DR。优先级范围为 0～255，默认为 1。优先级高的路由器被选举为 DR，当人为将优先级修改为 0 后，则该路由器不参与选举。若优先级相同，则 RID 最大的那台路由器被选举为 DR。

需要注意，在上面的实验中，如果按照 R1、R2、R3、R4 的顺序逐一配置，通过 Show ip ospf nei 却可能发现与选举的规则不符。网络中第一台启用 OSPF 的路由器启动进程时，网络中并没有其他路由器与其争抢，因此该设备接口认为自己是 DR。但这并不代表最先启动的就是 DR。为了确保正确选举，应在各路由器 OSPF 配置完成后，重启各路由器(注意保存设置)或者清除当前的 OSPF 进程，重新进行选举。

清除当前 OSPF 进程的方法如下，其中 2 为进程号，然后输入 y 确认清除。

```
R1#clear ip ospf 2 process
Reset OSPF process? [no]: y
```

所有路由器都应清除 OSPF 进程，重新计算一次 SPF 算法，重新计算新的 DR 和 BDR。清除进程后，各台路由器上可以观察其邻居路由器的状态。

在 R1 路由器上，查看 OSPF 邻居数据库，观察 DR 和 BDR 的变化情况。

```
R1#sh ip os nei
Neighbor ID     Pri   State          Dead Time   Address        Interface
2.2.2.2         1     2WAY/DROTHER   00:00:35    192.168.1.2    FastEthernet0/0
3.3.3.3         1     FULL/BDR       00:00:34    192.168.1.3    FastEthernet0/0
4.4.4.4         1     FULL/DR        00:00:38    192.168.1.4    FastEthernet0/0
```

在 R2 路由器上，查看 OSPF 邻居数据库，观察 DR 和 BDR 的变化情况。

```
R2#sh ip os nei
Neighbor ID     Pri   State          Dead Time   Address        Interface
1.1.1.1         1     2WAY/DROTHER   00:00:31    192.168.1.1    FastEthernet0/0
3.3.3.3         1     FULL/BDR       00:00:32    192.168.1.3    FastEthernet0/0
4.4.4.4         1     FULL/DR        00:00:35    192.168.1.4    FastEthernet0/0
```

在 R3 路由器上，查看 OSPF 邻居数据库，观察 DR 和 BDR 的变化情况。

```
R3#sh ip os nei
Neighbor ID     Pri   State          Dead Time   Address        Interface
1.1.1.1         1     FULL/DROTHER   00:00:30    192.168.1.1    FastEthernet0/0
2.2.2.2         1     FULL/DROTHER   00:00:31    192.168.1.2    FastEthernet0/0
4.4.4.4         1     FULL/DR        00:00:34    192.168.1.4    FastEthernet0/0
R3#
```

在 R4 路由器上，查看 OSPF 邻居数据库，观察 DR 和 BDR 的变化情况。

```
R4#sh ip ospf neighbor
Neighbor ID     Pri   State          Dead Time   Address        Interface
1.1.1.1         1     FULL/DROTHER   00:00:33    192.168.1.1    FastEthernet0/0
2.2.2.2         1     FULL/DROTHER   00:00:34    192.168.1.2    FastEthernet0/0
3.3.3.3         1     FULL/BDR       00:00:33    192.168.1.3    FastEthernet0/0
```

通过观察结果可以发现,在优先级相同的情况下,路由器 ID 最大的 R4 已经顺利成为 DR,次之的 R3 成为 BDR。

4. 修改优先级

通过修改路由器接口上 OSPF 的优先级,然后进行重新选举。例如,

```
R3(config)#int f0/0
R3(config-if)#ip ospf priority 10
```

更改优先级后,R3 的 f0/0 接口优先级为 10,其他路由器的接口优先级为 1。此时,各路由器都要再次清除 OSPF 进程,才能重新进行 DR/BDR 选举。

```
R1#clear ip ospf 2 process
```

选举完成后,查看 OSPF 邻居信息,确认是否重新选举 DR/BDR。

在 R1 路由器上,查看 OSPF 邻居数据库,观察 DR 和 BDR 的变化情况。

```
R1#sh ip os nei
Neighbor ID     Pri     State           Dead Time       Address         Interface
2.2.2.2         1       2WAY/DROTHER    00:00:36        192.168.1.2     FastEthernet0/0
3.3.3.3         10      FULL/DR         00:00:35        192.168.1.3     FastEthernet0/0
4.4.4.4         1       FULL/BDR        00:00:37        192.168.1.4     FastEthernet0/
```

在 R2 路由器上,查看 OSPF 邻居数据库,观察 DR 和 BDR 的变化情况。

```
R2#sh ip ospf neighbor
Neighbor ID     Pri     State           Dead Time       Address         Interface
1.1.1.1         1       2WAY/DROTHER    00:00:34        192.168.1.1     FastEthernet0/0
3.3.3.3         10      FULL/DR         00:00:34        192.168.1.3     FastEthernet0/0
4.4.4.4         1       FULL/BDR        00:00:35        192.168.1.4     FastEthernet0/0
```

在 R3 路由器上,查看 OSPF 邻居数据库,观察 DR 和 BDR 的变化情况。

```
R3#sh ip ospf neighbor
Neighbor ID     Pri     State           Dead Time       Address         Interface
1.1.1.1         1       FULL/DROTHER    00:00:34        192.168.1.1     FastEthernet0/0
2.2.2.2         1       FULL/DROTHER    00:00:35        192.168.1.2     FastEthernet0/0
4.4.4.4         1       FULL/BDR        00:00:35        192.168.1.4     FastEthernet0/0
```

在 R4 路由器上,查看 OSPF 邻居数据库,观察 DR 和 BDR 的变化情况。

```
R4#sh ip ospf neighbor
Neighbor ID     Pri     State           Dead Time       Address         Interface
1.1.1.1         1       FULL/DROTHER    00:00:39        192.168.1.1     FastEthernet0/0
2.2.2.2         1       FULL/DROTHER    00:00:39        192.168.1.2     FastEthernet0/0
3.3.3.3         10      FULL/DR         00:00:38        192.168.1.3     FastEthernet0/0
```

上述结果中可以看到,R3 的接口优先级高,顺利成为 DR。剩余的三台路由器因优先级相等,所以选出路由器 ID 最大的 R4 作为 BDR。

如果将接口 OSPF 优先级改为 0,则该路由器接口不再参与选举。有关配置读者可以自行尝试。

7.5 OSPF 简单口令认证实例

7.5.1 实验拓扑

计算机学院和通信学院各有一台路由器,分别为 R1 和 R2,它们通过串口线互联。如图 7-5 所示,两台路由器 R1 和 R2 均位于 area 0 中。

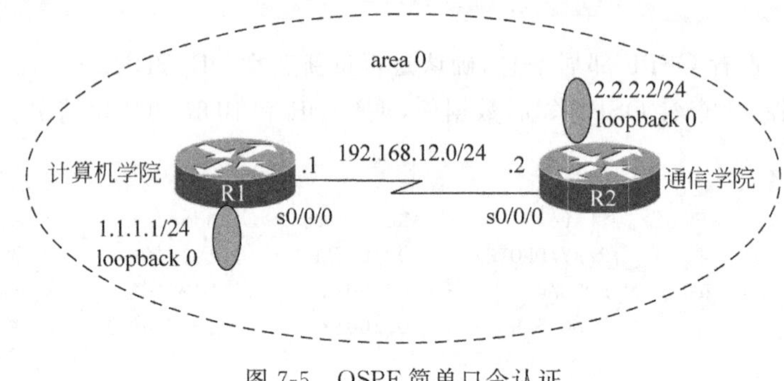

图 7-5 OSPF 简单口令认证

7.5.2 实验内容

(1) 计算机学院路由器 R1 与通信学院路由器 R2 之间启用 OSPF 协议。

(2) 计算机学院路由器 R1 与通信学院路由器 R2 之间启用简单口令(明文)认证。

7.5.3 实验配置

1. 配置计算机学院路由器 R1

在计算机学院路由器 R1 上启用 OSPF 路由协议进程,指定 RID,将直连路由宣告进 OSPF,然后启用简单口令认证。

```
R1(config)# router ospf 1
R1(config-router)# router-id 1.1.1.1
R1(config-router)# network 1.1.1.0 0.0.0.255 area 0
R1(config-router)# network 192.168.12.0 0.0.0.255 area 0
R1(config)# interface s0/0/0
R1(config-if)# ip ospf authentication                    //链路启用简单口令认证
R1(config-if)# ip ospf authentication-key cisco          //配置认证口令为 cisco
```

2. 配置通信学院路由器 R2

在通信学院路由器 R2 上启用 OSPF 路由协议进程，指定 RID，将直连路由宣告进 OSPF，然后启用简单口令认证。

```
R2(config)# router ospf 1
R2(config-router)# router-id 2.2.2.2
R2(config-router)# network 2.2.2.0 0.0.0.255 area 0
R2(config-router)# network 192.168.12.0 0.0.0.255 area 0
R2(config)# interface s0/0/0
R2(config-if)# ip ospf authentication
R2(config-if)#ip ospf authentication-key cisco              //配置认证口令
```

7.5.4 实验结果分析

在 R1 路由器上，查看接口状态。

```
R1# show ip ospf interface s0/0/0
Serial0/0/0 is up, line protocol is up
Internet Address 192.168.12.1/24, Area 0
Process ID 1, Router ID 1.1.1.1, Network Type POINT_TO_POINT, Cost: 781
Transmit Delay is 1 sec, State POINT_TO_POINT
Timer intervals configured, Hello 10, Dead 40, Wait 40, Retransmit 5
oob-resync timeout 40
Hello due in 00:00:09
Supports Link-local Signaling (LLS)
Cisco NSF helper support enabled
IETF NSF helper support enabled
Index 1/1, flood queue length 0
Next 0x0(0)/0x0(0)

Last flood scan length is 1, maximum is 1
Last flood scan time is 0 msec, maximum is 0 msec
Neighbor Count is 1, Adjacent neighbor count is 1
Adjacent with neighbor 2.2.2.2
Suppress hello for 0 neighbor(s)
Simple password authentication enabled                    //启用简单口令认证
```

若出现上述代码提示，表明该路由器接口启用 OSPF 简单口令认证：

```
*Feb 10 11:22:33.074: OSPF: Rcv pkt from 192.168.12.1, Serial0/0/0 : Mismatch
                                                                  //口令不匹配
```

若出现上述代码提示，则表明 R2 启用认证的口令与 R1 不一致。

```
*Feb 10 11:19:33.074: OSPF: Rcv pkt from 192.168.12.1, Serial0/0/0 : Mismatch
Authentication type. Input packet specified type 1 1, we use type 0 0     //认证未开启
```

若出现上述代码提示，则表明 R2 未启用认证。

7.6 OSPF MD5 认证实例

7.6.1 实验拓扑

实验拓扑图仍采用图 7-5 所示的网络结构。

7.6.2 实验内容

(1) 计算机学院路由器 R1 与通信学院路由器 R2 之间启用 OSPF 协议。

(2) 计算机学院路由器 R1 与通信学院路由器 R2 之间启用 MD5 认证。

7.6.3 实验配置

1. 配置计算机学院路由器 R1

在计算机学院路由器 R1 上启用 OSPF 协议进程，指定 RID，然后将直连链路宣告进 OSPF 协议，最后启用 MD5 认证。

```
R1(config)# router ospf 1
R1(config-router)#router-id 1.1.1.1
R1(config-router)# network 1.1.1.0 0.0.0.255 area 0
R1(config-router)# network 192.168.12.0 0.0.0.255 area 0
R1(config)# interface s0/0/0
R1(config-if)# ip ospf authentication message-digest      //接口 s0/0/0 启用 MD5 认证
R1(config-if)# ip ospf message-digest-key 1 md5 cisco     //配置 key ID 及密钥
```

2. 配置通信学院路由器 R2

在通信学院路由器 R2 上启用 OSPF 协议进程，指定 RID，然后将直连链路宣告进 OSPF 协议，最后启用 MD5 认证。

```
R2(config)# router ospf 1
R2(config-router)# router-id 2.2.2.2
R2(config-router)# network 2.2.2.0 0.0.0.255 area 0
R2(config-router)# network 192.168.12.0 0.0.0.255 area 0
R2(config)# interface s0/0/0
R2(config-if)# ip ospf authentication message-digest
R2(config-if)#ip ospf message-digest-key 1 md5 cisco   //配置 key ID 及密钥
```

7.6.4 实验结果分析

在计算机学院路由器 R1 上，查看 OSPF 接口 s0/0/0 的状态，如下所示：

```
R1# show ip ospf interface s0/0/0
Serial0/0/0 is up, line protocol is up
Internet Address 192.168.12.1/24, Area 0
Process ID 1, Router ID 1.1.1.1, Network Type POINT_TO_POINT, Cost: 781
Transmit Delay is 1 sec, State POINT_TO_POINT
Timer intervals configured, Hello 10, Dead 40, Wait 40, Retransmit 5
oob-resync timeout 40
Hello due in 00:00:00
Supports Link-local Signaling (LLS)
Cisco NSF helper support enabled
IETF NSF helper support enabled
Index 1/1, flood queue length 0
Next 0x0(0)/0x0(0)
Last flood scan length is 1, maximum is 1
Last flood scan time is 0 msec, maximum is 0 msec
Neighbor Count is 1, Adjacent neighbor count is 1
Adjacent with neighbor 2.2.2.2
Suppress hello for 0 neighbor(s)
Message digest authentication enabled          //启用 MD5 认证
Youngest key id is 1
```

出现上述代码提示，则表明该路由器接口启用 OSPF MD5 认证。

```
*Feb 10 11:08:13.075: OSPF: Rcv pkt from 192.168.12.1, Serial0/0/0 : Mismatch
                                                                //认证类型不匹配
```

假如出现上述代码提示，则表明两台路由器启用的认证类型不一致，R1 启用 MD5 认证，R2 启用简单口令认证。

```
*Feb 10 11:31:13.078: OSPF: Rcv pkt from 192.168.12.1, Serial0/0/0 : Mismatch
Authentication Key - No message digest key 1
Mismatch
Authentication Key - No message digest key 1 on interface
```

假如出现上述代码提示，则表明两端密钥和 Key ID 不一致。

7.7 不连续区域的解决方法

7.7.1 实验拓扑

某高校工科有计算机学院、通信学院、信息学院和网络空间安全学院共四个学院，每个学院的边界都有一台路由器，分别为 R1、R2、R3 和 R4，这些路由器之间通过串口线相互连接，将四个学院组成一个网络，并分别处于不同的区域中，如图 7-6 所示，以共享学院资源。

7.7.2 实验内容

(1) 根据图 7-6，完成 4 台路由器 R1、R2、R3、R4 的基本配置，测试直连链路连通性。

(2) 4 台路由器 R1、R2、R3、R4 根据拓扑图配置 OSPF 路由协议。

(3) 各路由器将 RID 设置为环回接口地址。

(4) 配置虚链路解决不连续 OSPF 区域问题。

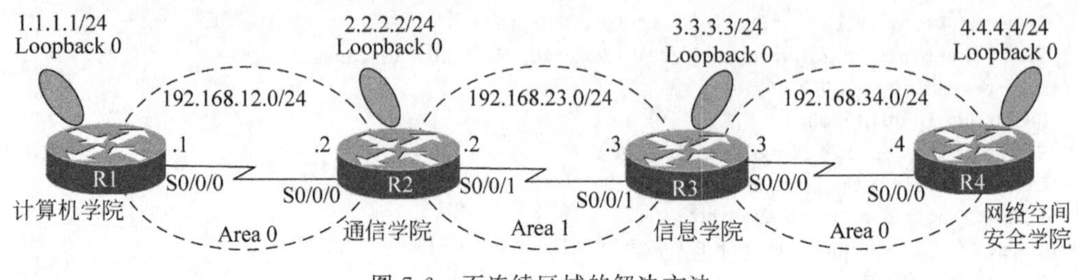

图 7-6 不连续区域的解决方法

7.7.3 实验配置

在各学院路由器上完成基本配置,连通性测试完成后,开始 OSPF 协议的配置。

1. 配置计算机学院路由器 R1

在计算机学院路由器 R1 上启用 OSPF 协议进程,指定 RID,然后将直连链路宣告进 OSPF 协议。

```
R1(config)# router ospf 1
R1(config-router)# router-id 1.1.1.1
R1(config-router)# network 1.1.1.0 0.0.0.255 area 0
R1(config-router)#network 192.168.12.0 0.0.0.255 area 0
```

2. 配置通信学院路由器 R2

在通信学院路由器 R2 上启用 OSPF 协议进程,指定 RID,然后将直连链路宣告进 OSPF 协议,并开启虚链路。

```
R2(config)# router ospf 1
R2(config-router)# router-id 2.2.2.2
R2(config-router)# network 2.2.2.0 0.0.0.255 area 0
R2(config-router)# network 192.168.12.0 0.0.0.255 area 0
R2(config-router)# network 192.168.23.0 0.0.0.255 area 1
R2(config-router)# area 1 virtual-link 3.3.3.3              //配置虚链路
```

配置虚链路时,area 1 为虚链路穿越的区域,指向建立虚链路的对端路由器 RID,即在 R2 上配置指向 R3 的 RID 3.3.3.3。

3. 配置信息学院路由器 R3

在信息学院路由器 R3 上启用 OSPF 协议进程,指定 RID,然后将直连链路宣告进 OSPF 协议,并开启虚链路。

```
R3(config)# router ospf 1
R3(config-router)# router-id 3.3.3.3
R3(config-router)# network 3.3.3.0 0.0.0.255 area 0
R3(config-router)# network 192.168.23.0 0.0.0.255 area 1
R3(config-router)# network 192.168.34.0 0.0.0.255 area 0
R3(config-router)#area 1 virtual-link 2.2.2.2            //配置虚链路
```

配置虚链路时，area 1 为虚链路穿越的区域，指向建立虚链路的对端路由器 RID，这里对端路由器为 R2，RID 为 2.2.2.2。

4. 配置网络空间安全学院路由器 R4

在网络空间安全学院路由器 R4 上启用 OSPF 协议进程，指定 RID，然后将直连链路宣告进 OSPF 协议。

```
R4(config)# router ospf 1
R4(config-router)# router-id 4.4.4.4
R4(config-router)# network 4.4.4.0 0.0.0.255 area 0
R4(config-router)#network 192.168.34.0 0.0.0.255 area 0
```

7.7.4　实验结果分析

查看计算机学院 R1 的路由表，主要看 OSPF 路由条目：

```
R1# show ip route ospf
2.0.0.0/24 is subnetted, 1 subnets
O 2.2.2.0 [110/65] via 192.168.12.2, 00:04:42, Serial0/0/0
3.0.0.0/24 is subnetted, 1 subnets
O 3.3.3.0 [110/129] via 192.168.12.2, 00:04:42, Serial0/0/0
4.0.0.0/32 is subnetted, 1 subnets
O 4.4.4.4 [110/193] via 192.168.12.2, 00:04:42, Serial0/0/0
O IA 192.168.23.0/24 [110/128] via 192.168.12.2, 00:04:42, Serial0/0/0
O 192.168.34.0/24 [110/192] via 192.168.12.2, 00:04:42, Serial0/0/0
```

发现 R1 收到 R3、R4 之间的路由信息，且标记为 O，因为两个骨干区域 0 由虚链路重新连接起来，由于虚链路默认为骨干区域，故 R1 收到 R3、R4 的路由后也将路由标记为 O。

7.8　实战演练

7.8.1　实战演练一

1. 实战拓扑

某高校工科有计算机学院、通信学院、信息学院和网络空间安全学院共四个学院，每个学院的边界都有一台路由器，分别为 R1、R2、R3 和 R4，其中 R1、R2、R3 通过交换机 SW 组成一个局域网,R4 分别与 R1 和 R3 通过串口线相互连接,将四个学院组成一个网络,如图 7-7 所示,以共享学院资源。

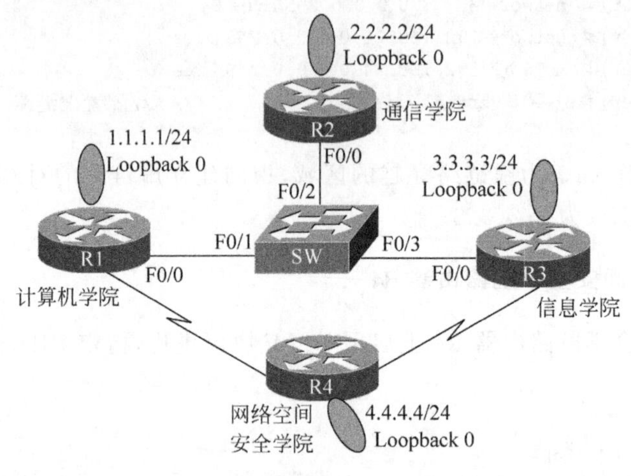

图 7-7　实战演练一拓扑图

2. 实验内容

(1) 给网络中各子网设计 IP 地址与子网掩码,并在各学院路由器上进行基本配置,包括路由器名称、接口 IP 地址等,并测试直连链路连通性。

(2) 分析路由:R1 上需要配置哪些 OSPF 路由? R2、R3 和 R4 呢?

(3) 在各学院路由器上进行 OSPF 的基本配置。

(4) 等待一段时间后,在各学院路由器上查看路由表,观察路由协议代码、管理距离和度量值等信息。

(5) 测试连通性。配置好 OSPF 协议后,看各学院路由器是否能够 ping 通其他网段的 IP 地址。

(6) 观察路由的动态过程:在路由器 3 上关闭 f0/0 接口,等待一段时间后,在各路由器上查看路由表;重新在路由器 3 上开启 f0/0 接口,等待一段时间后,在各路由器上查看路由表。

(7) 在 R1 上使用命令查看相关信息

```
show ip ospf neighbor
show ip ospf database
```

(8) 在 R1 的接口上修改路由器的优先级,查看相关信息是否有变化?

3. 思考题

(1) 在这些路由器中,谁是 DR? 谁是 BDR? 为什么? 其他路由器呢? R4 有没有可能成为 DR?

(2) 优先级改变并重启路由器的 OSPF 协议进程后，再次执行步骤(7)，查看 DR、BDR 是否发生变化？并且它们的 IP 地址是多少？

(3) 路由器 R3 上关闭 f0/0 接口后，观察路由表是否发生变化？从 R2 到达 R4 的路由是经过什么路由器？

7.8.2　实战演练二

1. 实战拓扑图

与图 7-6 的拓扑结构和网络环境相比，图 7-8 中的四个学院路由器 R1、R2、R3 和 R4 构成了三个子网，并分别处于不同的 OSPF 区域中。

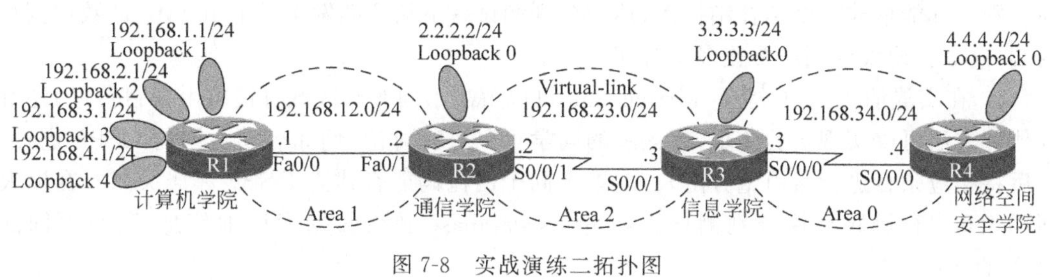

图 7-8　实战演练二拓扑图

2. 实战内容

(1) 在各学院路由器上进行基本配置，规划子网 IP 地址后配置路由器名称、接口 IP 地址等，并测试直连链路连通性。

(2) 按拓扑图配置各学院路由器的环回接口 IP 地址，并且把环回接口地址作为该路由器的 RID。

(3) 配置相应的区域 0、区域 1、区域 2，把环回接口和直连接口都宣告进 OSPF 路由协议，R1 选举为 DR，R2 不参与选举(宣告改优先级，环回接口可任选区域)。

(4) 在接口下面启用 OSPF 认证，认证模式为 MD5，密码为 CISCO。

(5) 开启 debug，查看邻居建立的过程(关闭 debug 命令为 undebug all，直接输入后回车即可，不要在意是否会中断)。

(6) 在区域 2 中配置虚链路，并且配置 MD5 认证，密码为 CISCO(虚链路要求两端同时配置)。

(7) 在通信学院路由器 R2 上对计算机学院路由器 R1 的环回接口 192.168.1.0、2.0、3.0、4.0 这四个路由条目进行汇总，并且将 R1 的这四个环回接口配置成为被动接口。保证 R4 学到的是一个汇总路由条目，并且观察 R2、R3、R4 的路由条目变化，会发现多了一条指向 Null0 的路由条目，讨论其具体作用，并观察不同区域之间学习到的路由条目与前面的路由标识是否有差异。

(8) 保证 4 个学院的路由器之间的所有环回口都能互相访问。

习题与思考

1. 动态路由协议中,已经有了 RIP 和 EIGRP 协议了,为何还要 OSPF 协议呢?有什么特别优势吗?

2. OSPF 是如何实现有效扩展的?其扩展方法和 EIGRP 协议相比有何不同?哪种协议更适合超大规模的网络环境?

3. SPF 算法和 DUAL 算法相比,那个效率更高?模拟搭建一个网络环境,用程序实现一下吧。

4. 采用 RIP、EIGRP、OSPF 这三种动态路由协议,分别转发数据包时,其传输效率有何区别?你能搭建一个拓扑结构图,然后分别测试一下从源端发送一个 100MB 的数据到目的端,这 3 种协议分别需要花多少时间?

5. 在实战演练二中,除了 Virtual-link 可以解决不同非 0 区域直接路由条目传递,还有其他种方法可以实现实验要求,有兴趣的同学可以进行讨论(例如启动不同的 OSPF 进程,然后将相应条目进行路由重分配)。配置不同子网掩码能否建立 OSPF 邻居关系?在以太网环境和串行链路环境分别测试。sh ip os database 观察数据库详细信息,研究不同的 LSA 的作用。

6. OSPF 是一种非常庞大的协议,除了本章内容之外,还有许多的扩展特征,包括 IPv6 环境下的 OSPF 协议,感兴趣的同学请大家网络上找些资料进一步学习和研究。

7. 如果需要对 RIP、EIGRP、OSPF 这三种动态路由协议进行系统的比较分析,你打算从哪些方面着手?请用列表展示。

第8章 交换技术与交换机配置方法

当我们需要在校园网内部共享图书馆电子数据库、在线课程或视频点播资源时，就需要采用快速数据交换。本章首先解释为什么需要交换，接着介绍第二层交换技术的基本知识，包括两种交换方法和交换机的三种交换功能，交换的优越性和局限性；然后讲授冗余拓扑结构给交换式网络造成的物理环路，并由此带来的各种严重问题，解决这类问题的最好途径是生成树协议，介绍生成树协议的基本概念和工作原理，让学生深入理解生成树协议并能够使用生成树协议解决交换式网络的环路问题。本章让学生全面深入了解交换的相关技术和交换机的配置方法。

8.1 为什么需要交换

学过了路由与路由协议，本节主要解释网络有了路由后为什么还需要交换，以及交换的实现设备。

8.1.1 交换之问

在第4～7章的学习中，我们掌握了路由选择原理与路由协议的配置方法，更懂得了路由器如何实现路由功能。接下来要进入到交换技术与交换协议的学习中，首先带着如下两个问题开始关于交换技术的学习。

问题一：已经有了路由技术和路由器，为什么还需要交换技术和交换机呢？什么是交换技术？交换方式有哪些？用于实现交换技术的交换机有哪些功能？

问题二：为了提高网络性能，可以采取冗余拓扑结构，其主要优点是什么？但冗余拓扑结构却给网络带来物理环路，路由协议可以解决网络层形成的环路问题，而在数据链路层上形成的物理环路却毫无办法，物理环路能导致哪些严重问题？如何解决？

再回顾一下第4章路由器是如何处理数据包的。路由器每收到一个数据包都要经过拆包、查表、重新封装、转发四个过程，消耗路由器的计算和存储资源，也给数据包的转发带来较大时延。在校园网内部，学生经常要访问学校图书馆数据库，老师经常需要访问教务处、科技处、教师工作部等部门，还要访问信息中心的在线课程、视频资源等。根据网络访问的二八原则，内网的访问流量占整个网络的80%，外网的访问流量占整个网络的20%。假如校园网80%的内部网络流量都经过路由器处理，每个数据包都经历拆包、查表、重新封装、转发四个过程，势必严重影响整体网络的性能。

那么,在校园网内部,有没有快速实现数据转发的途径呢?有,那就是交换技术。交换在默认情况下工作在数据链路层,只检查和解析数据帧,结合直通转发等快速处理方式,加上超大规模集成电路的发展,促使实现快速数据转发。本章和第9、10章将详细介绍什么是交换技术、交换的方式、交换机的主要功能、交换协议的原理与配置方法。

交换网络和路由网络一样,为了提高网络的可靠性,需要构建冗余网络结构,形成物理环路。而物理环路同样会带来重复帧、MAC地址不稳定和广播风暴等诸多问题,严重影响数据交换的性能,所以本章还将详细介绍导致这些严重问题的原因,以及如何有效解决。

综上所述,在局域网环境中,主要用到快速交换技术,由交换机实现交换功能。交换机有多种类型,有支持多业务的路由交换机,可以作为核心层交换机;有三层以上交换机,可以作为汇聚层交换机;还有二层交换机,可以作为接入层交换机。本章还将介绍交换机的基本配置方法。

8.1.2 交换术语

交换技术涉及如下几个重要的术语。

(1) 交换。从广义上讲,任何数据的转发都可以称为交换。但是,传统、狭义的交换是指二层交换技术,仅包括数据链路层的数据帧转发。

(2) 交换机。通过超大规模集成电路实现交换技术的网络设备,有二层交换机、三层交换机、应用层交换机等多种不同类型的交换机。

(3) 网桥。通过软件实现交换功能的早期网络设备,有些概念,如桥ID一直沿用到现在,现在交换机的ID也称桥ID。

(4) 桥ID(Bridge ID)。BID用来识别网络中的每一台交换机/网桥。BID的数据结构由优先级(默认情况下所有思科交换机的优先级都为32768)和桥MAC地址组成。在网络中最小BID的交换机用来确定网络的中心,该中心在生成树协议中称为根桥。

(5) 链路开销(cost)。链路cost是基于链路速率的,链路带宽越大、链路速率就越大,链路cost就越小,反之就越大。链路开销是最短路径中每段链路cost的累加和。

(6) 桥协议数据单元(BPDU)。交换机发送的创建逻辑无环路的数据包称为BPDU。BPDU是一种生成树协议问候数据包,它以可配置的时间间隔发出,用来在网络的网桥/交换机间进行信息交换。BPDU在阻塞的接口上也可以接收,这确保如果链路或设备出现问题,新的生成树会被计算。默认情况下,BPDU每2s发送一次。

(7) 生成树协议(STP)。用来解决交换网络中的物理环路问题,通过阻塞某个接口快速生成逻辑无环结构,当正常网络发生故障时,在阻塞接口上接收BPDU重新计算生成树,将阻塞接口转变为转发接口,从而保证网络性能。

(8) 根桥。根桥是指拥有最小BID的交换机。对于STP来说,关键要为网络中所有的交换机推选出一个根桥,而网络中的其他决策(选举指定端口、非指定端口、根端口)都依赖于根桥。

(9) 非根桥。除了根桥外的所有交换机都是非根桥。非根桥会与所有的交换机交换BPDU,并在所有交换机上更新STP拓扑数据库,以防止网络环路并对链路失效提供保障措施。

(10) 根端口。根端口是指所有非根桥交换机中,与根桥直接相连的链路所在的端口。

根端口都被标记为转发端口。

(11) 指定端口。指定端口包含如下几种情况：根桥的所有端口都是指定端口；非根桥中所有通往根桥链路开销最低的根端口是指定端口；如果存在连接到根桥的多条链路，那么检查每条链路的带宽，此时最低链路开销的端口是指定端口；如果上行的多台交换机链路开销均相同，那么就用带有较低通告的BID的那个端口作为指定端口；当多条链路连接到同一台设备时，就用上行交换机上连接的最低端口号的端口作为指定端口。指定端口会被标记为转发端口。

(12) 非指定端口。非指定端口是指开销比指定端口高的端口。确定根端口和指定端口后剩下的端口就是非指定端口。非指定端口将被设置为阻塞状态，是阻塞端口，不能进行数据转发，但可以接收BPDU。

(13) 冲突域。是一个以太网术语，指的是这样一种网络情形：当前网段的两台计算机在同时通信时会发生冲突，导致这两台设备必须分别重发数据。能够让两台计算机同时通信发生冲突的最大范围构成的网络边界就是一个冲突域。

(14) 广播域。是指同一个子网中所有设备组成的集合，这些设备侦听该子网中发送的所有广播，也即一个广播包能够到达的最大范围构成的网络边界就是一个广播域。

8.2 交换原理与交换机

首先介绍交换基础，然后分别介绍交换原理以及第二层、第三层和第七层交换技术，再给出交换机的工作原理与交换功能。

8.2.1 交换基础

交换技术最先是随着电话通信技术的发展而发展起来的，贝尔发明电话机的时候，首次实现人类声音转换为电信号，通过电话线实现远距离传输，这是最初的交换技术，我们对交换的理解也大多从电话通信网的程控交换机开始。后来交换技术发展到数据交换，从广义上讲，任何数据的转发都可以称为交换，本章主要指的是狭义上的交换，仅包括数据链路层的数据转发，以太网技术和交换机的快速发展又促成交换性能的快速提升。

Cisco讨论交换时，除非特别说明，默认情况下都是指第二层交换。第二层交换是指在数据链路层的操作，在局域网(LAN)上使用设备的硬件地址(MAC)对网络进行分段的过程。注意是使用MAC地址，交换是对数据帧进行处理。交换机处理数据帧有三种方式，后面详细讨论。

交换技术可以用来将大的冲突域分隔为小的冲突域。所谓冲突域，也指用两个或多个设备对网络进行分段所形成的区域，这些区域共享同一带宽。用物理层设备的集线器构成的网络就是这种技术的典型例子，例如实验室网络，如果每间实验室都使用集线器联网，那么48台终端在同一个冲突域内，并共享100M带宽，如果使用交换机联网，则每台终端独享100M带宽。因为交换机上的每个端口都可以分割冲突域，都有它自己的冲突域，所以将交换机替代集线器，可以构造一个性能比集线器好得多的以太局域网。

交换机实现第二层交换，网桥使用软件技术来创建和管理转发/过滤MAC表，而交换机使用超大规模专用集成电路(ASIC)来创建并维护其转发/过滤 MAC 表,能够提供更高的性能。

8.2.2 交换原理

交换机基于收到的数据帧中帧头的源 MAC 地址和目的 MAC 地址来对数据进行交换工作。

交换机交换数据的方法可以分为如下三种方法：存储转发、直通转发和无碎片方法。首先了解一下数据帧的结构,如图 8-1 所示,它是交换机转发数据的基本单元,也是主要处理对象,然后再介绍各种转发方法的原理。

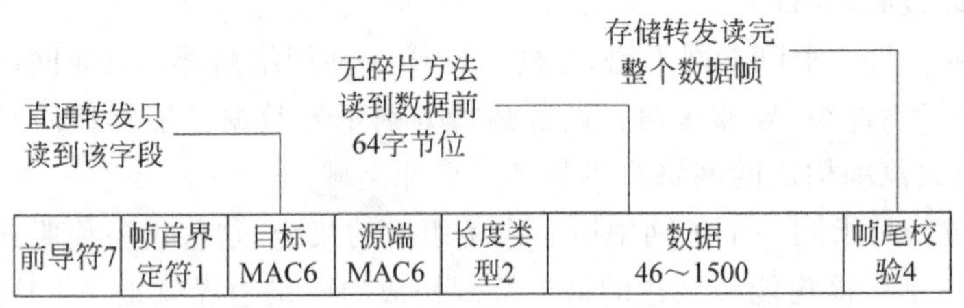

图 8-1 数据帧结构

1) 存储转发(Store-and-Forward)

存储转发方式是先存储后转发,它把从端口输入的数据帧先全部接收并存储起来,如图 8-1 所示,然后进行 CRC(循环冗余码校验)检查,把错误帧丢弃,最后才取出数据帧目标地址进行过滤和转发。存储转发方式延迟大,但是它可以对进入交换机的数据包进行高级别的检测,该方式可以支持不同速度的端口间的转发。传统的网桥和早期的二层交换机都使用这种转发方式。

2) 直通转发(Cut-Through)

当交换机在输入端口检测到一个数据帧时,检查该帧的帧头,只要获取了帧的目标地址(如图 8-1 所示的目标 MAC 地址),就开始转发帧。它的优点是开始转发前不需要读取整个完整的帧,延迟非常小。缺点是不具备提供检测能力。

3) 无碎片(Fragment-Free)

这是改进后的直通转发,是一种介于前两者之间的解决方法。如图 8-1 所示,无碎片方法在读取数据帧的前 64 个字节后,就开始转发该帧。这种方式虽然也不提供数据校验,但是能够避免大多数的帧错误。它的数据处理速度比直通转发方式稍慢,但比存储转发方式快很多。由于这种方式在转发速度和容错两者之间采取了折中方案,所以被广泛应用在许多厂商的交换设备上。

8.2.3 交换技术与交换机

交换技术能将大的冲突域分隔为小的冲突域,减少同一冲突域发生冲突的概率。

参考 OSI 七层网络模型,根据交换机处理数据基本单元的不同,将交换技术分为第二层交换、第三层交换和第七层交换,可以把对应实现交换技术的交换机分为二层交换机、三层交换机和七层交换机。

1. 第二层交换与二层交换机

第二层交换是指在数据链路层的操作，在LAN上使用设备硬件地址(MAC)对网络进行分段的过程。它被认为是基于硬件的桥接，使用超大规模专用集成电路(ASIC)的特殊硬件，ASIC的速度可高达吉比特，且延迟非常低。

第二层交换具有如下优越性：

(1) 第二层交换可以提供的功能有：基于硬件的桥接、线速转发能力、低延迟、低成本。之所以能够这样高效，是因为它没有对数据包进行任何修改，设备只是读取数据包的帧封装，与路由选择的过程相比，交换过程就显得相当快捷，而且不容易出错。

(2) 如果将第二层的交换同时用于连接工作组和网络分段(即分隔冲突域)，那么，与传统的使用路由分隔网络相比，这一方案可以创建更多网络分段。

(3) 第二层的交换还可以为每个用户增加可用的网络带宽，这也是因为连接到交换机的每个连接(接口)都有自己的冲突域。

第二层交换的局限性如下：

默认不能分隔广播域。广播、组播，以及生成树协议的慢收敛，降低了网络性能。因此，第二层交换机不能完全取代路由器。

二层交换机承载和实现第二层交换技术，处在OSI模型的数据链路层(即第二层)，所以称为二层交换机。二层交换机是一种流行的网络组建设备，代替了网桥，它和网桥的工作原理一致，均可以基于MAC地址表进行转发、划分冲突域，它的每个端口都是一个冲突域，但不能分割广播域。都能基于MAC地址学习构造MAC地址表，对MAC地址实现过滤等多种功能。

二层交换机主要用在小型局域网中，其数据广播的风险和影响比较小。二层交换机的快速交换功能、多个接入端口和低廉价格，为小型网络用户提供了完善的解决方案。交换式局域网技术使专用的带宽为用户所独享，极大地提高了局域网传输的效率。可以说，在校园网络系统集成技术中，直接面向用户的第二层交换技术和二层交换机，应用十分普遍，备受用户青睐。

2. 第三层交换与三层交换机

然而，在大规模局域网中，广播风暴对网络整体性能的影响十分严重。为了减小广播风暴的危害，必须将大型局域网按功能或地域等因素划分成多个逻辑上的小型局域网，这样必然导致不同子网间大量用户的相互访问，而单纯采用第二层交换技术，无法实现各子网间的互访问题。

为了解决各子网间的互访问题，自然会想到路由技术。除了路由之外，我们把能够处理网络中第三层数据包转发的交换技术称为第三层交换技术。网络设备提供商利用第三层交换技术开发了三层交换机，也可以叫作路由交换机，可以看成是逻辑路由器与物理交换机的完美融合。

从硬件上看，在第三层交换机中，与路由器有关的第三层路由硬件模块，也直接叠加在高速背板/总线(速率可高达几十Gb/s)上。这种方式使得路由模块可以与交换模块同时直接访问背板总线，大幅提高了数据交换速度，从而突破了传统的外接路由器接口速率的限制。由于路由被高度集成到交换机中，使得高速路由选择特性更容易实现。高速率接口和背板带宽是三层交换机的两个重要性能参数。

三层交换机承载和实现第三层交换技术，其实质是“三层路由转发＋二层交换技术”，采用“一次路由＋多次交换”的方法实现快速数据交换。Cisco 公司开发了一种 Cisco 特快交换(Cisco Express Forwarding，CEF)技术。我们知道，路由器处理每个数据包都需要经过拆包、查表、重新封装、转发四个步骤，需要消耗路由器资源并给数据包转发带来时延。与路由器需要逐个处理数据包不同，三层交换机处理相同源端的大数据量传输时，只需要对接收到的第一个数据包进行拆包、查表、重新封装、转发四个步骤，其中的路由模块将会产生一个下一跳 IP 地址与 MAC 地址的映射表，并将该表存储起来。当同一信息源的第二个数据流再次进入交换环境时，交换机将根据第一次产生并保存的 MAC 地址映射表，直接采用交换技术，直接读取数据帧的 MAC 地址，将下一跳的 MAC 地址直接重新封装后即可快速转发，不再经过第三层由模块处理，从而消除了路由选择时造成的网络延迟，提高了整体数据转发效率，解决了网间传输信息时路由产生的速率瓶颈。

三层交换机要实现三层数据交换必须使用第三层 IP 地址来完成，三层及以上交换机主要支持两种不同类型的第三层接口。

1) 路由接口

路由接口是一种物理接口，它类似于在传统路由器上配置了第三层 IP 地址的接口。路由接口类似于普通的路由器接口，不同之处在于它不能像路由器那样支持子接口。路由接口用于点对点链路，路由接口的典型应用就是连接 WAN 路由器和安全设备。在三层交换机中，进入某接口模式，关闭交换功能，即可变成普通路由接口。例如将 fa0/1 配置为路由接口，设置 IP 地址，命令如下：

```
Switch(config)# ip routing                                          //打开路由功能
Switch(config)# int fa0/1
Switch(config-if)# no switchport                                    //关闭交换功能,设为路由接口
Switch(config-if)# ip address 192.168.20.1 255.255.255.0   //设置 IP 地址
```

2) 交换虚拟接口

交换虚拟接口(Switch Virtual Interface，SVI)是一种第三层接口，它是为在三层及以上交换机上完成 VLAN 间路由选择与数据转发而配置的接口。SVI 是一种与 VLAN ID 相关联的虚拟 VLAN 接口，其目的在于启用该 VLAN 上的路由选择能力。例如为 VLAN 10 设置 SVI 接口，并配置 VLAN 10 的管理 IP 地址，命令如下：

```
Switch(config)# ip routing                                          //打开路由功能
Switch(config)# int vlan 10
Switch(config-if)# ip address 192.168.10.1 255.255.255.0    //设置 VLAN 10 的 IP 地址
```

上述 VLAN 10 的 SVI 的 IP 地址作为 VLAN 10 所辖主机的默认网关，VLAN 10 的所有主机均通过该 SVI 地址访问其他网络，实现三层数据交换。

三层交换机是为 IP 数据包高速转发而设计的，具有接口类型简单、数量多、数据包处理能力强等优势，且有丰富的管理功能，价格又比相同速率的路由器低得多，非常适用于大学

校园网、园区网络等大规模局域网。在校园网中，学校的汇聚层和接入层，即各学院、各行政单位层面的核心交换机和汇聚层交换机均采用三层交换机。

3. 第七层交换与七层交换机

随着互联网技术、移动互联网技术的快速发展，如何充分利用高带宽资源，对互联网上的应用、内容和服务进行安全、高效管理，日益成为网络服务提供商和网络设备供应商关注的焦点。人们需要能够安全、高效地对应用层进行有效管理的先进网络技术，从而第七层交换技术应运而生。

第七层交换技术通过逐层解析每一个数据分组的每层封装，识别出应用层的各种信息，还能识别数据内容，并根据内容做出负载均衡、智能资源调配等决定，这些功能都超越第三层、第四层功能。拥有第四层功能的网络设备无法识别流经接口的不同类型的传输流，只能做相同处理，这样并不能满足实际服务需求。例如学校需要对各学院和行政单位有关财务访问请求设置更高优先级，这就需要能够对应用层的数据内容和服务请求进行识别和优先处理。

可以说，能够处理网络应用层数据转发的交换技术就可以称为第七层交换技术，七层交换机承载和实现第七层交换技术，其主要目的是在超带宽、高速网络服务环境下，降低网络管理员的管理开销，为网络资源提供智能化分配与调度，为不同用户提供高质量、差别服务，提升网络整体智能化程度和服务水平。

4. 网桥、交换机和路由器

第 4～7 章学习过路由器，本章介绍了交换机，这里简单介绍下网桥。

1）网桥

在开发出交换机之前，早期以太网使用网桥(Bridge)来实现数据交换。网桥是早期的两端口二层网络设备，将网络的两个网段在数据链路层连接起来，每个端口与一个网段相连。网桥的这两个端口分别有一条独立的数据交换信道，并不共享一条背板总线，因此可隔离冲突域。最简单的网桥只有两个端口，复杂些的网桥可以有更多的端口，最多可达 4～8 个端口。

网桥是一种对帧进行转发的技术，能够检查数据帧的帧头信息，学习 MAC 地址，根据 MAC 分区块，并维护 MAC 地址表，还能转发第二层广播，可隔离碰撞，还能基于第二层地址做出数据转发决定。这些功能和交换机类似，交换机就是在网桥基础上发展而来。

网桥基于软件来实现数据交换，交换效率相对比较低。此外，在运行生成树协议时，网桥只能维护一个生成树实例，其使用受到限制。随着局域网技术的发展，网桥逐步被交换机取代。

2）网桥与交换机之异同

网桥是基于软件实现数据交换，而交换机是基于 ASIC 硬件芯片来创建并维护其过滤表；每个网桥只有一个生成树实例，而交换机可以有多个生成树实例；交换机的端口数量比大多数的网桥都多，普通的二层交换机某种程度上可以看成是多端口的网桥，但比网桥性能好。

网桥和交换机都转发第二层广播。通过检查所接收的每个数据帧的源地址，网桥和交换机都可以学到其MAC地址,都基于第二层地址做出转发的决定。

3) 交换机与路由器之异同

交换机和路由器都能对数据进行转发,默认情况下,交换机工作在第二层,对数据帧进行转发;路由器工作在第三层,对数据包进行转发。

交换机和网桥在工作时要比路由器快许多,因为这两个设备不会花费时间去查看网络层头部的信息。交换机和网桥只是在决定转发、广播或是丢弃数据帧之前查看帧的硬件地址即可。

总结起来,交换机负责在局域网内的数据交换,强调数据转发速度及网络性能,更多用于本地访问连接;而路由器主要负责跨局域网间的数据交换,强调丰富的功能、智能与安全,更多用于远程访问连接。因此,交换机和路由器各有所长,并不会相互取代。现在许多应用层网络设备,集路由与交换功能于一体,并具备高带宽、高性能,常部署于校园网、园区网主节点。

8.2.4 交换机三种交换功能

交换机的核心功能主要有三种:地址学习、转发/过滤帧决策和环路避免。

1) 地址学习(address learning)

地址学习主要是指交换机可以自动学习端口所连主机的主机地址。如图8-2所示,交换机的4个端口分别连接4台主机,当交换机开机后,系统处于初始状态,交换机的MAC地址表是空的。

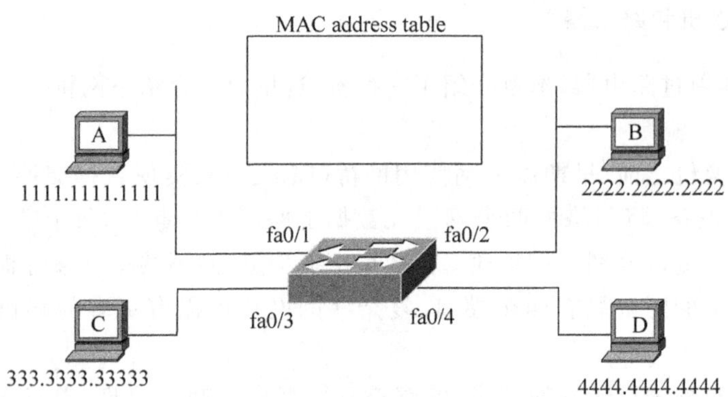

图8-2 交换机初始状态

这时,有一个任务,主机A要向主机C发送数据帧,交换机将主机A的MAC地址和其对应的端口fa0/1放入MAC地址表;然后,交换机将该帧向除了接收端口fa0/1之外的其他所有端口flooding转发(不清楚目标主机的单点传送帧就采用flooding方式转发),如图8-3所示。

接下来,又有一个新任务,主机D向主机B发送数据帧,交换机将主机D的MAC地址和其对应的端口fa0/4放入MAC地址表;然后,交换机将该帧向除了接收端口fa0/4之外的其他所有端口flooding转发。以此类推,经过这个学习阶段,交换机将所有端口的MAC地址都学习完整了,构成完整的MAC地址表,如图8-4所示。

2) 转发/过滤帧决策(forward/filter frame decision)

当某个时刻,主机A要再向主机C发送数据帧,这时,交换机先查看自己的MAC地址

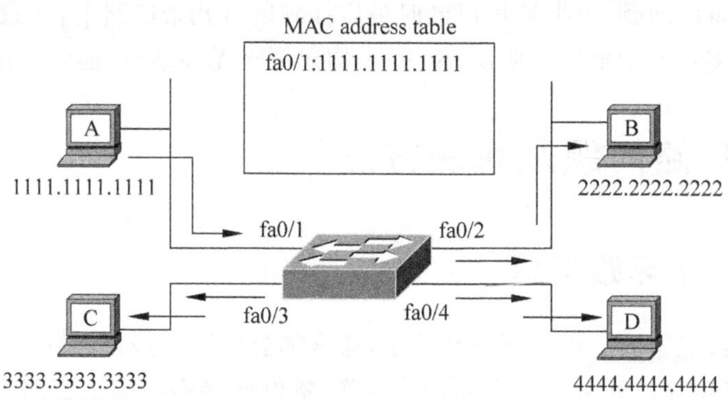

图 8-3 交换机接收到第一个数据帧示意图

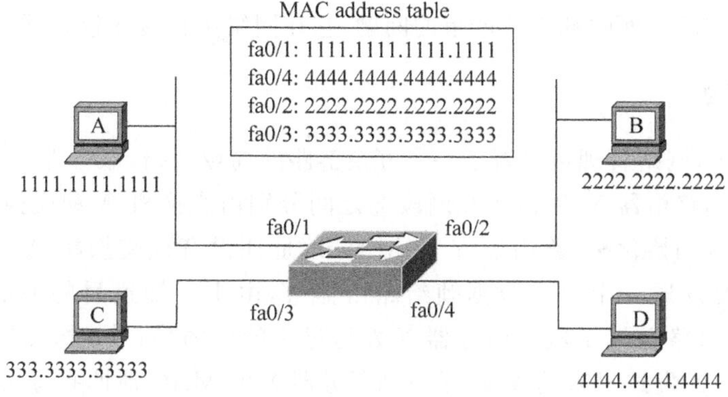

图 8-4 交换机完整 MAC 地址表

表，由于前面已经学习完所有端口及目的主机 MAC 了，均记录在交换机的 MAC 地址表中。因此，该单点传送帧不被 flooding 转发，直接从端口 fa0/3 转发给主机 C，这一方式被称为帧过滤，是交换机的第二个主要功能，如图 8-5 所示。

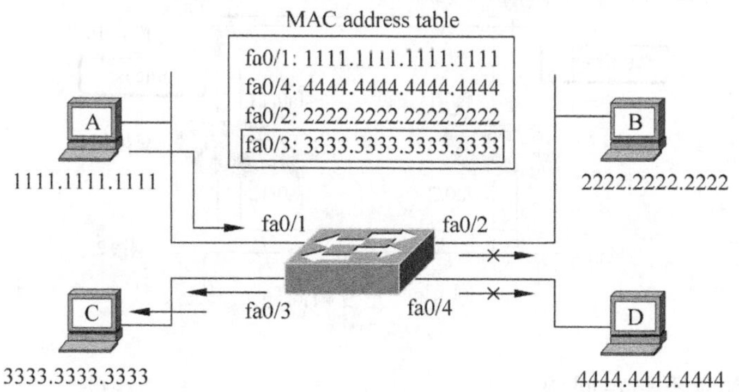

图 8-5 交换机做出转发决策

3）环路避免(loop avoidance)

交换机之间的冗余链路是一件好事，是保障整个网络可靠性的有效方法，万一某条链路出现故障，冗余链路可以用来传输数据，防止整个网络失效。虽然冗余链路有用，但是它同时会带来非常严重的问题，数据帧可以同时被广播到所有冗余链路上，导致网络环路。交换机第三种功能是能够启用生成树协议(STP)来构建逻辑无环结构，避免网络环路。

8.3 冗余环路问题及解决方法

8.3.1 冗余环路问题

在由许多交换机组成的以太网络环境中，通常都会设置一些冗余链路，以提高网络的可靠性、健壮性和稳定性。冗余链路也称备份链路、备份连接等。当主链路出故障时，冗余链路自动启用，从而提高网络的整体可靠性，避免网络因单点失效而陷入瘫痪。

使用冗余备份能够为网络带来许多好处，然而，冗余链路使得网络存在环路。网络中的环路问题是冗余链路所面临的十分严重的问题，它在网络中直接导致以下问题。

1. 重复帧问题

如图 8-6 所示，网络管理员设置了一个冗余链路的局域网络，服务器 X 可以通过网段 1 和网段 2 分别到达路由器 Y，网段 1 和网段 2 之间分别由交换机 A 和交换机 B 连接，构成冗余链路。当系统初始化时，路由器 Y 的 MAC 地址还没有被交换机 A 和 B 学习到。这时，服务器 X 想要发送一个单播数据帧给路由器 Y，由于不知道目的地的单播帧要采用 flooding 转发，这时路由器 Y 收到服务器 X 发送过来的单播帧；同时，交换机 A 也从端口 fa0/1 收到服务器 X 发送过来的该帧，学习到服务器 X 的 MAC 地址并写入自身 MAC 地址表，然后将该帧从端口 fa0/2 flooding 出去；交换机 B 通过端口 fa0/12 接收到后，同样将该帧从端口 fa0/11 flooding 出去，这时路由器 Y 又一次收到这个单播数据帧。对于路由器 Y 而言，前后两次收到的是相同的数据帧，造成重复帧问题。

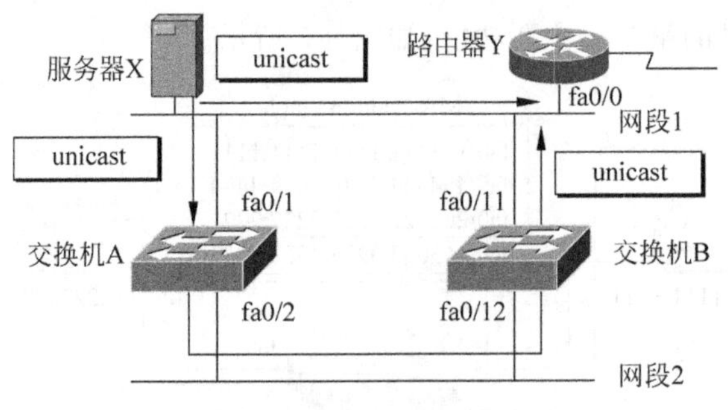

图 8-6 重复帧问题

2. MAC 地址表不稳定问题

除了重复帧问题之外，冗余链路还会给交换机带来 MAC 地址表不稳定的问题。还是以图 8-6 的冗余链路网络环境为例。系统初始化时，服务器 X 想发送一个单播数据帧给路由器 Y。

此时，路由器 Y 的 MAC 地址还没有被交换机 A 和 B 学习到，交换机 A 从端口 fa0/1

学习到服务器 X 的 MAC 地址并写入自己的 MAC 地址表，交换机 B 从端口 fa0/11 学习到服务器 X 的 MAC 地址并写入自己的 MAC 地址表。

这时，到路由器 Y 的数据帧在交换机 A 和交换机 B 上会分别进行 flooding 处理，如图 8-7 所示。然后，交换机 A 再次学习到服务器 X 的 MAC 地址变为端口 fa0/2，交换机 B 再次学习到服务器 X 的 MAC 地址变为端口 fa0/12，而这次学习的 MAC 地址是错误地址，导致交换机 MAC 地址表中前后两次从不同的端口学习到相同的服务器 X 的 MAC 地址，造成 MAC 地址表不稳定。

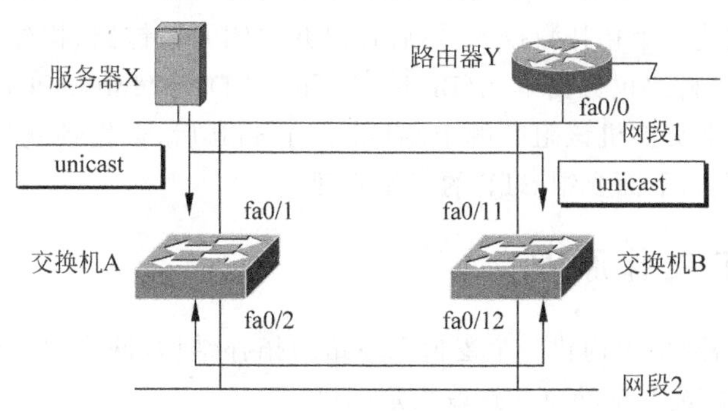

图 8-7　MAC 地址表不稳定问题

3. 广播风暴问题

除了重复帧和 MAC 地址表不稳定问题之外，冗余链路还会给交换机带来更为严重的广播风暴问题。如图 8-8 所示，当服务器 X 向网络中发送一个广播消息，交换机 A 从端口 fa0/1 收到该广播帧后会从端口 fa0/2 flooding 出去；这时，交换机 B 从端口 fa0/12 收到该广播帧后会从端口 fa0/11 flooding 出去；这时，交换机 A 继续收到该广播帧，继续 flooding，如此循环，产生广播风暴问题，直到最后拖垮整个网络。

图 8-8 展示的是单个回环的广播风暴情形，在实际网络中，往往会存在多个回环的情况，更容易产生广播风暴，而且多重回环的广播风暴问题给网络带来的影响更为严重。

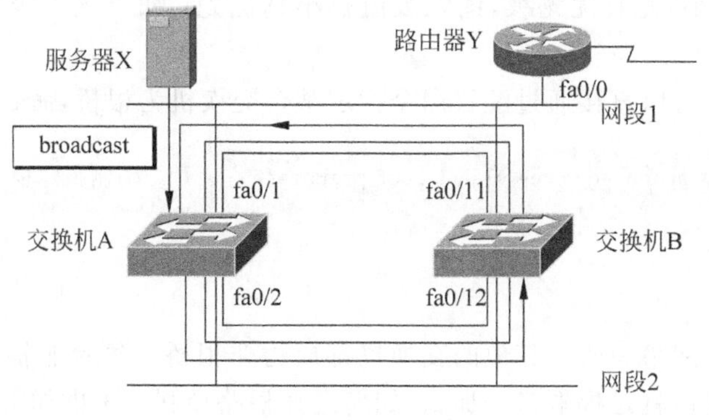

图 8-8　广播风暴问题

由冗余链路构成的物理环路所产生的上述三种问题都将对网络造成不利影响，解决物理环路需要用到生成树协议。

8.3.2 生成树协议

路由协议可以防止在网络层形成网络环路。然而，对于因交换机存在冗余物理链路而形成的数据链路层环路，路由协议无能为力。解决办法就是要创建逻辑无环路拓扑结构，同时保留物理环路的存在。逻辑无环结构即为树，创建逻辑无环结构的协议就是生成树协议(Spanning Tree Protocol，STP)，它能够在第二层交换式网络中解决物理环路问题。

STP 协议的主要任务是防止第二层网络(网桥或交换机)出现网络环路。它首先使用生成树算法 STA 创建一个拓扑数据库，然后找出并关闭冗余链路，构建一棵没有环路的转发树。STP 协议利用桥协议数据单元(Bridge Protocol Data Unit，BPDU)和其他交换机进行通信，从而确定哪个交换机该阻断哪个端口，运行 STP 后，数据帧就只能在 STP 选定的最优链路上进行转发。下面介绍 STP 的工作原理。

8.3.3 STP 工作原理

为了在物理环路网络中构建一个逻辑无环路的拓扑结构，网络中的交换机要执行以下三个步骤：选举根桥、选取根端口和选取指定端口。

1. 选举根桥

通常情况下，网络中具有最小桥 ID(BID)的交换机就是根桥，根桥上的所有端口都是指定端口，可以转发数据帧。

那么，BID 怎么比较大小呢？

BID＝桥优先级＋桥 MAC 地址。

默认情况下，桥优先级均为 32768，可以在全局配置模式下进行修改，命令如下：

```
Switch(config)# spanning-tree vlan vlanid priority [4096 的倍数]
```

注意：优先级值越小，优先级越高；0 的优先级最高。

要比较 BID 大小，先看优先级，优先级值越小越优先；如果优先级相同，则比较 MAC 地址，越小越优先。

另外一种情况，可以直接通过配置命令指定某台交换机为根桥，命令如下：

```
Switch(config)# spanning-tree vlan 1 root primary          //强制指定根桥
```

2. 选取根端口

选举了根桥后，网络中所有其他的交换机都成为非根桥。每台非根桥均要选举一条到根桥的根路径，该端口就是根端口。那么，如何选择根路径呢？考虑如下情况：

所有到达根桥的路径累加后，具有最低的路径 cost 的那条是根路径，根路径上的端口为根端口。

通常和根桥直接相连的端口为根端口，若是有多条路径，可比较各条路径 cost 累加和来决定到达根桥的最佳路径(cost 是累加的，带宽大的链路 cost 低)。

所有根端口为指定端口,参与数据转发。

3. 选取指定端口

在网络中,指定端口是能够正常转发数据帧的端口,按照如下的优先顺序选择指定端口:

(1) 最小的桥 ID:根桥的所有端口都是指定端口。

(2) 最小的根路径代价:非根桥的根端口都是指定端口。

(3) 最小发送者桥 ID:除了根端口外,具有最小数据发送者 BID 的非根桥的端口是指定端口。

(4) 最小发送者端口 ID:除了前面所选端口之外的端口,再比较端口 ID,小的是指定端口。

上述方法选取完指定端口之后,还剩下一个端口,这个端口就是非指定端口,即阻塞端口,不能转发数据帧。但仍可以接收 BPDU 帧,以便于网络拓扑状态改变时,端口随时发生转变,如图 8-9 所示。

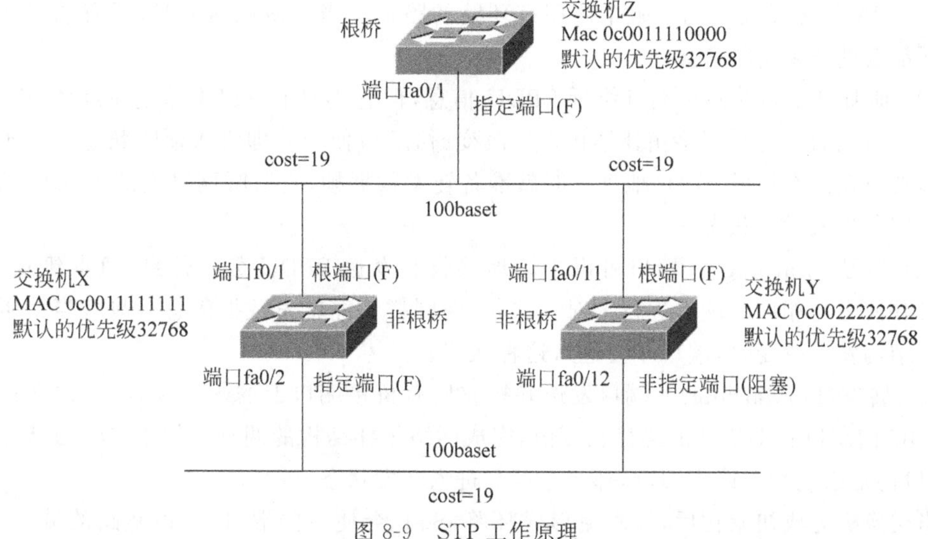

图 8-9　STP 工作原理

在图 8-9 中,该网络有 3 台交换机,首先选择根桥,根据根桥选取原则,BID 最小的交换机是根桥,BID 与优先级和 MAC 地址有关,因 3 台交换机的优先级都是 32768,交换机 Z 的 MAC 地址最小,Z 是根桥,其他 2 台交换机 X 和 Y 是非根桥。

接着非根桥选取根端口:交换机 X 的端口 fa0/1 和根桥直连,具有最小链路 cost=19,所以 fa0/1 是根端口;同理,交换机 Y 的 fa0/11 是根端口。

最后选取指定端口:根桥交换机 Z 的所有端口都是指定端口,非根桥的根端口都是指定端口。在图 8-9 网络中,还剩下 2 个端口,分别为交换机 X 的 fa0/2 和交换机 Y 的 fa0/12,因交换机 X 的 BID 比交换机 Y 的 BID 要小,所以交换机 X 的 fa0/2 是指定端口。上述指定端口均可以转发数据帧。交换机 Y 的 fa0/12 为非指定端口,将被阻塞,无法转发数据,但可以接收 BPDU。

8.3.4　STP 端口状态

运行 STP 协议的交换机端口,从加电启动后,分别要经过阻塞、侦听、学习和转发四个状态，还可以设置禁用状态，其属性信息如表 8-1 所示。

表 8-1 STP 端口的不同状态

状 态	属 性
禁用	不能接收 BPDU 信息，不能转发数据
阻塞	可接收 BPDU 信息，不能转发数据，默认时间为 20s
侦听	可侦听和接收 BPDU 信息，不能转发，默认时间为 15s
学习	可接收和发送 BPDU 信息，建立 MAC 地址表，不能转发数据，默认时间为 15s
转发	可与其他交换机交换 BPDU 信息，可转发数据

(1) 禁用(Disabled)。此时端口不能接收 BPDU 信息，更不能进行数据信息的转发，实质上是不参与工作的。

(2) 阻塞(Blocking)。被阻塞的端口不能对数据帧进行转发，但它可以监听和接收 BPDU。设置阻塞状态是为了阻止使用有环路的路径。当交换机通电时，所有端口在默认状态下都会处于阻塞状态。

(3) 侦听(Listening)。端口侦听 BPDU 信息，但它不具有 BPDU 信息的转发与 MAC 地址的学习能力。每当网络拓扑结构发生改变时，端口便会立即进入侦听状态。处于侦听状态的端口在没有形成 MAC 地址表时就准备转发数据帧，它监听网络上的 BPDU 信息以便随时准备进入学习状态。

(4) 学习(Learning)。端口可以主动地接收和发送 BPDU 数据信息，负责建立 MAC 地址表并使之与相应的端口进行一对一映射，但同样不能转发数据信息。只有当侦听到网络拓扑结构发生改变时，端口才会进入这种状态。

(5) 转发(Forwarding)。端口发送并接收所有桥接端口上的数据帧，与其他交换机交换 BPDU 信息以获得最佳的路径长度值，完成网络拓扑结构的调整。如果在学习状态结束时，端口仍是指定端口或根端口，那么它就会进入转发状态。

当交换机完成初始化后，为避免形成环路，STP 会使一些端口(备份链路的端口)直接进入阻塞状态。当网络中主链路发生故障时，网络的拓扑结构即会发生变化，处于阻塞状态的端口就会通过 BPDU 侦听了解到这一变化，端口的状态就会立刻从阻塞状态转变到学习状态，完成 MAC 地址表的建立后转变成转发状态，并在转变过程中经历侦听与学习两个状态，最终转为正常的工作模式。一个端口从禁用状态到转发状态通常需要经历约 50s，用于保证 STP 有足够的时间来了解整个网络的拓扑结构。

8.4 交换机配置方法

8.4.1 实验内容

1. 实验拓扑

本实验拓扑图如图 8-10 所示，计算机学院共有 3 台交换机，分别为计算机系 Cisco3560-1、软件工程系 Cisco3560-2 和数字媒体系 Cisco2960，它们分别通过交叉线两两相互连接。

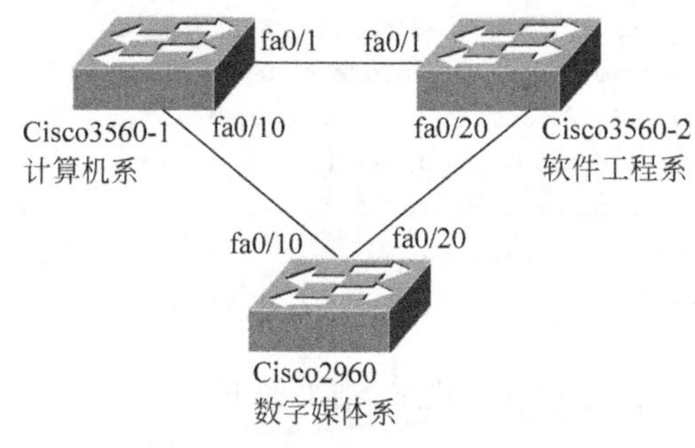

图 8-10 STP 基础实验拓扑图

2. 实验需求

(1) 观察计算机学院各系交换机运行 STP 的情况。

(2) 修改交换机端口优先级，观察 STP 端口角色变化。

8.4.2 实验操作

交换机在默认情况下，开启生成树协议，可以使用 show spanning-tree detail 命令查看当前根桥的位置和端口的状态。

首先，查看交换机 S3560-1 的 STP 状态，结果如下：

```
S3560-1 # show spanning-tree detail
VLAN0001 is executing the ieee compatible Spanning Tree protocol
  Bridge Identifier has priority 32768, sysid 1, address 0025.84d3.3f00          //BID
  Configured hello time 2, max age 20, forward delay 15
  We are the root of the spanning tree                                           //根桥
  Topology change flag not set, detected flag not set
  Number of topology changes 2 last change occurred 00:19:42 ago
          from FastEthernet0/1
  Times: hold 1, topology change 35, notification 2
          hello 2, max age 20, forward delay 15
  Timers: hello 0, topology change 0, notification 0, aging 300

//指定端口
Port 3 (FastEthernet0/1) of VLAN0001 is designated forwarding
  Port path cost 19, Port priority 128, Port Identifier 128.3.
  Designated root has priority 32769, address 0025.84d3.3f00
  Designated bridge has priority 32769, address 0025.84d3.3f00
  Designated port id is 128.3, designated path cost 0
  Timers: message age 0, forward delay 0, hold 0
  Number of transitions to forwarding state: 1
  Link type is point-to-point by default
  BPDU: sent 657, received 2

//指定端口
Port 12 (FastEthernet0/10) of VLAN0001 is designated forwarding
```

```
  Port path cost 19, Port priority 128, Port Identifier 128.12.
  Designated root has priority 32769, address 0025.84d3.3f00
  Designated bridge has priority 32769, address 0025.84d3.3f00
  Designated port id is 128.12, designated path cost 0
  Timers: message age 0, forward delay 0, hold 0
  Number of transitions to forwarding state: 1
  Link type is point-to-point by default
  BPDU: sent 606, received 1
```

接着,查看交换机 S3560-2 的 STP 状态,结果如下:

```
S3560-2#show spanning-tree detail
VLAN0001 is executing the ieee compatible Spanning Tree protocol
  Bridge Identifier has priority 32768, sysid 1, address 0025.84d3.4a80          //BID
  Configured hello time 2, max age 20, forward delay 15
  Current root has priority 32769, address 0025.84d3.3f00
  Root port is 3 (FastEthernet0/1), cost of root path is 19                      //根端口
  Topology change flag not set, detected flag not set
  Number of topology changes 1 last change occurred 00:18:40 ago
          from FastEthernet0/20
  Times: hold 1, topology change 35, notification 2
          hello 2, max age 20, forward delay 15
  Timers: hello 0, topology change 0, notification 0, aging 300

//根端口
Port 3 (FastEthernet0/1) of VLAN0001 is root forwarding
   Port path cost 19, Port priority 128, Port Identifier 128.3.
   Designated root has priority 32769, address 0025.84d3.3f00
   Designated bridge has priority 32769, address 0025.84d3.3f00
   Designated port id is 128.3, designated path cost 0
   Timers: message age 2, forward delay 0, hold 0
   Number of transitions to forwarding state: 1
   Link type is point-to-point by default
   BPDU: sent 2, received 626

//指定端口
Port 22 (FastEthernet0/20) of VLAN0001 is designated forwarding
  Port path cost 19, Port priority 128, Port Identifier 128.22.
  Designated root has priority 32769, address 0025.84d3.3f00
  Designated bridge has priority 32769, address 0025.84d3.4a80
  Designated port id is 128.22, designated path cost 19
  Timers: message age 0, forward delay 0, hold 0
  Number of transitions to forwarding state: 1
  Link type is point-to-point by default
  BPDU: sent 576, received 1
```

最后,再查看交换机 S2960 的 STP 状态,结果如下:

```
S2960#show spanning-tree detail
VLAN0001 is executing the ieee compatible Spanning Tree protocol
  Bridge Identifier has priority 32768, sysid 1, address 0026.0a84.4980      //BID
  Configured hello time 2, max age 20, forward delay 15
  Current root has priority 32769, address 0025.84d3.3f00
  Root port is 10 (FastEthernet0/10), cost of root path is 19                //根端口
  Topology change flag not set, detected flag not set
  Number of topology changes 0 last change occurred 00:17:34 ago
  Times: hold 1, topology change 35, notification 2
          hello 2, max age 20, forward delay 15
  Timers: hello 0, topology change 0, notification 0, aging 300
//根端口
Port 10 (FastEthernet0/10) of VLAN0001 is root forwarding
   Port path cost 19, Port priority 128, Port Identifier 128.10.
   Designated root has priority 32769, address 0025.84d3.3f00
   Designated bridge has priority 32769, address 0025.84d3.3f00
   Designated port id is 128.12, designated path cost 0
   Timers: message age 2, forward delay 0, hold 0
   Number of transitions to forwarding state: 1
   Link type is point-to-point by default
   BPDU: sent 1, received 526
//非指定端口:阻塞状态
Port 20 (FastEthernet0/20) of VLAN0001 is alternate blocking
  Port path cost 19, Port priority 128, Port Identifier 128.20.
  Designated root has priority 32769, address 0025.84d3.3f00
  Designated bridge has priority 32769, address 0025.84d3.4a80
  Designated port id is 128.22, designated path cost 19
  Timers: message age 2, forward delay 0, hold 0
  Number of transitions to forwarding state: 0
  Link type is point-to-point by default
  BPDU: sent 1, received 528 Designated port id is 128.12, designated path cost 0
```

通过上述对各交换机 STP 状态的观察,可以总结出各交换机的优先级、MAC 地址、端口状态,以及根桥选举情况,如表 8-2 所示。

表 8-2　交换机 STP 状态

交换机名称	优先级	MAC 地址	端口情况(端口号、cost)	选举结果
S3560-1	32769	0025.84d3.3f00	指定端口: f0/1(3、19)、f0/10(12、19)	根桥
S3560-2	32769	0025.84d3.4a80	根端口: f0/1(3、19); 指定端口: f0/20(22、19)	非根桥
S2960	32769	0026.0a84.4980	根端口: f0/10(10、19); 非指定端口: f0/20(20、19)被阻塞	非根桥

交换机的默认优先级是 32768,注意这里被显示为 32769,即与 vlan ID(vlan 1)相加的结果。根桥、非根桥的指定端口选举,比较桥 ID,在优先级相同时,比较 MAC 地址,MAC 地址越小优先级越高。根桥的端口都为指定端口。根端口通过比较累加的 cost,最小的为根端口。可看到 S2960 交换机上的 f0/20 指示灯为橙色,为非指定端口,处于被阻塞

(blocking)的状态。

有两种方式可以将非根交换机修改为根桥：

(1) 修改 VLAN 优先级，将优先级的值设为比 32768 更小，值越小，优先级越高。

(2) 直接设置为根桥，可以通过命令强制指定某台交换机为根桥。

下面以 S2960 为例，通过两种配置方式将其设为根桥。

```
//方式一:修改默认 VLAN 1 的优先级
S2960(config-if)#spanning-tree vlan 1 priority ?
  <0-61440> bridge priority in increments of 4096
                                        //优先级的数值以 4096 递增,0 的优先级最高
S2960(config)#spanning-tree vlan 1 priority 4096
//方式二: 直接指定为根桥
S2960(config)#spanning-tree vlan 1 root primary
```

再通过 show spanning-tree 命令查看当前根桥的位置和交换机端口的状态变化情况(原端口由 blocking 状态转变为 forwarding 状态)。

下面以修改优先级的方式将 S2960 修改为根桥，如上述方式一所示，将优先级设为 4096，然后查看各交换机的 STP 状态输出结果。

首先，查看交换机 S3560-1 的 STP 状态变化情况，结果如下：

```
S3560-1#show spanning-tree
VLAN0001
  Spanning tree enabled protocol ieee
  Root ID       Priority      4097                                    //根桥发生改变了
                Address       0026.0a84.4980
                Cost          19
                Port          12 (FastEthernet0/10)
                Hello Time    2 sec Max Age 20 sec Forward Delay 15 sec
  Bridge ID     Priority      32769 (priority 32768 sys-id-ext 1)    //自己的 BID 没有变化
                Address       0025.84d3.3f00
                Hello Time    2 sec Max Age 20 sec Forward Delay 15 sec
                Aging Time    300 sec
Interface           Role Sts Cost      Prio.Nbr Type
-------- ---- --- ----- --------- ----------------------------
Fa0/1               Desg FWD 19        128.3    P2P  //由根桥的指定端口变为非根桥的指定端口
Fa0/10              Root FWD 19        128.12   P2P  //由根桥的指定端口变为非根桥的根端口
```

接下来，查看交换机 S3560-2 的 STP 状态变化情况，结果如下：

```
S3560-2#show spanning-tree
VLAN0001
  Spanning tree enabled protocol ieee
  Root ID       Priority      4097                                    //根桥发生改变了
                Address       0026.0a84.4980
                Cost          19
```

```
          Port          22 (FastEthernet0/20)
          Hello Time    2 sec Max Age 20 sec Forward Delay 15 sec
  Bridge ID Priority    32769 (priority 32768 sys-id-ext 1)      //自己的BID没有变化
          Address       0025.84d3.4a80
          Hello Time    2 sec Max Age 20 sec Forward Delay 15 sec
          Aging Time    300 sec

Interface    Role Sts Cost    Prio.Nbr  Type
-------- ---- --- -----  ---------  --------------------------
Fa0/1        Altn BLK 19      128.3     P2P      //由非根桥的根端口转变为非根桥的阻塞端口
Fa0/20       Root FWD 19      128.22    P2P      //由非根桥的指定端口变为非根桥的根端口
```

最后，查看交换机2960的STP状态变化情况，结果如下：

```
S2960 # show spanning-tree
VLAN0001
  Spanning tree enabled protocol ieee
  Root ID      Priority       4097                                  //根桥发生变化
               Address        0026.0a84.4980
               This bridge is the root                              //本交换机为根桥
               Hello Time     2 sec Max Age 20 sec  Forward Delay 15 sec
  Bridge ID    Priority       4097  (priority 4096 sys-id-ext 1)    //BID优先级发生变化
               Address        0026.0a84.4980
               Hello Time     2 sec  Max Age 20 sec  Forward Delay 15 sec
               Aging Time 15
Interface      Role Sts Cost       Prio.Nbr Type
Fa0/10         Desg FWD 19         128.10    P2P    //由非根桥指定端口变为根桥的指定端口
Fa0/20         Desg FWD 19         128.20    P2P    //由非根桥阻塞端口变为根桥的指定端口
```

分析实验结果可知，通过改变S2960的优先级，将其设为根桥后，原来的Fa0/20由BLK变为FWD，整个网络的指定端口、非指定端口、根端口等全部重新选举。

8.4.3 排错思路

通过上述实验，可以总结出如下的排错思路：

(1) 端口双工模式是否匹配。

(2) 根桥、根端口、指定端口是否在指定的位置，是否阻塞一些不必要阻塞的端口。

(3) 运行STP时链路中是否还存在环路。

(4) 常用查看命令：

debug spanning-tree events：启用STP调试。

show spanning-tree interface f0/1 detail：查看特定端口的STP详细信息。

show spanning-tree root：生成树根桥信息。

show spanning-tree detail：查看生成树详细信息。

show interface：查看端口双工模式是否匹配。

8.5 实战演练

1. 实战拓扑

本实战拓扑图如图 8-10 所示，计算机学院共有 3 台交换机，分别为计算机系 Cisco3560-1、软件工程系 Cisco3560-2 和数字媒体系 Cisco2960，它们均通过交叉线两两相互连接。

2. 实验需求

(1) 配置交换机的主机名。

```
switch(config)# hostname XXX
```

(2) 配置 VLAN 1 端口地址和默认网关。

```
S3560# conf t
S3560(config)# interface vlan 1   //进入交换机管理 VLAN 接口模式,为交换机配置管理 IP 地址,
                                  //虚拟端口,永不掉线,主要用于远程登录管理交换机
S3560(config-if)# ip add 192.168.1.1 255.255.255.0
S3560(config-if)# ip default-gateway 192.168.1.254
```

(3) 查看版本信息，查看端口的配置信息。

```
S3560# show version             //查看 IOS 版本
S3560# show ip int b            //查看所有端口的摘要信息
S3560# show int f0/1            //查看具体端口的状态信息
S3560# show run                 //查看当前运行的配置信息,包含端口的状态及配置
```

(4) 配置 2960 交换机的端口属性。

```
S2960 (config)# interface fastethernet0/1
S2960(config-if)# speed 100            //设置该端口的速率为 100Mb/s
S2960 (config-if)# duplex full         //设置该端口为全双工
S2960 (config-if)# description up_to_webserver
                          //设置该端口描述为 up_to_webserver,上联 Web 服务器
```

(5) 查看 flash 文件。

```
S3560# show flash
```

(6) 查看 MAC 地址表，手工添加 MAC 地址表。

```
S3560# show mac-address-table          //查看 MAC
S3560(config)# mac-address-table static [HH.HH.HH] vlan [VlanID] interface f0/9
                                       //添加 MAC 地址,HH.HH.HH 对应的端口为 f0/9
```

(7) 启用生成树协议，再使用 show spanning-tree detail 命令查看当前根桥的位置和端口的状态。

(8) 要求控制某个非根桥交换机改变为根桥，使用相关命令实现(改变优先级)。

```
//指定端口优先级，以16递增，0的优先级最高(基于端口)
S3560(config-if)# spanning-tree vlan <VLAN ID> port-priority <0～240>
//指定交换机优先级，以4096递增，0的优先级最高(基于VLAN)
S3560(config)# spanning-tree vlan <VLAN ID> priority <0～61440>
//指定根交换机(基于VLAN)
S3560(config)#spanning-tree vlan ID root primary
```

(9) 再次使用 show spanning-tree detail 命令查看当前根桥的位置和端口的状态变化情况(由 blocking 状态转变为 forwarding 状态)。

习题与思考

1. 交换机和路由器的外观分别有什么特征？给你一台设备，你能很快辨别出是路由器，还是交换机吗？

2. 交换技术和路由技术的本质区别是什么？在校园网内，哪种技术应用更广泛？为什么？

3. 三层交换和二层交换相比，本质区别是什么？为什么交换技术能被称为局域网之魂？

4. 三层以上交换机具备路由功能，那么，交换机能够完全替代路由器吗？为什么？

5. 中继器、集线器、网桥、交换机、路由器是比较典型的联网设备，如果需要对它们进行系统的分析和比较，你能从哪些方面着手比较呢？列表展示。

6. 你知道当前最先进的交换技术是什么吗？如果不知道，就上网找些资料和大家一起分享吧。

第9章 VLAN、Trunk、VTP协议与配置方法

在校园网、园区网等实际网络部署运营中，常常需要根据应用需求临时组建局域网，在不影响物理网络部署的前提下，如何快速、高效组网成为衡量现代局域网的一个重要指标。这种适应应用需求的灵活组网技术称为虚拟局域网(VLAN)技术，可以说，VLAN 是现代局域网的灵魂。本章首先介绍为什么需要 VLAN，VLAN 的概念及其工作原理与配置方法，然后介绍 VLAN 的传输链路 Trunk 及 Trunk 的配置方法，接下来介绍在网络中用于管理 VLAN 的 VTP 协议及配置方法，最后给出实战演练项目。

9.1 为什么需要 VLAN、Trunk、VTP

VLAN 是现代局域网的灵魂，每个局域网都需要部署 VLAN 技术。本节主要介绍在现代局域网中为何需要 VLAN 技术以及相关概念和术语。

9.1.1 VLAN、Trunk、VTP 之间

在第 8 章中，学习了交换技术和交换机的基本配置，交换机的每个端口都可以分割冲突域，路由器的每个接口可以分割广播域。因而，多台交换机可以组成一个大的子网(广播域)，且每个端口可以将这个大的子网分割成多个物理网段。当多台交换机连接，构成冗余链路导致物理环路时，还可以采用 STP 协议构建逻辑无环结构从而解决物理环路问题。看似由交换机组成的网络就可以正常工作了，为何还要 VLAN 呢？首先带着如下三个问题开始本章学习：

问题一：现代局域网中，为何 VLAN 地位如此之高？什么是 VLAN？VLAN 的划分方法、成员模式有哪些？

问题二：因每台交换机可以划分出多个 VLAN，网络中不同交换机的多个 VLAN 之间如何有效通信呢？

问题三：因每台交换机可以划分出多个 VLAN，网络中不同交换机划分的 VLAN 可能不同，如何对 VLAN 进行有效管理从而提高网络整体性能呢？

我们再回顾一下交换机，交换机的每个端口都可以分割冲突域，但不能分割广播域。那么，在交换机组成的网络中，为什么要分割广播域呢？因为会大幅降低网络性能，甚至带来

严重的安全问题导致整个网络瘫痪。

试想，在一个全部由交换机和终端主机组成的交换网络环境中，如图 9-1 所示，所有 5 台交换机和大量的终端主机都处于同一个广播域中。这时，主机 A 想要发送数据给主机 B，系统初始化情况下，所有交换机的 MAC 地址表都是空的，根据 8.2.4 节交换机处理数据帧的原理，交换机 A 收到主机 A 发送过来的数据帧之后，把主机 A 的 MAC 地址和端口写入 MAC 地址表，然后将该数据帧向除接收端口外的所有其他端口 flooding 出去，交换机 B、C、D 接收到该数据帧后做相同处理，继续将该数据帧向除了该端口外的所有其他端口 flooding 出去，交换机 E 收到后继续 flooding 出去。通过上面的分析，原本主机 A 只想将数据帧发送给主机 B，而实际上该数据帧被传送到网络中的每一台主机。这样，广播数据帧不仅消耗网络的有效带宽，而且消耗交换机的运算和存储资源。

在局域网中，广播帧是比较频繁的，如果不分割广播域的话，每次都会将广播数据帧传遍整个网络，到达所有主机。如果是某台主机感染了病毒，例如蠕虫病毒，那么该病毒会迅速蔓延整个网络，导致所有主机感染，网络瘫痪，给用户带来巨大损失。

因此，设计局域网时，必须根据实际情况，合理分割广播域。

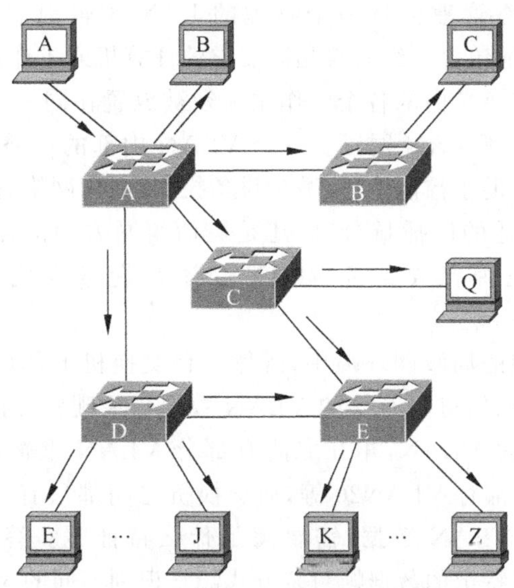

图 9-1 交换网络环境下 flooding 数据帧

那么，如何合理有效分割广播域呢？有两种解决方法，路由器或虚拟局域网（VLAN）技术。

路由器的每个物理接口都是一个广播域，所以路由器可以用来分割交换网络环境下的广播域。但是，通常情况下，路由器的接口数量都很少，一般只有 2 个以太网接口，1～4 个广域网接口，以太网接口用来连接交换机，能够分割多少个广播域完全取决于以太网接口数量。如果想根据实际需求灵活分割广播域，则用路由器就很难实现。

与路由器相比，二层交换机或三层交换机端口数量多，一般都有 24 个、48 个甚至更多。在交换机上分割广播域的技术，就是 VLAN。可以根据应用需求将交换机上的某些端口划分到某个 VLAN 中，构成一个广播域，每台交换机都可以划分多个 VLAN，组网方式也更加自由，从而灵活地设计多个广播域。

相比之下，利用在交换机上划分 VLAN 的方法能够方便、灵活地对网络分割广播域，将广播帧限制在某一个广播域内，有利于整个网络的稳定，提高网络传输效率。

我们再看一个例子。

在校园网中，每个学院都拥有自己的大楼、自己的网络，且不同学院之间都有一定的距离，各学院网络都属于校园网重要的组成部分。每个学院都有教务部、科研部、学科建设、办公室等部门，学校行政大楼对应有教务处、科研处、学科办、校办等单位。学校为了管理方便，教务处需要和各学院教务部共享学校教室信息和教学资源，科研处需要和各学院科研部共享科研项目信息等，这就要求学校行政大楼的教务处和各学院教务部在同一个广播域内，科研处和各学院科研部在同一个广播域内，还有其他部门也有类似需求。如果采用物理组网势必带来很多麻烦，要多增加许多的网络设备、光纤和线缆。

那么针对上述需求，有没有更加灵活的组网方式呢？

答案是肯定的，那就是采用 VLAN 技术。将学校行政大楼的教务处对应交换机端口和分布在校园内各学院教务部对应交换机端口划分在同一个 VLAN，将科研处的端口和各学院科研部的端口划分在同一个 VLAN 就可以了，这样只需要在交换机上配置少许命令即可实现灵活组网。

VLAN 技术允许网络管理员将一个物理的 LAN 逻辑地划分成不同的广播域（即 VLAN），每一个 VLAN 都包含一组有着相同需求的计算机或工作站，因为它是逻辑而不是物理划分，所以同一个 VLAN 内的各个工作站无须被放置在同一个物理空间里，即这些工作站不一定属于同一个物理 LAN 网段。一个 VLAN 内部的广播和单播流量都不会转发到其他 VLAN 中，从而有助于控制流量、减少设备投资、简化网络管理、提高网络的安全性。

综上所述，不管是合适的广播域分割，还是灵活组网方面的需求，在局域网中都需要 VLAN 技术。所以说，能否有效支持 VLAN 技术是衡量现代局域网络的重要指标。VLAN 是现代局域网的灵魂。

在由多台交换机组成的局域网环境中，既然每台交换机上都可以划分多个 VLAN，那么，交换机与交换机之间如何进行有效的 VLAN 数据传输呢？如图 9-1 所示，假设每台交换机上都划分 5 个不同的 VLAN，相互之间有部分 VLAN 重叠，如交换机 A 和 B 都有 VLAN10，交换机 A 和 C 都有 VLAN20 等，而交换机之间都只有一条链路连接，要想这条链路能够同时传输多个 VLAN 数据，需要满足什么特征呢？答案是，这条链路必须是 Trunk 链路。Trunk 通过特定的数据帧封装方式能够识别不同的 VLAN 数据帧，让所有不同的 VLAN 都能够通过 Trunk 链路传输。

在上述多交换机网络环境中，每台交换机上都可以划分多个不同的 VLAN，当交换机数量较多时，要管理和维护这些 VLAN 将会给网络管理员带来沉重负担。那么，如何有效管理网络中的 VLAN 呢？有一种 VLAN 管理协议，叫作 VLAN Trunk Protocol（VTP）。

上述通过两个实例阐述了在交换机组成的局域网环境中，为何需要 VLAN、Trunk 与 VTP，本章详细介绍局域网环境中的 VLAN、Trunk 和 VTP。局域网的规划、设计与建设都离不开它们，是学习的重点。

9.1.2 VLAN 术语

本章的术语主要包括如下 3 个：

(1) VLAN。VLAN（Virtual Local Area Network）即虚拟局域网，是一种通过将局域

网内的设备逻辑而不是物理划分成一个个网段从而实现虚拟工作组的新技术。通过VLAN,用户能方便地在网络中移动和快捷地组建宽带网络,而无须改变任何硬件和通信线路。这样,网络管理员就能从逻辑上对用户和网络资源进行分配,而无须考虑物理连接方式。VLAN 充分体现了现代网络技术的重要特征:高速、灵活、管理简便和扩展容易。是否具有 VLAN 功能是衡量现代局域网交换机的一项重要指标,而网络虚拟化则是未来网络发展的潮流。

(2)Trunk。Trunk 是两台交换机之间支持传递多个 VLAN 信息的物理和逻辑的链路,能够有效保留交换机端口,从而同一个 VLAN 可以跨越多台交换机。Trunk 链路能够携带多个 VLAN 的数据,利用特定的封装来识别不同的 VLAN,有了 Trunk,所有 VLAN 只需要一条连接。Trunk 将在一个物理链路上绑定多个虚链路,从而在两台交换机之间允许在单一物理链路上传输多个 VLAN 的信息。

(3)VTP。VTP 是一种消息协议,能够在一个公共的局域网管理域中创建、删除、修改、维持 VLAN 配置的一致性。

9.2 VLAN 原理与配置方法

VLAN 是局域网交换技术的灵魂,没有 VLAN 就无法实现现代高速局域网。

在校园网或者园区网络规划与设计中,VLAN 主要应用在局域网内部。为了提高网络的整体性能和管理水平,在核心层、汇聚层、接入层的交换机中,网络管理员根据实际应用和功能需求,把同一局域网内不同物理位置的计算机工作站或主机逻辑地划分成不同的广播域,即不同的 VLAN,同一 VLAN 的不同位置的主机有着相同的需求,如学校教务处和各学院教务部都有与教学相关的资源管理和信息共享的需求,与相同物理位置上形成的 LAN 有着相同的属性。每台交换机均可配置和管理多个 VLAN。

VLAN 工作在数据链路层,是在数据链路层上建立虚拟、逻辑的三层局域网或者 IP 子网。VLAN 是交换技术的一个核心特征,能否支持 VLAN 配置是衡量交换机性能的一个重要指标。现在市场上主流交换机均支持 VLAN 技术。

通常情况下,VLAN 中的终端设备只能与相同 VLAN 中的终端设备进行直接通信。不同交换机上的相同 VLAN(VLAN ID 相同)的终端设备通过合适的连接和配置后可以进行通信。然而,同一台交换机上处于不同 VLAN(VLAN ID 不同)的终端设备和不同交换机上处于不同 VLAN(VLAN ID 不同)的终端设备却无法直接通信。因为不同 VLAN 属于不同的逻辑子网、不同的广播域,在这种情况下,如果需要进行通信,涉及跨子网的数据转发或路由,则需借助其他路由转发设备,如路由器或三层以上交换机等。

现代高速交换网络中,创建和管理 VLAN 有以下几方面优点:

(1) 简化网络管理。网络管理员只要适当地将某些端口分配给某些 VLAN,就可以方便地添加、移除和更换接入设备。

(2) 改善网络安全。将部分安全要求高的设备加入独立的 VLAN,逻辑隔离其他设备对该类设备的访问,改善网络安全。同时,VLAN 能限制个别用户的访问,控制广播域的大小和位置,甚至能锁定某台设备的 MAC 地址,因此 VLAN 能确保网络的安全性。

(3) 控制广播范围。同一 VLAN 中的所有设备属于同一广播域,这些设备接受其他设备发送的所有广播。默认情况下，广播包不能跨越 VLAN 进行传播，不会影响其他 VLAN 和其他 VLAN 的广播域。

9.2.1 VLAN 实现方法

采用 VLAN 技术，能够将一个物理局域网逻辑地划分成不同的 VLAN。能够实现这种 VLAN 划分的方法主要有以下几种途径。

1. 基于端口划分 VLAN

这种划分 VLAN 的方法是一种物理层划分方法。根据以太网交换机的端口来划分，例如将二层交换机 Cisco 2960 的 fa0/1～fa0/4 端口划分为 VLAN 10，将 fa0/5～fa0/17 端口划分为 VLAN 20，将 fa0/18～fa0/24 端口划分为 VLAN 30。当然，这些属于同一 VLAN 的端口可以不连续，是否需要配置连续或不连续，根据实际网络情况，由网络管理员决定。如果有多台交换机的话，例如，可以指定交换机 A 的 fa0/1～fa0/6 端口和交换机 B 的 fa0/1～fa0/4 端口为同一个 VLAN，即同一 VLAN 可以跨越数台以太网交换机。

基于交换机端口划分 VLAN 是目前定义 VLAN 的最常用方法，具有静态成员模式。IEEE 802.1q 协议规定的就是如何根据交换机的端口来划分 VLAN，这种划分方法的优点是定义 VLAN 成员时非常简单，只要将所有的端口都指定到各个 VLAN ID 中就可以了。正因为具有静态成员模式，它的局限性在于如果 VLAN 10 的用户离开了原来的端口，到了一台新的交换机的某个端口，那么新端口的 VLAN 信息必须重新定义。

2. 基于 MAC 地址划分 VLAN

这种划分 VLAN 的方法是一种数据链路层划分方法。根据每个主机的 MAC 地址来划分，即对每个拥有 MAC 地址的主机都配置它属于哪个 VLAN。这种划分 VLAN 方法的最大优点是，当用户的物理位置移动时，即从一个交换机换到其他的交换机时，VLAN 不用重新配置。所以，可以认为这种根据 MAC 地址的划分方法是基于用户的 VLAN。这种方法的缺点是，初始化时，所有的用户都必须进行 VLAN 配置，将用户主机的 MAC 地址写入交换机，如果有几百个甚至上千个用户的话，配置是非常烦琐的。而且这种划分的方法也导致交换机执行效率的降低，因为在每一台交换机的端口都可能存在很多个 VLAN 组的成员，这样就无法限制广播包了。另外，对于使用笔记本电脑的用户来说，他们的网卡 MAC 地址可能会更换，这样，VLAN 就必须重新配置。

3. 基于 IP 地址的 VLAN

这种划分 VLAN 的方法是一种网络层划分方法。根据每台主机的网络层 IP 地址或协议类型(如果支持多协议)来划分，虽然这种划分方法是根据 IP 地址，但它不是路由，不要与网络层的路由混淆。它虽然查看每个数据包的 IP 地址，但因为不是路由，所以，没有 RIP、OSPF 等路由协议，而是根据生成树算法进行交换。

这种划分方法的优点是用户的物理位置发生变化时，不需要重新配置用户所属的 VLAN，而且可以根据协议类型来划分 VLAN，这对网络管理员来说很重要，此外，这种方法不需要附加帧标签来识别 VLAN，这样可以减少网络通信量。

这种划分方法的缺点是效率低,因为检查每一个 IP 数据包的网络层地址相对于前面两种方法比较费时,一般的交换机芯片都可以自动检查网络上数据的帧头部分,但要让芯片能检查 IP 包头,需要更高的技术,同时也更消耗时间。当然,这也跟各个设备服务提供商的实现方法有关。

4. 根据 IP 组播划分 VLAN

IP 组播实际上也是一种 VLAN 的定义,即认为一个组播组就是一个 VLAN,这种划分的方法将 VLAN 扩大到了广域网,因此这种方法具有更大的灵活性,而且也很容易通过路由器进行扩展。当然,这种方法不适合局域网,主要是效率不高,对于局域网的组播,有二层组播协议 GMRP。

不同的 VLAN 用编号(ID)来区分,其有效范围如表 9-1 所示。

表 9-1 VLAN 编号范围

VLAN ID	范围	用途	是否通过 VTP 传播
0 和 4095	保留	用户不能使用	不适用
1	正常范围	默认 VLAN 使用,不能删除	是
2～1001	正常范围	用户能够创建、使用和删除	是
1002～1005	保留	为 FDDI 和令牌环使用	不适用
1006～1024	保留	仅限系统使用	不适用
1025～4094	保留	有限使用	否

在默认情况下,交换机所有端口都在同一个 VLAN1 中,用户可以设置的编号范围为 2～1001,这也足够满足实际的需求。

9.2.2 VLAN 成员模式

VLAN 的成员模式和 VLAN 的实现方法有关联,主要可以分为静态 VLAN、动态 VLAN 和本征 VLAN。

1. 静态 VLAN

通常情况下,交换机中的 VLAN 均由网络管理员创建,并将交换机的某些端口分配给某个特定的 VLAN,这种 VLAN 成员模式被称为静态 VLAN。创建静态 VLAN 是创建 VLAN 成员模式中最常用的方法,其主要原因是配置简单、方便,且静态 VLAN 最安全。这种安全性主要源自:将交换机端口分配到某个特定 VLAN 后,除非网络管理员手工修改,否则它将一直属于该 VLAN。

2. 动态 VLAN

这是另外一种 VLAN 成员模式。网络管理员将所有主机设备的硬件 MAC 地址和对应所属的 VLAN ID 预先写入交换机中的 VLAN 管理数据库,交换机创建和维护该数据库。位于 VLAN 管理数据库中的主机,只要接入拥有该数据库的交换机动态 VLAN 端口上,交换机就能够动态地将该主机分配到其所属的 VLAN。动态 VLAN 能够根据 VLAN

管理数据库自动确定节点所属的VLAN，通过使用智能管理软件，除了硬件(MAC)地址之外，还可以根据协议甚至创建动态VLAN的应用程序来确定主机所属的VLAN。

3. 本征VLAN

本征VLAN(Native VLAN)分配给交换机的Trunk端口，如采用IEEE 802.1q封装的Trunk端口。该Trunk端口支持来自多个VLAN的流量(有IEEE 802.1q Tag的流量)，也支持来自VLAN以外的流量(无IEEE 802.1q Tag的流量)。所有的数据帧在Trunk中传递都是打上Tag的，如果数据帧在进入Trunk端口前就已经打上Tag了，如VLAN10的Tag，且该Trunk端口允许VLAN10通过的话，该VLAN10的数据帧就能通过，否则丢弃；如果数据帧在进入Trunk端口前没有打上Tag，则Trunk端口给它打上Native VLAN的Tag，该数据帧在Trunk链路上以Native VLAN身份传递。

注意：Native VLAN只用于Trunk模式的端口，不能用于Access模式的端口。

9.2.3 VLAN标识方法

交换机使用VLAN标记(Tag)来标识和跟踪所有数据帧，并确定数据帧所属的VLAN。VLAN的标识方法主要有思科交换链路内协议ISL和IEEE 802.1q两种。

1. 思科交换链路内协议

思科交换链路内协议(Cisco Inter-Switch Link Protocol，ISL)是一种显示标记方法，它能够在以太网数据帧中添加VLAN ID等字段，用于维护交换机和路由器间的通信流量等VLAN信息。这些标记信息允许利用外部标记方法在Trunk链路上多路复用多个VLAN的数据流，从而让交换机确定通过Trunk链路收到的数据帧来自哪个VLAN。

ISL的工作原理如下：通过使用ISL，可实现多台交换机、路由器以及各节点(如服务器所使用的网络接口卡)之间的连接操作。为了支持ISL功能特征，每台连接的网络设备都必须采用ISL配置，采用ISL的数据流通过Trunk链路在交换机之间传输时能够保留VLAN信息。ISL运行在第二层数据链路层，ISL协议头和协议尾采用新的帧头和循环冗余校验(CRC)封装整个第二层以太网数据帧。因此，ISL被认为是一种能在交换机间传送第二层任何类型的数据帧或上层协议的独立运行协议。ISL所封装的数据帧可以是令牌环(Token Ring)或快速以太网(Fast Ethernet)，它们在发送端和接收端之间保持数据不变地实现数据帧传送。

需要注意的是，ISL是一种Cisco私有协议，只能用于Cisco公司生产的网络设备之间的互联，主要用于快速以太网和吉比特以太网链路。ISL可用于交换机端口、路由器接口和服务器网卡接口。

2. IEEE 802.1q

与思科私有的ISL不同，IEEE 802.1q是开放协议，其工作原理如下：首先设置Trunk端口，并指定它使用IEEE 802.1q封装。IEEE 802.1q的各个功能都是通过设置Tag来完成的，与 ISL 完全将以太帧重新封装不同，一个包含 VLAN 信息的 IEEE 802.1q Tag 字段可以插入到以太数据帧中成为 Tag 帧。如果一台交换机支持 IEEE 802.1q 封装的 Trunk 端口连接另一台支持 IEEE 802.1q 的设备(如另一台交换机)，那么这些 Tag 帧可以在交换机之间相互传送 VLAN 成员信息，这样 VLAN 就可以跨越多台交换机。同时，如果连接一个不支持 IEEE 802.1q 的设备端口(如很多 PC 和打印机的网卡接口)，必须确保它们用于传输无 Tag 帧。

思科 Catalyst 2960 交换机只支持 Trunk 协议 IEEE 802.1q 封装，而思科 Catalyst 3560 交换机同时支持 ISL 和 IEEE 802.1q。

9.2.4 VLAN 创建方法

下面通过一个实例说明如何在交换机上创建 VLAN。

1. 实验需求

信息学院有学院办公室、教务部、科研部、党委办，有信息技术系和信息管理系，还有一个信息技术重点实验室和一个工程研究中心，现信息学院有三台思科 Catalyst 3560 交换机，其中一台专门用于学院办公室和教务部，需要创建两个 VLAN，如图 9-2 所示，配置端口 fa0/1～f/10 用于学院办公室，端口 fa0/11～f/20 用于教务部。

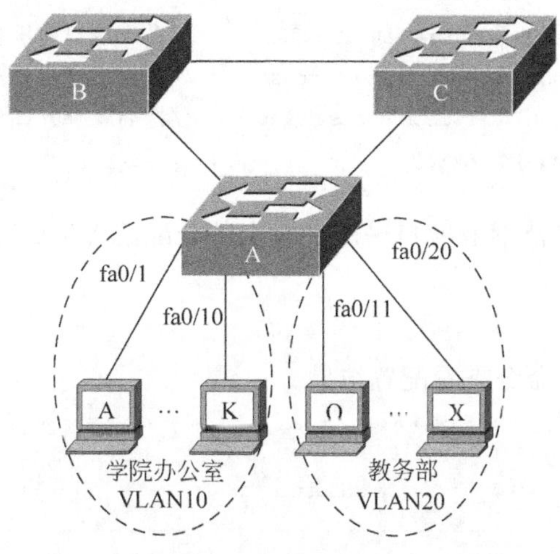

图 9-2 学院办公室和教务部 VLAN 划分

2. 实验内容

(1) 根据拓扑结构图，分别创建两个 VLAN。

(2) 将交换机 A 的端口划分到对应的 VLAN 中。

3. 实验配置方法

(1) 在交换机 Switch A 上创建两个 VLAN。

创建 VLAN 有两种配置方法，第一种方法是在全局配置模式下配置，如下所示：

```
SwitchA(config)#vlan 10 name adminoffice
```

第二种方法是在 VLAN 进程中配置，如下所示：

```
SwitchA(config)#vlan 10
SwitchA(config-vlan)# name eduoffice
```

(2) 将交换机 A 的端口划分到对应的 VLAN 中。

将端口划分到 VLAN 中也有两种配置方法。第一种方法是将单个端口配置给 VLAN，需要先进入端口模式进行配置，如下所示：

```
SwitchA(config)# interface fa0/1
SwitchA(config-if)# switch mode access  //交换机端口模式设为 access,当连接终端时设为此模式
SwitchA(config-if)# switch access vlan 10   //将端口 fa0/1 划分到 VLAN10 中
SwitchA(config-if)# exit
```

上述命令将端口 fa0/1 划分到 VLAN10 中，然后采用同样的方法再配置 fa0/2、fa0/3 等，直到 fa0/10 配置完。

第二种方法是将一个连续的端口范围同时配置给某个 VLAN，需要进入端口范围模式进行配置，如下所示：

```
SwitchA(config)# interface range fa0/11 - 20          //进入端口范围模式
SwitchA(config-if-range)# switch mode access          //交换机端口模式设为 access
SwitchA(config-if-range)# switch access vlan 20   //将端口 fa0/11～fa0/20 划分到 VLAN20 中
SwitchA(config-if-range)# exit
```

上述命令直接将端口范围 fa0/11～fa0/20 全部分配给 VLAN20。

4. 实验结果查看

可以通过 show vlan 命令查看配置结果。

```
SwitchA # show vlan
VLAN      Name                          Status           Ports
---- -------------------------------- --------- ----------------------
1         default                       active          Fa0/21, Fa0/22, Fa0/23,
                                                        Fa0/24, Gi0/1 Gi0/2
9         VLAN1                         active          Fa0/1, Fa0/2, Fa0/3, Fa0/4,
                                                        Fa0/5, Fa0/6, Fa0/7, Fa0/8,
                                                        Fa0/9, Fa0/10
10        VLAN20                        active          Fa0/11, Fa0/12 Fa0/13, Fa0/14,
                                                        Fa0/16, Fa0/17 Fa0/18, Fa0/19,
                                                        Fa0/20
1002      fddi - default                act/unsup
1003      token - ring - default        act/unsup
1004      fddinet - default             act/unsup
```

9.3 Trunk 原理与配置方法

在校园网或园区网这种大型交换式网络环境下，往往包含核心层、汇聚层、接入层等多台不同类型的交换机，每台交换机上都会根据需要创建多个 VLAN。当多台交换机都创建有同一个 VLAN，即要实现 VLAN 跨不同交换机的主机之间进行通信时，需要用到 Trunk（中继）技术。

当两台不同交换机创建的相同 VLAN 数量较多时，如果要实现相同 VLAN 的不同主机跨不同交换机进行直接通信，则要求每个 VLAN 都需要一条交叉线将两台交换机连接起来，多个 VLAN 就需要多条交叉线连接，从而浪费交换机的大量有效端口。为了解决这个问题，必须采用 Trunk 技术。Trunk 只需要分别用一条交叉线将上述交换机两两互联起来，如图 9-3 所示，将交叉线两端分别连接 Cisco 2960 和 Cisco 3560，并将连接的两个端口设置成 Trunk 模式，构成 Trunk 链路。Trunk 技术可以通过封装不同 VLAN ID 的方式使得一条物理线路可以识别和传输多个不同 VLAN 的数据，从而节省交换机的大量有效端口。所以 Trunk 技术是十分重要的，Trunk 的配置过程也是必须掌握的。

Trunk 链路可以很好地解决不同交换机相同 VLAN 间主机的互联问题。

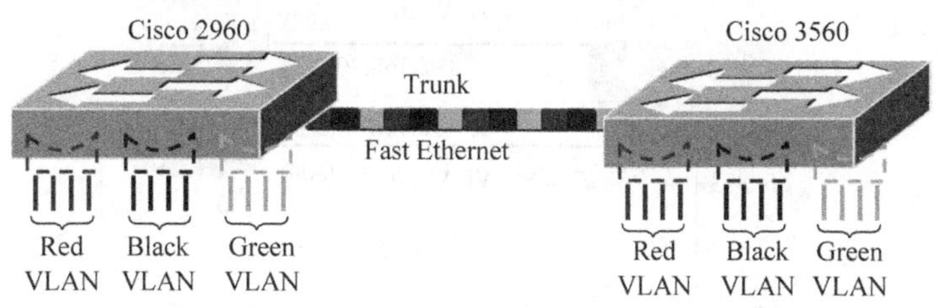

图 9-3　Trunk 链路

9.3.1 Trunk 应用

Trunk 链路具有如下应用：

(1) Trunk 链路用于交换机与服务器相连，给服务器提供独享的高带宽服务。

(2) Trunk 链路用于交换机之间的级联，通过多端口 Trunk 方式以牺牲少量端口数来给交换机之间的数据交换提供捆绑的高带宽，提高网络速度，突破网络瓶颈，进而大幅提高网络性能。

(3) Trunk 链路可以提供负载均衡能力以及系统容错。由于 Trunk 链路能够实时平衡各个交换机端口和服务器接口的流量，一旦某个端口出现故障，它会自动把故障端口从 Trunk 组中撤销，进而重新分配各个 Trunk 端口的流量，实现系统容错。

9.3.2 Trunk 实现方式

Trunk 机制的实现方式有两种：帧标记和帧过滤，帧标记被 IEEE 标准化。

帧标记是在数据帧中插入标记(Tag)，帧标记与 VLAN 标识有关，当数据帧穿越交换机结构时，交换机使用帧标记来跟踪所有的数据帧。这样，交换机就能够识别出哪个数据帧属于哪个 VLAN,从而更容易管理。

在以太网中,帧标记有两种方案:

(1) ISL-Cisco 私有的 VLAN 标识方法。

(2) IEEE 802.1q 标准(IEEE Standard)的 VLAN 标识方法,详见 9.2.3 节 VLAN 标识方法。

9.3.3 Trunk 配置方法

1. 实验拓扑

在图 9-4 所示的 Trunk 配置拓扑图中,计算机学院有 2 台交换机 S1、S2,4 台路由器 R1、R2、R3、R4。路由器 R1 和 R2 分别通过 fa0/0 与交换机 S1 的 fa0/1 和 fa0/2 相连;交换机 S1 的 fa0/1 位于 VLAN20 下,fa0/2 位于 VLAN30 下;R1 位于 192.168.20.1/24 子网下,R2 位于 192.168.30.2/24 子网下。R3 和 R4 分别通过 fa0/1 与交换机 S2 的 fa0/3 和 fa0/4 相连;交换机 S2 的 fa0/3 位于 VLAN20 下,fa0/4 位于 VLAN30 下;R3 位于 192.168.20.3/24 子网下,R4 位于 192.168.30.4/24 子网下。交换机 S1 和 S2 通过各自的 fa0/13 进行相连,这些设备组成网络,共享学院资源。

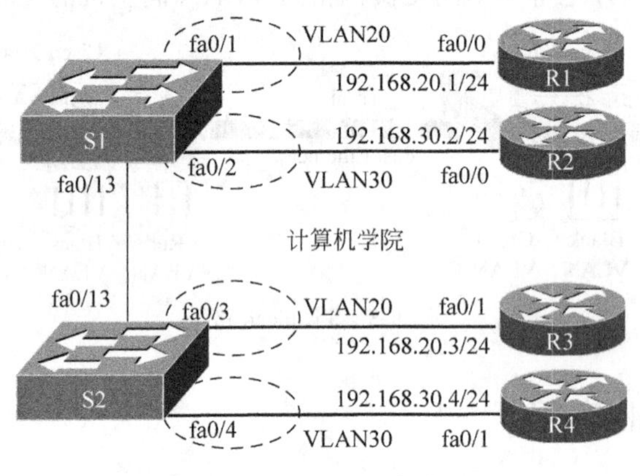

图 9-4　Trunk 配置拓扑图

2. 实验内容

(1) 根据拓扑图,在两台交换机上分别创建对应 VLAN。

(2) 将交换机相应端口划分进各自 VLAN。

(3) 配置交换机之间端口的 Trunk 协议。

3. 实验配置

(1) 创建 VLAN 并划分端口,参考 9.2.4 节 VLAN 创建实例的配置方法。

(2) 配置两台交换机之间的 Trunk 链路,需要在两台交换机上分别配置。

```
S1(config)# int f0/13
S1(config-if)# switchport trunk encapsulation dot1q
```

```
//配置 Trunk 链路的封装类型,同一链路的两端封装要相同。2960 交换机只能封装 dot1q,故无须此
//步骤
S1(config-if)# switch mode trunk                        //配置端口模式为 trunk
S2(config)# int f0/13
S2(config-if)# switchport trunk encanpsulation dot1q
S2(config-if)#switch mode trunk
```

4. 实验结果分析

查看 Trunk 链路的状态,使用 show interface f0/13 trunk 可以查看交换机端口的 trunk 状态。

测试跨交换机同一 VLAN 主机间的通信情况:

在 R1 上 ping R3 的 192.168.20.3,结果应该能够 ping 通。同理,在 R2 上 ping R4 的 192.168.30.4,结果也能连通。

但是,在 R1 上 ping R2 或者 R4,或者在 R2 上 ping R1 或者 R3,其结果应该都不能 ping 通。为什么?

结论:Trunk 链路能实现不同交换机相同 VLAN 间设备互通,不能实现不同交换机不同 VLAN 间的通信。

9.4 VTP 原理与配置方法

在校园网或园区网这种大型交换式网络环境下,交换机数量非常多,当每台交换机上根据需求配置多个 VLAN 时,整个网络的 VLAN 数量会变得难以有效管理,这时需要一种能够有效创建、同步和管理 VLAN 的协议,它就是 VTP。

VLAN 中继协议(VLAN Trunking Protocol,VTP)通过 Trunk 端口以组播方式让在同一管理域内所有交换机的 VLAN 配置信息保持一致,由此减少 VLAN 配置任务,高效管理整个交换网络的 VLAN 信息。

VTP 具有如下优点:

(1) 使得整个网络的 VLAN 配置保持一致性。

(2) 在混合介质的网络中提供一种 VLAN 中继映射机制,能够跨多台交换机管理 VLAN。

(3) 能够对 VLAN 实施精确跟踪和监控。

(4) 能够在全网范围内增加 VLAN 的动态报告。

(5) 支持添加新的 VLAN 的即插即用的配置方法。

9.4.1 VTP 概述

VTP 是一种消息协议,通过使用第二层的中继帧在大型交换网络中负责管理 VLAN 的添加、删除和重命名,通过一台工作在服务器模式下的中央交换机完成这些任务,在同一个 VLAN 域中的其他交换机会通过 VTP 协议同步 VLAN 信息。

VTP 的任务是在一个公共管理域中维持 VLAN 配置的一致性。如果网络管理员配置

VLAN 错误，例如 VLAN 名称重复、VLAN 的类型说明错误或违背安全性的做法等，都会引起一系列问题，而 VTP 协议能将网络中的类似错误配置减到最少，大幅提高网络管理员的工作效率和网络整体性能。

在建立一个新的 VLAN 之前，首先要考虑用户的网络中是否应用了 VTP。因为 VTP 的存在，可能会使一台交换机的配置改变自动影响其余所有交换机的配置。

一台交换机可支持 1005 个 VLAN 数，但这个数会因为路由接口、SVI 或者配置了其他特性的交换机硬件而受到影响。通过 show vlan 命令可以看到这时的 VLAN 状态。

VTP 只支持标准的 VLAN(vlan 号为 1～1005)，不支持扩展的 VLAN。

VTP 域(VTP domain)，也被称为 VLAN 管理域(VLAN management domain)，是由一个以上共享 VTP 域名的相互连接的交换机组成。网络中的 VTP 域是一组 VTP 域名称相同并通过 Trunk 相互连接的交换机。一台交换机可以属于也只能属于一个 VTP 域。可以更改关于 VTP 域的全局 VLAN 配置，这可以通过交换机的 CLI 或者适当的网络管理工具完成。

默认情况下，交换机处于 VTP 服务器(server)模式，并且不属于任何的管理域，直到交换机通过 Trunk 链路接收到了关于一个域的通告，或者在交换机上配置了一个 VLAN 管理域。只有在指定或者由交换机自己学到管理域的名称后，才能在 VTP 服务器上创建或更改 VLAN。

9.4.2 VTP 模式

VTP 协议中有三种模式：服务器模式(Server)、客户端模式(Client)和透明模式(Transparent)。

1. 服务器模式

为了有效管理整个网络的 VLAN 信息，需将 VLAN 信息传遍整个 VTP 域，至少需要一台交换机被设置成 VTP 服务器模式。只有处于服务器模式的交换机才能在 VTP 域中创建、添加和删除 VLAN，发送和转发 VTP 通告信息，同步和保存 VLAN 配置。修改 VLAN 信息时也必须在服务器模式下进行，在处于服务器模式下的交换机中对 VLAN 所做的任何修改都将被通告给整个 VTP 域。在 VTP 服务器模式下，VLAN 配置信息被存储在 NVRAM 中。

2. 客户端模式

这种模式的交换机接收来自 VTP 服务器的 VLAN 信息，也接收并转发更新，从这种意义上说，它们类似于 VTP 服务器。差别在于它们不能创建、修改或删除 VLAN。另外，只能将客户端交换机的端口加入其 VLAN 数据库中已有的 VLAN 中。还需要知道的是，客户端交换机不会将来自 VTP 服务器的 VLAN 信息存储到 NVRAM 中，这一点很重要，它意味着如果交换机重置或重启，从服务器模式同步过来的 VLAN 信息将丢失。要让交换机成为 VTP 服务器模式，应首先让其成为客户端模式，以便接收和同步所有正确的 VLAN 信息，再将其切换到 VTP 服务器模式。

3. 透明模式

处于透明模式的交换机不加入 VTP 域，也不分享其 VLAN 数据库，只通过 Trunk 链路转发 VTP 通告。它们可以创建、修改和删除 VLAN，并保存自己的 VLAN 数据库，且不将其告诉其他交换机，也不同步 VTP 服务器模式的 VLAN 信息。虽然处于透明模式的交换机将其 VLAN 数据库保存到 NVRAM 中，但这种数据只在本地有意义。设计透明模式的目的是让人事部门、财务部门等敏感组织的 VLAN 信息不流到网络的其他 VLAN 中，同时也不接收其他 VLAN 的相关信息，和其他 VLAN 保持逻辑隔离，以保护自身 VLAN 信息的安全。

当要建立扩展的 VLAN(1096～4094)时，交换机必须处于透明模式。

当建立私有 VLAN 时，也必须处于透明模式。当私有 VLAN 建立后，交换机就不能由透明模式变为客户或服务器模式。

9.4.3 VTP 工作原理

VTP 检测通告中 VLAN 的增加信息作为对交换机的一种通知，使它们可以准备接收 Trunk 端口上具有最新定义的 VLAN ID、仿真局域网名称或 IEEE 802.10 安全组织标识符(Security Association IDentifiers，SAID)的网络通信。

如图 9-5 中，处于 VTP 服务器模式的交换机 A 增加了一个 VLAN 条目，配置数据库中有个修正号(Revision，Rev)，一旦 VLAN 信息有变化，修正号要+1(注意：修正号越大表示信息越新)，然后通过 Trunk 链路发送这个 VTP 通告给交换机 B 和 C，交换机 B 和 C 检查自己的修正号，看是否小于通告中的修正号，如果小，则同步通告中的修正号和 VTP 更新信息，将 VTP 中的更新信息覆盖已经存储的信息。

注意：处于另一个域的交换机不会处理这个更新。

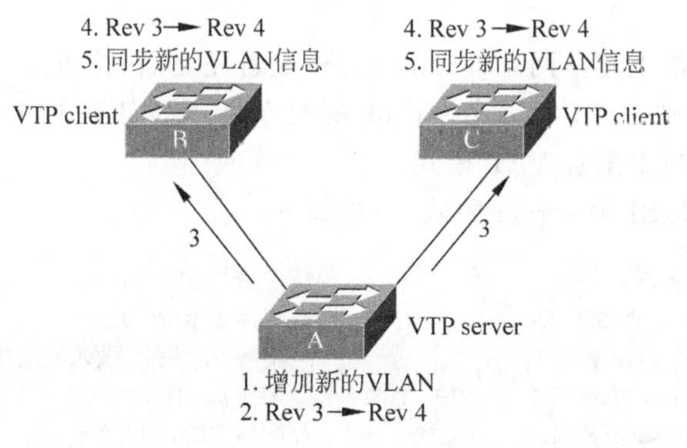

图 9-5 VTP 工作原理

总之，VTP 通告以组播帧的方式发送，VTP 通告中有一个字段是修正号 Rev，初始值为 0。只要在 VTP server 上创建、修改和删除 VLAN，通告的 Rev 值就加 1，通告中还包含 VLAN 信息的变化。为了防止交换机接收到延迟的 VTP 通告，交换机只接收比本地保存的 Rev 号更高的 VTP 通告。

9.4.4 VTP配置方法

1. 实验拓扑

下面通过一个实例说明如何配置 VTP 协议。

计算机学院有三台交换机 S1、S2 和 S3，S1、S2 的 fa0/15 端口分别与 S3 的 fa0/1 和 fa0/2 端口进行连接，组成一个交换网络，如图 9-6 所示。

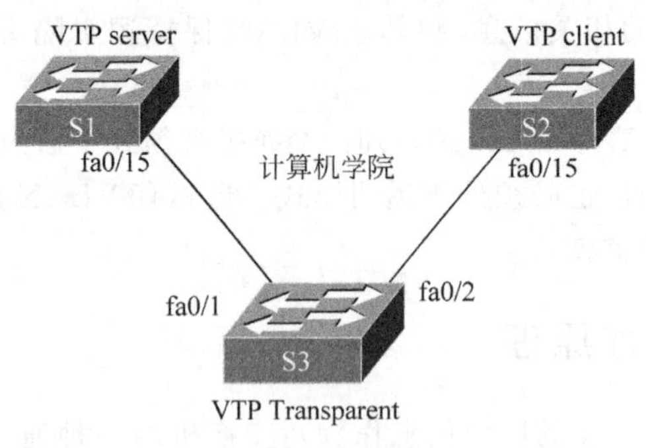

图 9-6　VTP 配置拓扑图

2. 实验内容

(1) 在三台交换机上建立两条 Trunk 链路。

(2) 在三台交换机上分别配置如图 9-6 所示的 VTP 模式。

(3) 在交换机 S1 上创建两个 VLAN，观察三台交换机的 VLAN 变化。

(4) 理解不同 VTP 模式的作用。

3. 实验配置

(1) 在三台交换机上建立两条 Trunk 链路，配置完之后，检查交换机上的 Trunk 是否建立正常，若不正常，则参考 9.3.3 节 Trunk 配置方法，建立正确的 Trunk 链路。

(2) 在三台交换机上配置 VTP 模式。

首先，配置交换机 S1 为 server 模式，方法如下：

```
S1(config)# vtp mode server                      //配置 S1 为 VTP server，默认 VTP 模式为 server
Device mode already VTP SERVER.                  //提示配置成功
S1(config)# vtp domain VTP-TEST                  //配置 VTP 域名，要求网络中的交换机处于相同的域
Changing VTP domain name from NULL to VTP-TEST   //配置成功
S1(config)# vtp password cisco                   //配置 VTP 的口令
Setting device VLAN database password to cisco   //配置成功
```

然后，配置交换机 S3 为 VTP transparent 模式，方法如下：

```
S3# vlan database
S3(vlan)# vtp transparent                        //配置 S3 为 VTP transparent 模式，第二种配置方法
Setting device to VTP TRANSPARENT mode.
S3(vlan)# vtp domain VTP-TEST                    //相同的 VTP 域名
```

```
Domain name already set to VTP - TEST .
S3(vlan)# vtp password cisco                //相同的 VTP 口令
Setting device VLAN database password to cisco.
```

最后，配置交换机 S2 为 VTP client 模式，方法如下：

```
S2(config)# vtp mode client
Setting device to VTP CLIENT mode.
S2(config)# vtp domain VTP - TEST
Domain name already set to VTP - TEST.
S2(config)#vtp password cisco
```

(3) 在 S1 上创建两个 VLAN，并在 S2、S3 上查看 VLAN 的情况。

```
S1(config)# vlan 20 name faculty
S1(config)# vlan 30 name student
S2# show vlan
VLAN    Name                        Status       Ports
----  ------------------------------------  ---------  ------------------------
1       default                     active        Fa0/1, Fa0/2, Fa0/3, Fa0/4
                                                 Fa0/5, Fa0/6, Fa0/7, Fa0/8
20      faculty                     active
30      student                     active
1002    fddi-default               act/unsup
//S2 学习到了 S1 创建的 VLAN
S3# show vlan
VLAN    Name                        Status       Ports
----  ------------------------------------  ---------  ------------------------
1       default                     active        Fa0/3, Fa0/4, Fa0/5, Fa0/6
                                                Fa0/7, Fa0/8, Fa0/9, Fa0/10
                                                Fa0/11, Fa0/12
1002    fddi-default               active
1003    token-ring-default        active
1004    fddinet-default            active
1005    trnet-default              active
//由于 S3 为透明模式，无法同步 S1 上创建的 VLAN，但可以传递 VLAN 信息，所以 S2 能学习到
```

4. 实验结果分析

查看 VTP 信息：

```
S1# show vtp status
VTP Version : 2                                  //VTP 版本 2
Configuration Revision : 2                       //修订号为 2
Maximum VLANs supported locally : 1005
Number of existing VLANs : 7                     //VLAN 数量
VTP Operating Mode : Server                      //VTP 模式
VTP Domain Name : VTP-TEST                       //VTP 域名
VTP Pruning Mode : Disabled                      //VTP 修剪是否启用
VTP V2 Mode : Disabled                           //VTP 版本 2 未启用
VTP Traps Generation : Disabled
```

```
MD5 digest : 0xD4 0x30 0xE7 0xB7 0xDC 0xDF 0x1B 0xD8
Configuration last modified by 0.0.0.0 at 3-1-93 00:22:16
Local updater ID is 0.0.0.0 (no valid interface found)
```

注意修订号，若在 S1 上修改、创建 VLAN，则修订号将会增加。

9.5 实战演练

1. 实战拓扑

计算机学院有三台交换机 SW1、SW2 和 SW3，SW1 和 SW2 为思科 Catalyst 3560，SW3 为思科 Catalyst 2960；5 台 PC 分别连接不同的交换机并处于各自的 VLAN 中用于测试，实战演练拓扑图如图 9-7 所示，子网地址可以自行规划。

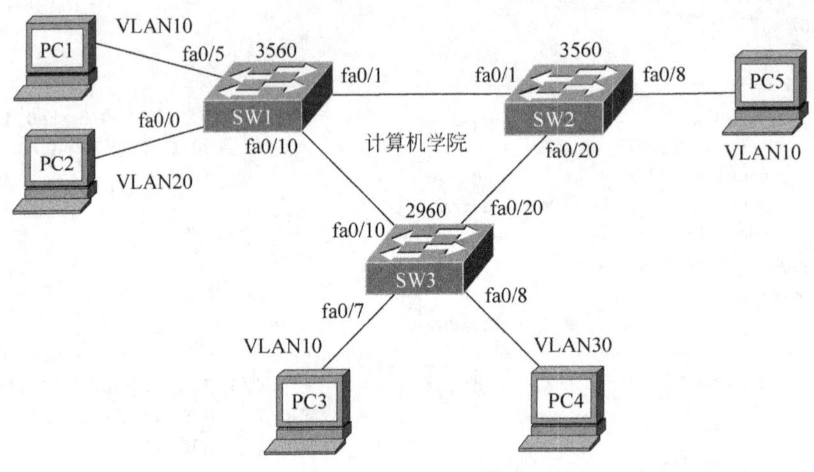

图 9-7 实战演练拓扑图

2. 实验需求

(1) 根据拓扑图 9-7 进行网络设备连接，清除交换机的原有配置并重新启动。

(2) 把 Cisco Catalyst 3560 交换机 SW1 设置成 VTP Server 模式(默认配置)，VTP 域名为 computer。在 SW1 上显示 VTP 相关的配置、状态信息，并列出 VTP 的统计信息。

(3) 配置交换机 SW2 和 SW3 的 VTP 属性，域名设为 computer，模式为 Client。

(4) 配置和查看交换机之间的 VLAN Trunk 链路。

(5) 在 Cisco Catalyst 3560 交换机 SW1 上分别用两种不同的方法创建 3 个 VLAN：VLAN10、VLAN20、VLAN30。使用两种不同的方法给各 VLAN 分配端口，并将 PC1 和 PC2 接入相应的 VLAN，PC 上设置好 IP 地址。

(6) 查看交换机 SW2 和 SW3 的 VTP 和 VLAN 信息，并将其他 PC 均接入相应的 VLAN 中，设置正确的 IP 地址。

(7) 全网测试。测试处于相同 VLAN 的不同交换机所连接的主机之间是否能够正常通信？处于相同交换机不同 VLAN 的主机间是否能够正常通信？测试完后记录结果并对结果进行分析,能得出什么样的结论?

3. 排错思路

(1) Trunk 端口无法正常建立时,排查端口的模式是否正确?

(2) VLAN 无法跨 Trunk 链路建立时,排查链路两端的二层端口是否正常有效,链路两端是否处于同一个 VTP 域中,且口令是否一致等。

(3) 常用查看命令

show interface f0/1 trunk:查看该端口的 trunk 配置。

show interface f0/1 switchport:查看该端口的交换机端口配置。

show vtp status:查看 VTP 配置及当前状态。

show vlan:查看交换机配置的 VLAN 信息及端口划分情况。

show interface trunk:查看交换机中 trunk 端口的配置情况。

习题与思考

1. VLAN 是一项什么技术?为什么它在现代交换网络中占有重要的位置,能称为现代交换网络的灵魂?VLAN 和普通的 IP 子网有什么异同?

2. Trunk 是如何识别不同的 VLAN 数据的?它能解决不同交换机相同 VLAN 之间的通信问题,它可以解决不同交换机不同 VLAN 之间的通信问题吗?为什么?

3. 使用 VTP 时,要使得网络中各交换机能够正常工作,需要注意哪些事项?如果实战演练项目配置完后,发现不同交换机相同 VLAN 的主机仍然无法连通,你可以试着排错吗?有哪些技巧?

第10章 VLAN间路由与配置方法

在校园网、园区网等实际网络部署运营中，常常需要根据实际应用跨不同物理位置组建不同的VLAN，因不同VLAN的主机之间需要相互访问，这就要求数据跨不同子网，必须启用VLAN间路由。本章首先介绍为什么需要VLAN间路由以及什么是VLAN间路由，然后围绕两种实现VLAN间路由的方法：单臂路由和三层交换，重点介绍其工作原理和实验实例，最后给出实战演练项目。

10.1 为什么需要VLAN间路由

VLAN之间需要相互访问才有意义，才能更好地服务用户。所有不同VLAN间的流量想要相互通信，必须借助路由器或者三层交换机。本节主要介绍在现代局域网中为何需要VLAN间路由以及相关概念术语。

10.1.1 VLAN间路由之问

在校园网、园区网等实际网络部署运营中，常常需要根据实际的应用需求，跨不同物理位置组建不同的VLAN，如各学院的教务VLAN、科研VLAN、各系VLAN、重点实验室VLAN等。通常情况下，只有属于同一个VLAN的主机才能互相通信，因为VLAN能够将不同的流量隔离到不同的广播域和子网中，第9章曾学过用Trunk链路能够很好地解决不同交换机相同VLAN间主机的互联问题。而实际情况下，校内师生都要访问学校图书馆数据库，各系、各重点实验室等都需要访问教务教学、科研项目等信息，这就要求不同VLAN之间能够互联互通，而Trunk链路不能实现这种功能。那么，什么技术能够实现不同VLAN间主机的互联呢？答案是VLAN间路由。如何实现VLAN间路由呢？

(1) VLAN间通信可以通过物理的或者逻辑的连接来解决。

(2) 物理连接需要为每一个VLAN指定一个单独的物理端口，当VLAN数量较多时，受限于物理设备端口的数量，有时无法灵活满足需求。

(3) 逻辑连接涉及一个从交换机到路由器的单独Trunk连接，Trunk链路携带多个VLAN的信息，这种拓扑结构称为单臂路由。

(4) 还有一种逻辑的方式是采用三层以上交换机，利用交换虚拟接口(SVI)能够联通多个VLAN，以及三层以上交换机自带路由功能，来实现不同VLAN间路由。

因VLAN间路由的需求非常现实，也显而易见。本章将详细介绍两种主流的VLAN

间路由的实现方法，第一种是单臂路由，第二种是三层交换。这两种方法都应用广泛，如何选择取决于网络中设备部署情况，如果有路由器，则可以考虑单臂路由；如果有三层交换机，则可以采用三层交换技术。

10.1.2 VLAN 间路由术语

本章涉及的术语主要包括以下 3 个。

(1) 子接口。路由器的物理接口为了能够和与之连接的快速以太网端口同时支持 ISL 或 IEEE 802.1q 的 VLAN 封装，会将该物理接口分成多个逻辑接口，每个逻辑接口对应一个 VLAN，其接口 IP 地址作为对应 VLAN 主机的默认网关，这些逻辑接口被称为子接口。

(2) ISL/IEEE 802.1q。ISL/IEEE 802.1q 是快速以太网口 Trunk 链路的封装格式，一个单一的 ISL 或 IEEE 802.1q 链路可以根据 Tag 传输多个 VLAN 信息。

(3) 交换虚拟接口(Switch Virtual Interface，SVI)。交换虚拟接口也称为 VLAN 接口，是一种逻辑的三层接口，类似路由器子接口，默认是开启的，其接口 IP 地址作为对应 VLAN 主机的默认网关，主要用于 VLAN 间路由。同时，也可以用于远程访问管理接口。

10.2 单臂路由

10.2.1 VLAN 间路由概述

当在一个 VLAN(广播域)中的主机想要访问在另一个 VLAN(通过 VLAN ID 区分)中的主机时，必须通过路由设备，如路由器。

如果一个 VLAN 跨越多个网络设备，如交换机，在各交换机之间要采用交叉线连接，并将交叉线两端的端口设置成 Trunk 链路，由 Trunk 封装和识别不同的 VLAN 数据帧。

在实际校园网中，如图 10-1 所示，有两台交换机，信息学院的交换机 A 和图书馆的交换机 B，在交换机 A 上划分出实验室 VLAN10，在交换机 B 上划分出数据库 VLAN20，现在实验室 VLAN10 的主机 K 要访问图书馆 VLAN20 的数据库服务器 X。

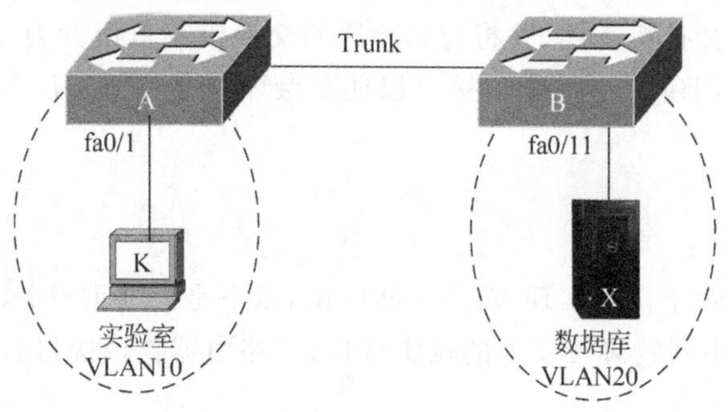

图 10-1 不同 VLAN 间访问需求

在没有路由辅助的情况下，实验室 VLAN10 的主机 K 和图书馆 VLAN20 的数据库服务器不能通过 Trunk 链路进行通信。

在非 Trunk 链路环境下，为了使得 VLAN10 的主机 K 能够访问图书馆 VLAN20 的数据库服务器，这就要求 VLAN10 和 VLAN20 之间进行路由，采用路由器实现。路由器必须用一个快速以太网接口连接在 VLAN10 中，用另一个快速以太网接口连接在 VLAN20 中，如图 10-2 所示。

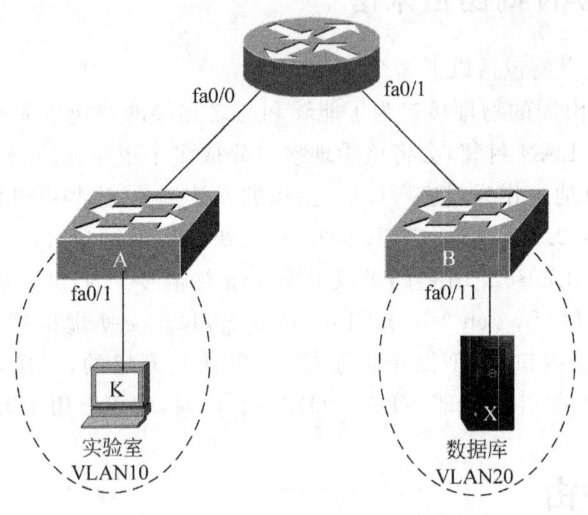

图 10-2 路由器实现 VLAN 间路由

图 10-2 相比图 10-1 增加了一台路由器，能够满足实验室 VLAN10 的主机 K 访问图书馆 VLAN20 的数据库服务器 X 的需求。然而，当交换机 A 和交换机 B 再划分更多的 VLAN 时，就需要更多的路由器接口来连接交换机端口。但是，路由器的快速以太网接口数量有限，不能支持更多的 VLAN。那么，如何解决路由器快速以太网接口受限的问题呢？可以采用单臂路由技术，通过在一个物理接口上创建多个子接口实现和多个 VLAN 之间的通信。

10.2.2 单臂路由原理

使用路由器时，单臂路由是一种 VLAN 间实现相互通信的最常用工具。路由器只需要一个快速以太网口和交换机相连，并将与其相连的交换机端口设置为 Trunk 端口。在路由器快速以太网接口上创建多个虚拟子接口以便封装不同的 VLAN，为不同 VLAN 间的流量提供路由。

1. 子接口

单臂路由主要依赖子接口实现 VLAN 间路由，以下是需要重点关注的几个方面：

(1) 子接口是路由器物理接口上的逻辑接口，当路由器物理接口激活时，子接口默认是激活的。

(2) 路由器物理接口无须配置 IP 地址，但是，每个子接口上需要配置 IP 地址，和对应的 VLAN 在同一个子网，且子接口 IP 地址为对应 VLAN 所属主机的默认网关。

(3) 为了完成 VLAN 间路由，必须为每个 VLAN 创建一个子接口。

2. 工作原理

如果把子接口看成是一个独立的以太网接口，每个VLAN是一个子网，对应子接口作为该VLAN主机的默认网关，则VLAN间路由问题就变得简单了。如图10-3所示，路由器使用以太网接口fa0/0连接交换机端口fa0/24，在交换机A上创建两个VLAN，实验室VLAN10，分配端口fa0/1；服务器VLAN20，分配端口fa0/11。采用单臂路由的方式，需要将路由器以太网接口fa0/0创建两个子接口fa0/0.10和fa0/0.20，分别对应两个VLAN；和路由器fa0/0连接的是交换机端口fa0/24，将其设置为Trunk端口，以便能够封装和识别不同的VLAN；并配置子接口和Trunk端口的VLAN封装方式，使其一致。

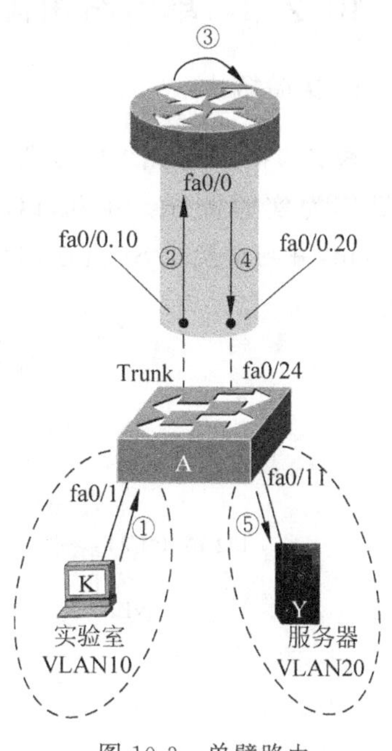

图10-3 单臂路由

接下来通过分析数据包转发路径来分析单臂路由的工作原理。

处于VLAN10的实验室主机K需要访问处于VLAN20的服务器Y，首先执行步骤①，VLAN10的实验室主机K的数据帧进入交换机A的fa0/1端口，然后寻找网关，找到端口fa0/24；进入步骤②，交换机fa0/1收到数据帧后，根据目的MAC地址，判断数据包必须沿Trunk链路转发，它会将数据帧头添加一个IEEE 802.1q标记之后从端口fa0/24进入Trunk链路，转发给路由器子接口fa0/0.10；接着进入步骤③，路由器接收到该数据帧后，根据收到的IEEE 802.1q标记，接收从VLAN10的子接口fa0/0.10发送来的数据包，向上传递给网络层，剥离数据帧头帧尾后，对该数据包执行拆包、查表、重新封装、转发四个步骤，再根据目标地址所在的VLAN20，将数据帧添加上相应的IEEE 802.1q标记，从子接口fa0/0.20发出；然后进入步骤④，数据包从子接口fa0/0.20发出进入Trunk链路，到达交换机端口fa0/24；最后进入步骤⑤，交换机接收从路由器发送过来的数据帧，将IEEE 802.1q标记清除，通过目的MAC地址判断出数据帧需要通过VLAN20的access端口fa0/11进行传输，这样数据帧又以未标记的以太网数据帧形式转发给VLAN20的服务器Y。

从上述分析可知，每个子接口类似于一个路由器的物理接口，能够分割广播域，对应服务于一个VLAN。通过路由器采用单臂路由技术能够实现VLAN之间的路由。

3. 单臂路由的优缺点

单臂路由技术具有如下优点：

(1) 单臂路由对交换机的性能要求低，交换机不需要支持三层服务。

(2) 实施简单，在配置时只需要配置一台交换机的Trunk端口和路由器的子接口。

(3) 仅由路由器来负责VLAN间数据流量的通信，排错工作简单。

虽然具有上述优点，但仍然存在如下缺点：

(1) 因为只采用一台路由器，可能存在单点故障问题。

(2) 路径单一,容易造成拥塞。

(3) 数据帧从交换机发出经过路由器又回到交换机,路由器处理数据包是一个一个数据包的依次处理,相对比较慢,会产生一定程度的时延。

10.2.3 单臂路由配置方法

1. 实验拓扑

本实验拓扑图如图 10-4 所示,信息学院有一台交换机、一台路由器和若干主机,用两台主机作为实验测试。主机 PC1 和 PC2 分别处于 VLAN10 和 VLAN20,即 faculty 和 student,并与交换机 S1 直连,交换机 S1 与路由器 R1 直连。

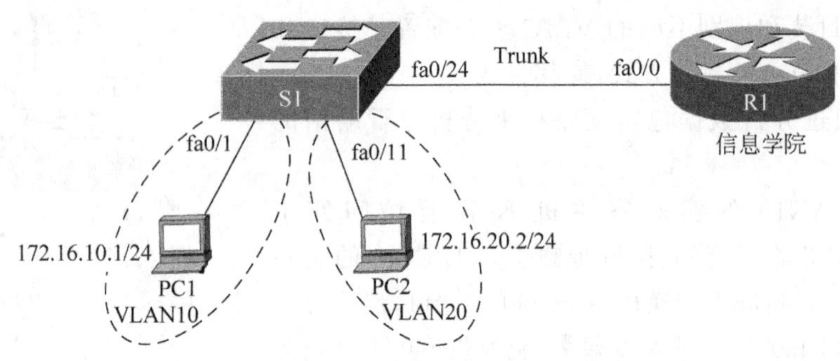

图 10-4 单臂路由基础实验

2. 实验需求

(1) 在 S1 上创建两个 VLAN,并将端口划分进对应 VLAN。

(2) 将 S1 与 R1 直连的端口 fa0/24 封装为 Trunk。

(3) 在 R1 上开启子接口,并封装 dot1Q,并配置 IP 地址,作为对应 VLAN 的网关。

(4) 测试 PC1 与 PC2 的连通性。

3. 实验操作

(1) 在 S1 创建并划分 VLAN。

```
S1(config)# vlan 10 name faculty                       //创建 VLAN10 并命名 faculty
S1(config)# vlan 20                                    //创建 VLAN20
S1(config-vlan)# name student                          //将 VLAN20 命名为 students
S1(config-vlan)# exit
S1(config)# int f0/1
S1(config-if)# switchport mode access                  //将端口模式改为访问模式
S1(config-if)# switchport access vlan 10               //将该端口划分给 VLAN10
S1(config-if)# int f0/11
S1(config-if)# switchport mode access
S1(config-if)#switchport access vlan 20                //将该端口划分给 VLAN10
Timers: hello 0, topology change 0, notification 0, aging 300
```

（2）将交换机与R1连接的端口封装为Trunk。

```
S1(config)# int f0/24
S1(config-if)# switch trunk encap dot1q                    //设置 Trunk 封装为 IEEE 802.1q
S1(config-if)# switch mode trunk                           //设置端口为 Trunk 模式
```

（3）在R1上配置子接口，并封装dot1Q。

```
R1(config)# int fa0/0
R1(config-if)# no shutdown
R1(config)# int fa0/0.10
R1(config-subif)# encap dot1q 10                           //定义该子接口承载 VLAN10 的流量
R1 (config-subif)# ip address 172.16.10.254 255.255.255.0  //配置 IP 地址，作为 VLAN10 主机的
                                                           //网关
R1(config)# int f0/0.20
R1(config-subif)# encap dot1q 20                           //定义该子接口承载 VLAN20 的流量
R1 (config-subif)#ip address 172.16.20.254 255.255.255.0   //配置 IP 地址，作为 VLAN20 主机的
                                                           //网关
```

（4）测试不同VLAN间PC的连通性。

在PC1和PC2上配置IP地址和默认网关，PC1的默认网关指向172.16.10.254；PC2的默认网关指向172.16.20.254。然后，测试PC1和PC2的通信。

4. 排错思路

在配置单臂路由实现VLAN间路由时，如果发生错误，则可以考虑以下一些排错思路：

（1）交换机中是否存在需要创建而未创建的VLAN？

（2）Trunk和access端口是否配置正确，是否放行该VLAN？

（3）路由器物理接口是否no shutdown？

（4）路由器子接口是否封装IEEE 802.1q和相应VLAN封装一致，并配置正确的网关地址和子网掩码？

（5）主机配置的IP地址是否和对应网关在同一子网？

10.3 三层交换技术

10.3.1 三层交换技术原理

虽然单臂路由能实现VLAN间路由，但是路由器对收到的每个数据包都要经过拆包、查表、重新封装、转发四个过程，其数据转发速率较慢，不能满足主干网络超高速交换的需求，而采用三层及以上交换机的三层快速交换技术能够大幅提高数据交换速率。

1. 三层交换技术原理

三层及以上交换机通过使用集成的第三层模块或附属卡，可以实现VLAN间路由选择，同时可以直接访问背板带宽，大大提高了交换速率。路由功能被高度集成到交换机的超

大规模集成电路中，使得高速路由选择特性更容易实现。

如 8.2.3 节所述，三层交换技术的实质是“三层路由转发＋二层快速交换”，对收到的数据采用一次路由、多次交换的方式实现快速交换。

为了实现 VLAN 间的路由，交换机必须使用第三层地址来完成，这就需要第三层接口的支持。在多层交换机中，支持如下多种不同类型的第三层接口：

(1) 路由接口。路由接口是一种物理接口，它类似于普通的路由器上配置了网络层 IP 地址的接口，不同之处在于它不能像路由器那样支持子接口配置。路由接口用于点对点链路，路由接口的典型应用是连接 WAN 路由器和安全设备。

(2) 交换虚拟接口(Switch Virtual Interface，SVI)。SVI 是一种第三层接口，是逻辑接口，是一种与 VLAN ID 相关联的虚拟 VLAN 接口，其目的在于启用该 VLAN 上的路由选择能力，为在多层交换机上完成 VLAN 间路由选择而配置的接口。

(3) 二层 Etherchannel 接口。Etherchannel 技术可以捆绑相同类型的交换机端口，在二层设备上，Etherchannel 可以汇聚 access 端口和 Trunk 端口，每个 Etherchannel 链路都可以看作一条逻辑的链路，其带宽是捆绑所有物理链路的总和。例如捆绑 4 条 1000Mb/s 链路成 Etherchannel 后，相当于配置了一条 4000Mb/s 的逻辑链路。

(4) 三层 Etherchannel 接口。三层 Etherchannel 接口在二层的基础上，可以捆绑路由接口。

2. 三层交换技术的优缺点

使用 SVI 实现 VLAN 间路由具有如下优点：

(1) 三层交换机采用超大规模集成电路，基于硬件实现三层转发和二层交换，转发速率远远超过路由器，所有数据都由硬件进行转发处理。

(2) 直接在交换机背板带宽支持下进行数据处理，不需要使用交换机与路由器的外部链路进行路由，大幅减少数据转发时的时延。

(3) 交换机之间可以使用 Etherchannel 链路聚合进行带宽叠加，进一步提高数据转发速率。

除了上述优点之外，其缺点主要表现在成本方面，因三层交换技术必须使用三层及以上交换机来执行，价格相对比较昂贵。

10.3.2 三层交换技术的配置方法

1. 实验拓扑

本实验拓扑图如图 10-5 所示，信息学院的实验中心有一台三层交换机，创建两个 VLAN：faculty 和 student，主机 PC1 和主机 PC2 分别与三层交换机 S1 直连并处于不同的 VLAN 中。

2. 实验需求

(1) 在 S1 上创建 VLAN，并将合适的端口划分给相应的 VLAN。

(2) 在 S1 上开启路由功能，启用 SVI 接口并配置 IP 地址，作为对应 VLAN 所属主机的网关。

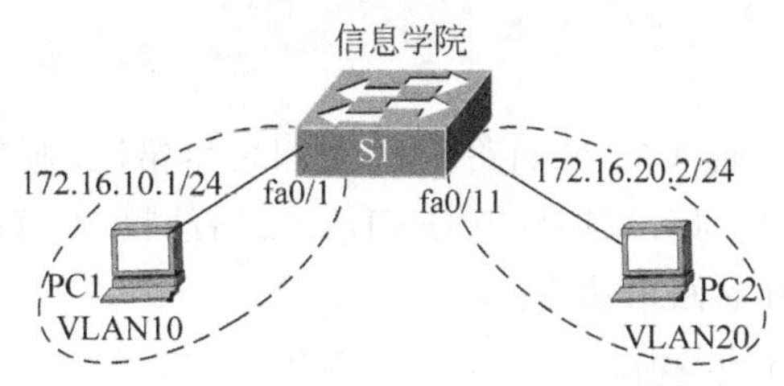

图 10-5　三层交换技术实现 VLAN 间路由

3. 实验操作

(1) S1 创建并划分 VLAN。

```
S1(config)# vlan10 name faculty                    //创建 VLAN10 并命名 faculty
S1(config)# vlan20                                  //创建 VLAN20
S1(config-vlan)# name student                       //给 VLAN20 命名为 students
S1(config-vlan)# exit
S1(config)# int f0/1
S1(config-if)# switchport mode access
S1(config-if)# switchport access vlan10
S1(config-if)# int f0/11
S1(config-if)# switchport mode access
S1(config-if)#switchport access vlan20
```

(2) S1 开启路由功能,开启 SVI 接口并配置 IP 地址。

```
S1(config)# ip routing                              //在全局模式开启 S1 的路由功能。
S1(config)# int vlan10
S1(config-if)# no shutdown                          //这个可以不用配置,虚拟端口默认开启
S1(config-if)# ip address 172.16.10.254 255.255.255.0
S1(config)# int vlan20
S1(config-if)# ip address 172.16.20.254 255.255.255.0
//在 VLAN 接口上配置 IP 地址,VLAN10 接口的 IP 地址就作为 VLAN10 中所属 PC 的默认网关了,VLAN20
//接口上的 IP 地址就是 VLAN20 中所属 PC 的默认网关
```

4. 实验结果分析

(1) 观察 S1 上的路由表。

```
S1# show ip route
172.16.0.0/24 is subnetted, 2 subnets
C 172.16.10.0 is directly connected, VLAN10
C 172.16.20.0 is directly connected, VLAN20
//S1 的路由表中,包含了 VLAN10 和 VLAN20 的网段
```

(2) 测试 PC1 和 PC2 间的通信。

在主机 PC1 和 PC2 上配置 IP 地址和默认网关,PC1 的默认网关指向 172.16.10.254,PC2 的默认网关指向 172.16.20.254。然后,测试 PC1 和 PC2 的通信。

5. 排错思路

在配置三层交换技术实现 VLAN 间路由时，如果发生错误，则考虑如下几个方面：

(1) 如果有多台交换机，每台交换机中的 VLAN 是否同步？这些 VLAN 是否均活跃？

(2) 三层交换机是否开启路由功能？

(3) SVI 接口是否 shutdown？

(4) 连接主机的端口是否正确划分进某个 VLAN？

(5) SVI 接口的 IP 地址和子网掩码是否与主机在同一网段？

(6) 主机默认网关是否设置正确？

10.4 实战演练

10.4.1 单臂路由实战演练

1. 实战拓扑

本实战拓扑图如图 10-6 所示，计算机学院和信息学院各有一台路由器和一台交换机，每个学院各拿两台主机做测试，并分别处于不同的 VLAN 中，主机 PC1 和主机 PC2 分别与交换机 S3560 连接，主机 PC3 和主机 PC4 分别与交换机 S2960 连接，两台路由器之间通过串行接口连接，组成网络，准备共享学院资源。

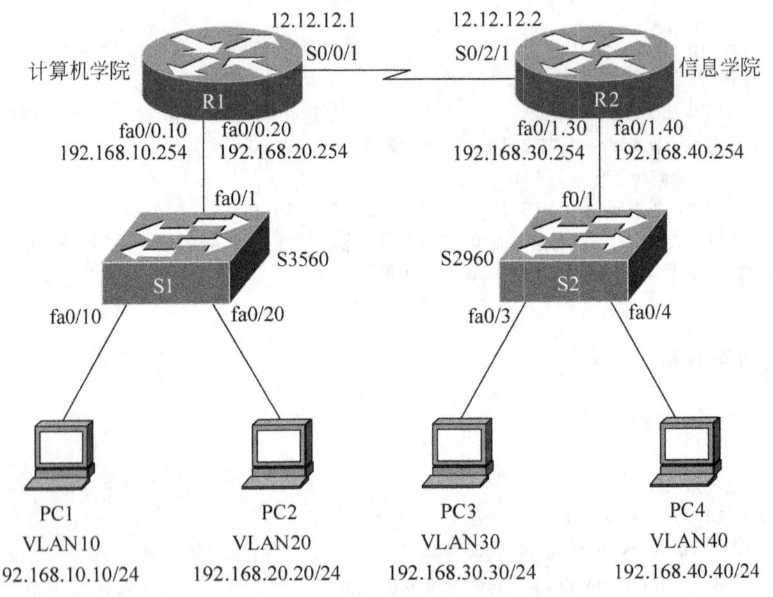

图 10-6 单臂路由实战拓扑图

2. 实战需求

为了实现计算机学院和信息学院的主机能相互 ping 通，实验过程如下：

(1) 交换机：删除以往的配置。

(2) 交换机：创建 VLAN，给端口分配 VLAN，设置 Trunk 端口。

(3) 路由器：开启与交换机相连的接口，进入子接口，设置对应 VLAN 的封装模式，设置子接口 IP 地址。

(4) 测试：每个学院的 PC ping 通自己的网关。

(5) 路由器：开启串口，设置接口 IP 地址，配置路由协议。

(6) 测试：PC 测试全网 ping 通。

基本配置注意事项：

(1) 每次交换机开始实验前要清除残留配置，reload 后以 show flash：方式查看是否删除干净。

(2) 路由器要开启相关的接口，包括路由器间的接口，子接口对应的物理接口要 no shutdown，物理接口不用配置 IP 地址，在子接口上配置 IP 地址。

(3) 每一步执行完后，最好用 show 操作进行查看，发现问题及时处理。

(4) 在执行这些命令之前，每一台交换机和路由器都要确认它们支持的 VLAN 封装。为了正确地完成 VLAN 间路由，所有的路由器和交换机必须支持相同的封装。

10.4.2 三层交换技术实战演练

1. 实战拓扑

本实战拓扑图如图 10-7 所示，计算机学院的有三台交换机，其中，计算机系的交换机 A 为 Catalyst 3560，为 VTP 服务器模式；实验中心交换机 B 为 Catalyst 3560，工程中心交换机 C 为 Catalyst 2960，它们同为 VTP 客户端模式。

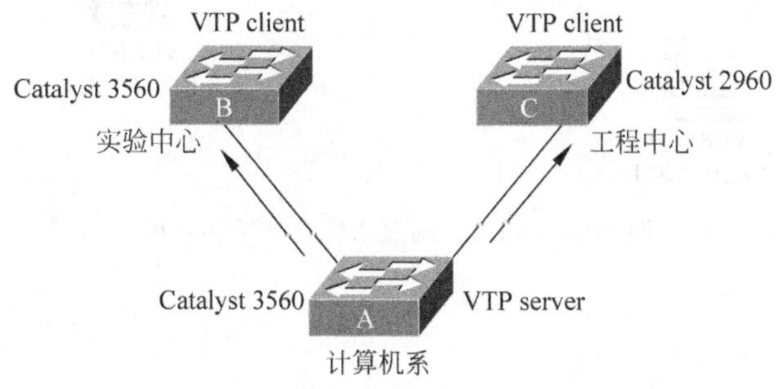

图 10-7 三层 VLAN 间路由拓扑图

2. 实战需求

(1) 在计算机系的 Catalyst 3560 上创建 VLAN40 和 VLAN50，并把 f0/1～f0/9 分配给 VLAN40，把 f0/10～f0/20 分配给 VLAN50。

(2) 在计算机系的 Catalyst 3560 上启用路由功能。

(3) 在计算机系的 Catalyst 3560 上配置虚拟 VLAN 接口的 IP 地址：VLAN40 为 192.168.40.254/2；VLAN50 为 192.168.50.254/24。

(4) 实验中心和工程中心交换机同步计算机系交换机 Catalyst 3560 所创建的 VLAN。

(5) 实验中心和工程中心的交换机的 f0/1～f0/5 分配给 VLAN40，把 f0/10～f0/15 分配给 VLAN50。在 VLAN40 和 VLAN50 的主机上设置正确的网关，测试全网 VLAN 主机之间的连通性。

3. 基本配置注意事项

必须将所有交换机上的原有配置删除和重新启动。

10.4.3 VLAN 间路由综合实战演练

1. 实战拓扑

本实战拓扑图如图 10-8 所示，计算机学院和信息学院各有一台路由器，分别为 R1 和 R2；计算机学院有一台交换机 S3，信息学院有两台交换机 S1 和 S2；每个学院各拿两台主机用作测试。其中，交换机 S1 和交换机 S2 均为三层交换机 Catalyst 3560，交换机 S3 为二层交换机 Catalyst 2960；路由器 R1 和路由器 R2 之间通过串行接口连接，构成一个网络共享学院资源。

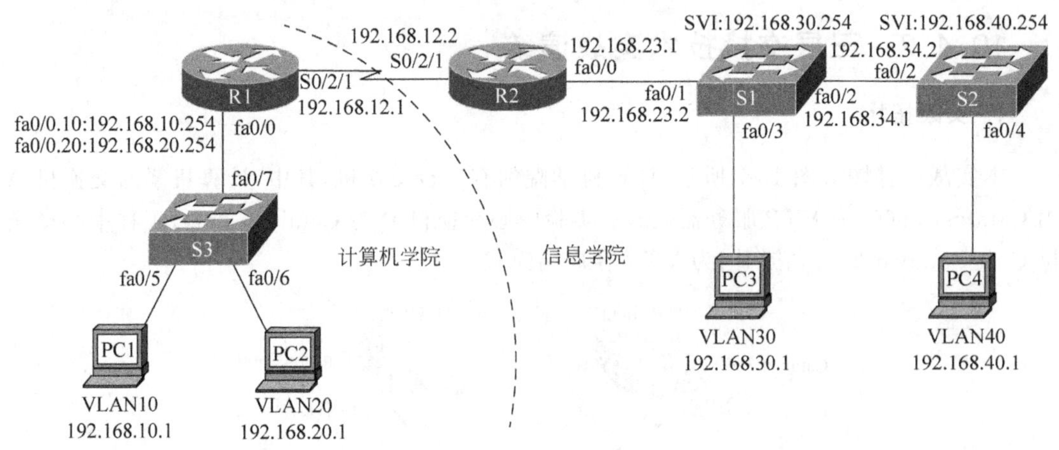

图 10-8 VLAN 间路由综合实验拓扑图

2. 实战需求

(1) 在两个学院的三台交换机 S1、S2、S3 上创建图中 VLAN，并把对应端口划分进 VLAN 中。

(2) 计算机学院路由器 R1 作为单臂路由，封装子接口作为 PC1 和 PC2 的网关，测试 PC1 和 PC2 能否互通。

(3) 信息学院的两台交换机 S1、S2 开启路由功能，并分别设置 SVI 接口，分别作为 PC3 和 PC4 的网关，测试各自能否 ping 通网关。

(4) 将信息学院交换机 S1 的 fa0/1 和 fa0/2，以及 S2 的 fa0/2 这三个端口关闭交换功能，变为可路由端口，按拓扑要求配置 IP 地址，测试直连链路连通性。

(5) 在 R1、R2、S1、S2 这四台设备上启用路由协议，实现 PC1、PC2、PC3、PC4 全网可达。

习题与思考

1. VLAN 间路由的本质是什么？为什么需要 VLAN 间路由？VLAN 间路由和普通的路由有什么异同之处？

2. 你知道有哪些方式可以实现 VLAN 间路由？各自的工作原理是什么？如何配置？如果要对它们进行系统的分析和比较，可以从哪些方面着手？

3. 三层以上交换机的端口关闭交换功能后，变为普通可路由端口，可以配置 IP 地址，可以连接路由器接口，并配置路由协议。如果关闭交换功能的三层交换机端口，在数据包路由过程中，处理数据包的方式和路由器处理数据包的方式有何异同？

4. 如果请你来负责校园网的规划与设计，你会选择哪种 VLAN 间路由技术？你是从哪些方面考虑的？

第11章 访问控制列表与配置方法

校园网或园区网具有规模大、用户密集等特点，容易导致高峰时段网络流量剧增；另一方面，用户类型较多，不同类型应该有不同的网络访问权限，为了对网络流量和用户权限实施有效控制，需要访问控制技术，采用访问控制列表实施访问控制。本章首先介绍为什么需要访问控制以及什么是访问控制，然后分别介绍标准访问控制列表、扩展访问控制列表和命名访问控制列表的工作原理与配置方法，最后给出实战演练项目。

11.1 为什么需要访问控制列表

访问控制技术能让网络流量规范有序、让用户拥有合适的权限，本节主要介绍在现代校园网或园区网中为何需要访问控制列表(Access Control List,ACL)，以及ACL相关概念术语。

11.1.1 ACL之问

先来看看我们所熟知的安全检查。当人们进入高铁候车室、进入地铁站乘车或进入机场候机楼前都需要经过安检。安检的过程是扫描我们随身物品和行李，目的是允许正常物品通过，并严格禁止违规物品进入高铁、地铁、飞机等安全区。那么，在实际网络中是什么样的情况呢？

我们的校园网或园区网络相当于网络的安全区，外部数据流量进入校园网或园区网内部前，应该在网络边界进行安全检查。那么，什么技术能实现安检这样的功能呢？在校园网或园区网络内部，随着用户主机数量的增长，整个网络的通信流量也随之以较快的速度增长，尤其是中午、晚上等上网高峰时段。这时，迫切需要一种有效机制对网络流量实施控制，阻止或过滤某些病毒或无效访问，让有效访问顺利通过网络实现快速转发。那么，到底什么机制能够实现对网络流量的访问控制呢？

在学校，老师在上实验课时，偶尔有学生在课堂上玩手机、刷微信、玩游戏、看视频等，影响课堂秩序和老师讲课。另外，在工作时间员工上公共聊天软件、玩网络游戏等情况也时有发生。有没有一种方法能够对校园网或企业网络内部用户的某些访问行为实施有效控制呢？例如不允许学生上课时间上网、不允许员工上班时间上公共聊天软件等。

我们再看另外一个实例。

校园网有丰富的网络资源，如图书馆电子数据库集群、教学资源、各类学习系统、科研项目、财务系统等；用户类型也非常多，有网络管理员、老师、学生、行政领导、一般管理人员等。园区网或企业网等都有很多的资源和用户类型。因此，应该为不同的用户群体设置不同的访问权限。那么，有没有一种有效机制，能够规范职权关系，实现有序网络访问呢？

上述问题，都可以采用访问控制技术来解决。通过访问控制列表执行访问控制，通过ACL定义相应的规则，这些规则允许哪些数据通过，或者禁止哪些数据通过。在路由器的接口或交换机的端口上根据ACL规则允许/拒绝相应的数据包通过从而达到访问控制的目的。它能够实现对内部网络流量的控制管理，对用户访问行为和访问权限的控制；还可以对网络外部的恶意数据流进行隔离，阻止一部分外网的病毒攻击内网，从而达到基本的网络访问安全。

11.1.2 ACL术语

ACL包含如下概念和术语：

(1) 访问控制列表。ACL定义一系列访问控制规则，允许或拒绝哪些类型的数据包，并将这些规则应用在路由器接口或交换机端口，用来控制接口或端口进出的数据包。ACL能够适用于所有的被动路由协议，如IP、IPX、AppleTalk等。

(2) 标准访问控制列表。标准ACL仅将数据包的源IP地址用作判定条件，所有的决策都是根据源IP地址做出的，这就意味着标准ACL要么允许、要么拒绝整个协议族，它们不区分IP数据流类型(如Web、Telnet、UDP等)。

(3) 扩展访问控制列表。扩展ACL除了数据包的源IP地址之外，还能检查第3层IP数据包和第4层报文中的众多其他字段，例如目标IP地址、网络层报文的协议字段、传输层报头中的端口号等。这些特征能够让扩展ACL做出更细致的数据流控制决策和用户的权限设置。

(4) 命名访问控制列表。命名ACL并非一种新的访问控制列表，它要么是标准的，要么是扩展的。之所以单独列出来，是因为命名ACL的创建和引用方式不同于普通的标准ACL和扩展ACL，另外，命名ACL支持对访问条目的修改，而标准ACL和扩展ACL不支持对访问条日的修改。

(5) 入站访问控制列表。将ACL应用于入站接口，将根据ACL对这些数据包进行处理，然后再路由到出站接口；遭到拒绝的数据包不会被路由，因为在调用路由选择进程前，它们已被ACL丢弃。

(6) 出站访问控制列表。将ACL应用于出站接口，数据包首先被路由到出站接口，然后在出站前将数据包根据ACL定义的规则进行处理。

(7) 入站数据流。相对于网络设备的接口来说，从网络上流入该接口的数据包。

(8) 出站数据流。同样相对于网络设备的接口而言，从该接口流出到网络的数据包。

(9) 虚拟终端(Virtual Teletype Terminal，VTY)。VTY是一种网络设备的远程连接方式，一般在电信运营商的网络设备维护领域应用广泛。如路由器或者交换机远程登录的虚拟端口。

11.2 ACL技术

访问控制列表(ACL)是一种“多才多艺”的网络工具,因此,在网络管理中正确配置ACL至关重要。ACL让网络管理员能够更好地控制数据流在整个网络中的传输,从而极大地改善网络的运行速率。通过使用ACL,管理员可收集数据包传输方面的基本统计数据,确定要实现的安全策略;还可以保护敏感设备,防范未经授权的访问。一般大中校园网络是采用外部路由、内部路由和防火墙的联合配置来实现各种安全策略,其中内部路由是通过ACL对前往校园网络中受保护的数据流进行过滤的。

11.2.1 ACL概述

ACL是一组规则的集合,它应用在路由器的某个接口上,使用包过滤技术,在路由器上读取OSI七层模型的第三层和第四层数据包头中的信息。如源IP地址、目标IP地址、源端口号、目标端口号、所使用的协议类型等,根据预先定义好的规则,对数据包进行过滤,从而达到访问控制的目的。该技术初期仅在路由器上部署与实施,近些年来已经广泛应用到三层交换机和部分最新的二层交换机上。

1. ACL数据包过滤方向

在把ACL应用到路由器的接口后,还要定义数据包过滤的方向,如图11-1所示。

图11-1 ACL数据包过滤方向

(1) Inbound ACL:先处理ACL后执行路由。入站ACL将ACL应用于入站接口,当数据包入站时,将根据ACL对这些数据包进行处理,然后再经过路由过程(拆包、查表、重新封装、转发)到出站接口。遭到拒绝的数据包不会被执行路由,因为在调用路由选择进程前,它们已被丢弃。

(2) Outbound ACL:先执行路由再处理ACL。出站ACL将ACL应用于出站接口,数据包首先执行路由过程,被路由到出站接口后,再将数据包排队并根据ACL进行处理。

2. ACL的作用

ACL具有如下重要作用:

(1) 限制网络流量、提高网络性能。

(2) 提供对不同用户访问权限的控制手段。

(3) 丢弃具有某些特征的恶意数据包,提供网络访问的基本安全手段。

(4) 在路由器接口处,决定哪种类型的数据流量被转发、哪种类型的数据流量被阻塞。

3. ACL表号范围

ACL通过表号的取值范围来识别ACL类型,如表11-1所示。标准ACL的表号范围为1～99,扩展ACL的表号范围为100～199。

表 11-1　ACL 表号

协议(Protocol)	ACL 表号的取值范围(ACL Range)
Standard IP(标准 ACL)	1～99
Extended IP(扩展 ACL)	100～199
AppleTalk	600～699
IPX(互联网数据包交换)	800～899
Extended IPX(扩展互联网数据包交换)	900～999
IPX Service Advertising Protocol(IPX 服务通告协议)	1000～1099

4. 常用协议的端口号

下面给出 ACL 应用中，常用协议的端口号，如表 11-2 所示。

表 11-2　常用协议端口号

端口号(Port Number)	协　议
20	文件传输协议(FTP)数据
21	文件传输协议(FTP)程序
23	远程登录(Telnet)
25	简单邮件传输协议(SMTP)
69	简单文件传输协议(TFTP)
80	超文本传输协议(HTTP)
53	域名服务系统(DNS)

11.2.2　ACL 工作原理

下面以出站 ACL 为例，说明 ACL 的工作原理。如图 11-2 所示，数据包进入到路由器接口 S0/2/1 后，路由器先对数据包进行处理，首先经过“拆包”，接着“查表”，查看路由表看是否存在到达目标网络的路由，如果有就选择合适的能够到达下一跳的本地出接口，如 S0/0/0 接口；然后，在该端口上再检查是否应用 ACL，如果没有应用 ACL，则直接到达路由器接口 S0/0/0，然后进行重新封装，再转发；如果有配置 ACL 就查看 ACL 表项，从上至下一条一条进行匹配，如果有匹配的表项，则立即停止不再查看其他表项，匹配的表项中如果允许通过，则数据包到达路由器接口 S0/0/0，然后进行重新封装，再转发；如果匹配的表项拒绝数据包通过，则丢弃该数据包，并且以 ICMP 信息通知源发送方。

11.2.3　ACL 使用原则

ACL 在执行过程中，包含如下使用原则：

(1) 在 ACL 条目中，一切未被明确允许的就是禁止的。

在 Cisco 路由、交换设备中，默认情况下，在所配置的 ACL 规则条目的最后，都加入一个条目 deny any any，也就是丢弃所有不符合条件的数据包。因此，在 ACL 里至少要有一条 permit 条目，如果 ACL 的规则条目都是 deny，那么加上最后隐含的 deny any any，该接口将会拒绝所有流经该接口的数据。这一点要特别注意，虽然可以修改这个默认值，但未改

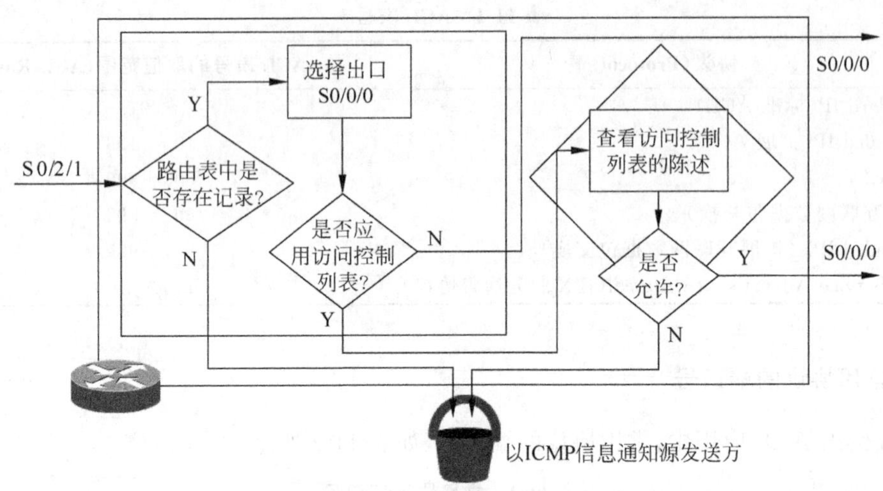

图 11-2　ACL 工作原理

前一定要引起重视,在配置 ACL 条目时,至少要有一条是被允许的。

(2) 按网络管理员配置的规则链进行匹配。

在执行 ACL 每条规则条目过程中,严格按照网络管理员配置的规则链顺序进行匹配,检查每条规则所使用的源地址、目的地址、源端口号、目的端口号、所采用协议、时间段等进行严格匹配。

(3) 从头到尾,自顶向下的匹配方式,匹配成功马上停止。

根据 ACL 工作原理,当网络管理员配置了多条 ACL 规则条目时,总是按 ACL 条目的顺序,采用从头到尾,自顶向下的匹配方式,先比较第一行,再比较第二行、第三行,直到最后一行。一旦发现有规则条目匹配成功,就结束比较过程,不再检查后面的其他规则或条件判断语句。

(4) 立刻使用该规则的"允许、拒绝……"。

当发现有成功匹配的 ACL 规则时,立即使用该规则定义的动作,要么允许数据包通过,要么拒绝数据包通过。

(5) 创建好 ACL 后,要应用在需要过滤的路由器接口或交换机端口上,并指明方向。ACL 主要用于过滤经过路由器或交换机的数据包,它并不会过滤路由器或交换机本身所产生的路由协议或交换协议相关的数据包。

(6) 对于每个接口、每个方向、每种协议,只能设置一条 ACL 条目。

(7) 在设置标准 ACL 时,放置在尽可能靠近目标网络的接口,这样不会影响被 ACL 控制的网络或主机访问其他子网,不会放大 ACL 控制的需求;在设置扩展 ACL 时,放置在尽可能靠近源端网络的接口,这样的好处是从源端阻止无效数据包流经网络,从而净化网络有效带宽,提高网络整体性能。

(8) 不能从标准 ACL 或扩展 ACL 中的任何位置删除一行规则条目,这将导致删除整个 ACL;如果要在标准 ACL 或扩展 ACL 中新增一条规则条目,则新的条目只能加在现有条目的最后面,不能插入到现有条目的中间,如果必须要修改,只有先删除现有的整个列表,再创建一个新的 ACL。命名访问控制列表(Named Access Lists)例外。

11.2.4 ACL 类型

从技术上讲，访问控制列表可以分为两大类，分别是标准访问控制列表（标准 ACL，编号为 1～99）和扩展访问控制列表（扩展 ACL，编号为 100～199），二者的区别主要是标准 ACL 是基于源地址的数据包过滤，而扩展 ACL 是基于目标地址、源地址、网络协议及其端口等的数据包过滤。

还有一种称为命名访问控制列表（命名 ACL），它并不是一种新的 ACL，要么是标准的 ACL，要么是扩展的 ACL，单独出来是由于命名 ACL 的创建和引用方式不同于标准 ACL 和扩展 ACL，但功能基本都是一样的。

1. 标准访问控制列表

标准 ACL 只根据源 IP 地址来做过滤决定。标准 ACL 检查数据包的源地址，从而允许或拒绝基于网络、子网或主机的 IP 地址的所有通信流量通过路由器接口或交换机端口。例如：

```
Router(config)#access-list number                    //number 为 1～99
```

2. 扩展访问控制列表

扩展 ACL 能够根据源 IP 地址、目标 IP 地址、第三层的协议字段、第四层的端口号等来做过滤决定。因为考虑的控制因素多，扩展 ACL 相比标准 ACL 更具有灵活性和可扩充性，即可以对同一地址允许使用某些协议通信流量通过，而拒绝使用其他协议的流量通过。例如：

```
Router(config)#access-list number                    //number 为 100～199
```

3. 命名访问控制列表

命名 ACL 使用字母或数字组合的字符串名称来代替数字编号，名称的使用区分大小写，并且必须以字母开头，可以包含字母、数字和字符，名称的最大长度为 100 个字符。名称能更直观地反映出 ACL 需要完成的功能。命名 ACL 突破了标准 ACL 和扩展 ACL 的数目限制，可以定义更多的 ACL。使用命名 ACL 可以用来删除某一条特定的条目，便于修改，而编号 ACL 将删除整个 ACL。

注意：单台路由器上命名 ACL 的名称必须是唯一的，不同路由器上的命名 ACL 名称可以相同。

在使用命名 ACL 时，要求路由器的 IOS 版本在 11.2 以上。使用 ip access-list 命令来创建命名 ACL。例如：

```
Router(config)#ip access-list-standard/extend-name
```

下面比较标准 ACL 和扩展 ACL，如表 11-3 所示。

表 11-3 标准 ACL 和扩展 ACL 比较表

标准 ACL	扩展 ACL
过滤基于源端	过滤基于源和目的端
允许或拒绝整个 TCP/IP 协议族	允许或拒绝特定的 IP 协议、端口或服务等
范围(1～99)	范围(100～199)
放置在离目标最近的地方	放置在离源端最近的地方

11.2.5 ACL 注意事项

在配置 ACL 时，应注意如下事项：

(1) 除非访问控制列表以 permit any 命令结尾，否则不满足任何条件的分组都将被丢弃。访问控制列表至少应包含一条 permit 语句，否则它将拒绝所有的数据流。

(2) 创建访问控制列表后应将其应用于路由器接口或交换机端口。如果访问控制列表没有包含任何测试条件，即使将其应用于路由器接口或交换机端口，它也不会过滤数据流。如果不应用于路由器接口或交换机端口，访问控制列表将不起作用。

(3) 访问控制列表用于过滤穿越路由器或交换机的数据流，它们不会过滤始发于当前路由器或交换机的数据流。

(4) 应将标准访问控制列表放在离目的地尽可能近的地方，这就是我们不想在网络中使用标准访问控制列表的原因。不能将标准访问控制列表放在离源主机或源网络很近的地方，因为它只能根据源地址进行过滤，这将影响所有的目的地。

(5) 将扩展访问控制列表放在离源端尽可能近的地方。扩展访问控制列表可根据非常具体的地址和协议进行过滤，我们不希望数据流穿越整个网络消耗网络带宽后，最终却被拒绝。将这种访问控制列表放在离信源尽可能近的地方，可在一开始就将这种数据流过滤掉，以免它占用宝贵的网络带宽。

11.3 标准 ACL 原理及配置

11.3.1 标准 ACL 原理

标准 ACL 通过查看数据包的源地址来过滤网络数据流，创建标准 ACL 时，要使用标准 ACL 的编号 1～99。通常使用编号来区分 ACL 的类型，下面是标准 ACL 的命令语法：

```
Router(config)#access-list number permit|deny source-address source-wildcard
```

其中：

(1) number 表示标准 ACL 的编号，范围为 1～99。

(2) permit|deny，接下来决定要创建 permit 语句还是 deny 语句，permit 语句表示允许后面的源 IP 地址访问网络，deny 表示拒绝后面的源 IP 地址访问网络。

(3) source-address 表示源 IP 地址，通过通配符掩码 source-wildcard 的配合，可以指定特定的源 IP 地址范围内的主机，也可以用来指定单台主机，还可以使用命令 host 来指定特

定的主机，或者是用 any，any 代表任何主机(网络)。

下面是标准 ACL 的示例：

```
Router(config)#access-list 10 permit host 192.168.17.3          //允许特定主机
Router(config)#access-list 10 permit 192.168.17.0 0.0.0.255     //允许指定的源 IP 网络
```

在上面的示例中，通配符掩码非常关键。路由器或交换机使用通配符掩码与源地址或者目标地址一起来明确 ACL 需要匹配的地址范围。

在访问控制列表中，通配符掩码的左边高位通常为 0，右边低位通常为 1。在通配符掩码中，设置成 0 的那些位表示必须严格检查、精确匹配 IP 地址中的对应位，通常为网络地址位；设置为 1 的那些位表示无须检查，所对应的 IP 地址中的那些位可以是 1、也可以是 0，通常为主机地址位。

通配符掩码中，可以用全 1，即 255.255.255.255 表示所有的 IP 地址，因为全 1 说明 32 位中所有位都不需检查，此时可用 any 替代。而通配符掩码为全 0，即 0.0.0.0 则表示所有 32 位都必须严格检查，精确匹配对应的 IP 地址的每一位，且每一位都不能改变。因此，它只能表示一个唯一的 IP 地址，此时可以用 host 表示。

例如下面这条 ACL 的配置，ACL ID 为 10，表示这是一个标准 ACL，permit 表示允许，允许的源 IP 地址范围为 192.168.17.0，至于这个网络到底多大呢？由通配符掩码决定。通配符掩码为 0.0.0.255，其中左边高位 3 个字节全 0，表示对应的 192.168.17.0 的前 3 个字节必须严格匹配；通配符掩码最后一个字节为 255，表示低位 8 位为全 1，这 8 位无须检查、无须匹配，对应的 IP 地址的最后一个字节可以为 0 也可以为 1。则如下示例中的 0.0.0.255，说明该标准 ACL 允许 192.168.17.0～255 中任何一个主机地址均可以访问网络。

```
Router(config)#access-list 10 permit 192.168.17.0 0.0.0.255
```

注意：默认情况下，标准 ACL 条目的结尾均暗藏一条 deny any，所以在 ACL 里至少要有一条 permit 条目。如果 ACL 所有条目都是 deny，那么加上最后隐含的 deny any，该接口将会拒绝所有流经该接口的数据。标准 ACL 还有其他一些需要注意的问题，具体可查看 11.2.3 节的 ACL 使用原则和 11.2.5 节的 ACL 注意事项。

11.3.2 标准 ACL 配置方法

1. 实验拓扑图

信息学院有 3 台路由器 R1、R2、R3 和若干主机，路由器之间通过串口线连接，用 3 台主机作为测试，如图 11-3 所示，按要求实现标准 ACL 功能。

2. 实验内容

(1) 对设备连线并进行子网规划和基本配置，利用 EIGRP 协议实现全网可达。

(2) 拒绝 PC2 所在网段访问路由器 R2，同时只允许主机 PC3 访问路由器 R2 的 Telnet 服务，要求利用标准 ACL 完成该任务。

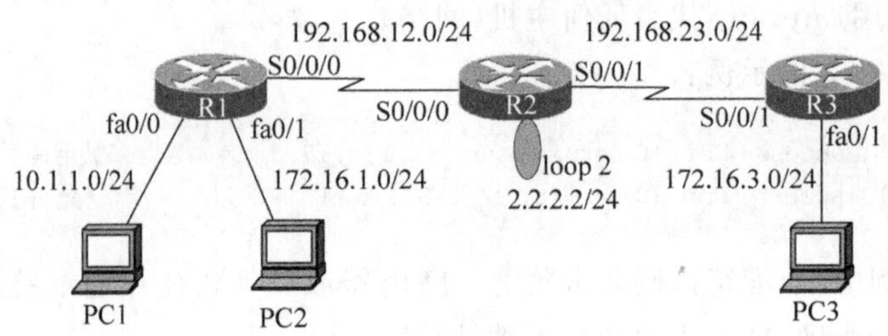

图 11-3　标准 ACL 拓扑图

3. 实验配置

(1) 配置 R1。在 R1 上主要配置 EIGRP 协议,注意 AS 号和通配符掩码。

```
R1(config)# router eigrp 1                                  //启用 EIGRP 协议
R1(config-router)# network 10.1.1.0 0.0.0.255               //宣告直连网络
R1(config-router)# network 172.16.1.0 0.0.0.255
R1(config-router)# network 192.168.12.0 0.0.0.255
R1(config-router)#no auto-summary                           //关闭自动汇总
```

(2) 配置 R2。在 R2 上主要配置 EIGRP 协议,配置标准 ACL 阻止 PC2 所在子网的访问;然后配置标准 ACL,允许 PC3 访问其 Telnet 服务,并设置好 Telnet 口令。

```
R2(config)# router eigrp 1
R2(config-router)# network 2.2.2.0 0.0.0.255
R2(config-router)# network 192.168.12.0 0.0.0.255
R2(config-router)# network 192.168.23.0 0.0.0.255
R2(config-router)# no auto-summary
R2(config)# access-list 1 deny 172.16.1.0 0.0.0.255   //定义标准 ACL,配置在目的端
R2(config)# access-list 1 permit any
R2(config)# interface Serial0/0/0
R2(config-if)# ip access-group 1 in                   //在接口下应用 ACL,注意方向
R2(config)# access-list 2 permit 172.16.3.1           //允许 PC3
R2(config-if)# line vty 0 4                           //进入 VTY,配置 Telnet 相关参数
R2(config-line)# access-class 2 in                    //在 VTY 线路模式下应用 ACL
R2(config-line)# password cisco                       //配置 Telnet 口令
R2(config-line)# login                                //启用 VTY
```

(3) 配置 R3。在 R3 上主要配置 EIGRP 协议,使得全网连通。

```
R3(config)# router eigrp 1
R3(config-router)# network 172.16.3.0 0.0.0.255
R3(config-router)# network 192.168.23.0
R3(config-router)# no auto-summary
```

4. 实验结果分析

若标准 ACL 配置正确,则主机 PC1 所在的网段可以 ping 通 2.2.2.2,而主机 PC2 所在的网段无法 ping 通 2.2.2.2;在主机 PC3 可以成功 Telnet 2.2.2.2。

通过 show ip access-lists 查看设备上配置的 ACL,可以观察到各条 ACL 匹配的流量个数。

```
R2# show ip access -lists
Standard
show ip access-lists
Standard IP access list 1 1
10 deny 172.16.1.0, wildcard bits 0.0.0.255 ( 11 matches)
20 permit any ( 405 matches)
Standard IP access list 2
10 permit 172.16.3.1 ( 2 matches)
```

通过 show ip interface,可以观察到 ACL 调用的方向,和运用的 ACL 情况。

```
R2# show ip interface s0/0/0
(部分内容省略)
Outgoing access list is not set
Inbound access list is 1
Outgoing access list is not set
Inbound access list is 1
```

11.4 扩展 ACL 原理及配置

11.4.1 扩展 ACL 原理

在使用标准 ACL 时,无法同时根据源地址和目标地址来做出决策,因为标准 ACL 只能根据源地址来做出决策。而扩展 ACL 可以解决这个问题,扩展 ACL 可以依据源地址、目标地址、协议以及标识上层协议或者应用程序的端口号来做出允许或拒绝的决策。扩展 ACL 使用编号范围为 100～199,其配置语法如下:

```
Router(config)# access - list number permit|deny protocol source - address source - wildcard
source-port destination-address destination-wildcard operator destination-port
```

其中:

(1) number,表示扩展 ACL 编号,其范围为 100～199。

(2) permit|deny,表示允许或拒绝后面的源 IP 地址通过指定的协议访问后面的目标 IP 地址。

(3) protocol,表示需要被过滤的协议类型,如 IP、TCP、UDP、ICMP、EIGRP 等。

(4) source-address source-wildcard,表示源 IP 地址和对应的通配符掩码,同样的,可以是 IP 地址范围,也可以是特定的主机,还可以是任意的主机 any。

(5) destination-address destination-wildcard,表示被访问的目标 IP 地址和对应的通配符掩码,同样的,可以是 IP 地址范围,也可以是特定的主机,还可以是任意的主机 any。

(6) operator,表示操作,可以是 eq(等于)、gt(大于)、lt(小于)、neq(不等于)、range(范围)等。

(7) source-port、destination-port,表示源端口号和目标端口号。常用端口号：20(FTP数据)、21(FTP 控制)、23(Telnet 服务)、80(HTTP 服务)等。

下面是扩展 ACL 的配置示例：

```
Router (config)#access-list 110 deny tcp 192.168.0.0 0.0.255.255 10.0.0.0 0.255.255.255 eq
80                                                                    //HTTP 服务
Router (config)#access-list 120 permit tcp 172.16.10.0 0.0.0.255 20.0.0.0 0.255.255.255
eq 23
                                                                      //Telnet 服务
```

第一行表示扩展 ACL 110,拒绝源端为 192.168.0.0 的所有主机通过 TCP 协议访问目标网络为 10.0.0.0 网络的 HTTP 服务。

第二行表示扩展 ACL 120,允许源端为 172.16.10.0 的所有主机通过 TCP 协议访问目标网络为 20.0.0.0 网络的 Telnet 服务。

11.4.2 扩展 ACL 配置方法

1. 实验拓扑图

本实验拓扑结构图同样如图 11-3 所示。

2. 实验内容

(1) 删除实验 11.3.2 节中定义的标准 ACL。
(2) 只允许主机 PC2 所在的网段访问路由器 R2 的 WWW 和 Telnet 服务。
(3) 拒绝主机 PC3 所在的网段 ping 路由器 R2。

3. 实验操作

(1) 配置 R1。扩展 ACL 应该配置在靠近源端的路由器上,所以在 R1 上配置。

```
R1(config)# access-list 100 permit tcp 172.16.1.0 0.0.0.255 host 2.2.2.2 eq www
R1(config)#access-list 100 permit tcp 172.16.1.0 0.0.0.255 host 192.168.12.2 eq www
R1(config)#access-list 100 permit tcp 172.16.1.0 0.0.0.255 host 192.168.23.2 eq www
R1(config)#access-list 100 permit tcp 172.16.1.0 0.0.0.255 host 2.2.2.2 eq telnet
R1(config)#access-list 100 permit tcp 172.16.1.0 0.0.0.255 host 192.168.12.2 eq telnet
R1(config)#access-list 100 permit tcp 172.16.1.0 0.0.0.255 host 192.168.23.2 eq telnet
//定义拓展 ACL,针对 PC2 访问 R2 的 WWW 和 Telnet 流量做控制
R1(config)# interface fa0/1
R1(config-if)#ip access-group 100 in                       //在接口调用
```

(2) 配置 R2。前面 R2 配置了标准 ACL,因此需要先删除掉,然后开启 HTTP 服务和 Telnet 服务。

```
R2(config)# no access-list 1                               //删除实验 4.1 中配置的标准 ACL
R2(config)# no access-list 2
R2(config)# ip http server                                 //开启路由器的 HTTP 服务
R2(config)# line vty 0 4                                   //开启 Telnet
```

```
R2(config-line)# password cisco
R2(config-line)# login
```

(3) 配置 R3。在 R3 上面配置扩展 ACL，拒绝主机 PC3 所在的网段 ping 路由器 R2。

```
R3(config)#access-list 101 deny icmp 172.16.3.0 0.0.0.255 host 2.2.2.2 log
R3(config)#access-list 101 deny icmp 172.16.3.0 0.0.0.255 host 192.168.12.2 log
R3(config)#access-list 101 deny icmp 172.16.3.0 0.0.0.255 host 192.168.23.2 log
R3(config)# access-list 101 permit ip any any
R3(config)# interface fa0/1
R3(config-if)#ip access-group 101 in                    //在接口调用
```

log 参数会生成相应的日志信息，用来记录经过 ACL 入口的数据包的情况。

注意：将扩展访问控制列表放在靠近源端的位置上，避免创建的 ACL 影响其他接口上的数据流。将标准访问控制列表靠近目的端，因为标准访问控制列表只使用源地址，如果将其靠近源端会阻止数据包流向其他端口。

4. 实验结果分析

分别在 PC1、PC2、PC3 上进行测试，实验效果与要求一致。

当 PC3 ping R2 时，R3 上将会出现日志消息，证明当 PC3 访问 R2 时，R3 上有匹配的 ACL 流量经过。

```
*Feb 25 17:35:46.383: %SEC-6-IPACCESSLOGDP: list 101 denied icmp 172.16.3.1-> 2.2.2.2
(0/0), 1 packet
*Feb 25 17:41:08.959: %SEC-6-IPACCESSLOGDP: list 101 denied icmp 172.16.3.1-> 2.2.2.2
(0/0), 4 packets
*Feb 25 17:42:46.919: %SEC-6-IPACCESSLOGDP: list 101 denied icmp 172.16.3.1->
192.168.12.2 (0/0), 1 packet
*Feb 25 17:42:56.803: %SEC-6-IPACCESSLOGDP: list 101 denied icmp 172.16.3.1->
192.168.23.2 (0/0), 1 packet
```

在 R1 上使用 show ip access-lists 查看配置的 ACL 信息。

```
R1#show ip access-lists
Extended IP
show ip access-lists
Extended IP access list 100
10 permit tcp 172.16.1.0 0.0.0.255 host 2.2.2.2 eq www ( 8 matches)
20 permit tcp 172.16.1.0 0.0.0.255 host 192.168.12.2 eq www
30 permit tcp 172.16.1.0 0.0.0.255 host 192.168.23.2 eq www
40 permit tcp 172.16.1.0 0.0.0.255 host 2.2.2.2 eq telnet ( 20 matches)
50 permit tcp 172.16.1.0 0.0.0.255 host 12.12.12.2 eq telnet ( 4 matches)
60 permit tcp 172.16.1.0 0.0.0.255 host 23.23.23.2 eq telnet ( 4 matches)
```

5. 错误勘测与排错技巧

(1) 在配置 ACL 之前,首先应该确保路由协议配置正确,全网连通。

(2) 在配置 ACL 的时候选错路由器。

在标准 ACL 配置中,应当选择离目标地址近的路由器,如 11.3.2 节中 PC2 是目标地址,离目标地址近的路由器是 R2,所以应当在 R2 上配置标准 ACL。

在扩展 ACL 配置中,应当选择离源地址近的路由器,如 11.4.2 节中 PC1 为源地址,离源地址近的路由器是 R1,所以应当选择在 R1 上配置扩展 ACL。

(3) 在配置扩展 ACL 之前没有删除标准 ACL。

如果在配置扩展 ACL 之前没有删除标准 ACL 的话,扩展 ACL 将会受其影响,会出现无法访问 HTTP 服务/Telnet 服务以及无法 ping 通。

(4) 如果在 access-list 10 deny 192.168.1.1 0.0.0.0 这条命令前加 no,则会删除整个 ACL,命名访问控制列表例外。

11.5 实战演练

1. 实战拓扑

计算机学院和信息学院各有一台路由器,分别为 R1 和 R2,信息学院还有一台交换机 SW,两个学院各有一台 PC 用于测试,如图 11-4 所示,该网络用来实战 ACL 的配置和测试。

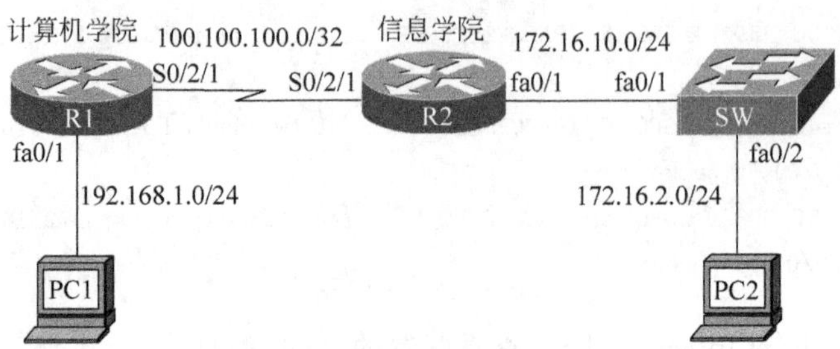

图 11-4 实战演练拓扑图

2. 实战内容

(1) 首先对两个学院的各网络设备连线,然后进行子网规划和基本配置,实现全网可达。

(2) 使用标准 ACL,实现计算机学院的 PC1 无法访问信息学院的 PC2,且要求测试结果为:PC1 ping PC2 显示 destination unreachable,PC2 ping PC1 显示 request timeout。

(3) 删除标准 ACL,设计扩展 ACL,在 R2 路由器上禁止 PC1 所在网络的 HTTP 请求,但仍能互相 ping 通。在 R1 路由器上禁止 R2 的 Telnet 请求,但设备间仍能相互 ping 通。

习题与思考

1. 标准 ACL 和扩展 ACL 分别应该在源端设备还是在目的端设备上配置？在源端设备或者目的端设备的哪个接口上更合适？是数据包流入接口还是流出接口？有什么不同吗？

2. 对于给定的拓扑结构图，在配置 ACL 之前，首先完成基本配置，实现全网连通，然后配置 ACL。配置完 ACL 发现从源端主机 ping 不通目的端主机，似乎达到配置需求。但经过仔细测试可以得到两种不同的结果，一种是 destination unreachable，另一种是 request timeout，这两种不同结果的区别是什么？

3. 配置标准 ACL 或扩展 ACL 时，如果要修改或删除其中一个条目，需要删除整个 ACL，给配置和管理带来诸多不便。命名 ACL 可以解决上述问题，上网查询相关资料，掌握命名 ACL 的原理和配置方法。除了命名 ACL 之外，还有其他类型的 ACL 吗？它们之间有何异同？

4. ACL 除了在路由器、交换机上配置外，还可以在哪些网络设备上进行配置和管理网络？相比路由器和交换机，在这些设备上配置 ACL 有什么优势？

第12章 网络地址转换与配置方法

校园网或园区网的内部子网、服务器和主机等都使用私有IP地址，这些私有地址是无法在互联网中被识别和路由的，但校园网或园区网内部的服务器和主机都有访问互联网的需求，这就必须使用网络地址转换协议。本章主要介绍为什么需要网络地址转换，以及什么是网络地址转换，其次介绍其功能、工作原理、分类方法，接下来对静态、动态、端口映射三种类型分别介绍它们的原理与配置方法，最后给出典型的案例分析和实战项目。

12.1 为什么需要NAT

网络地址转换(Network Address Translation，NAT)能够将内部私有地址转换为外部公共地址，从而访问互联网。本节主要介绍在现代校园网或园区网中为何需要NAT，以及相关概念术语。

12.1.1 NAT之问

第2章介绍了现代校园网或园区网的主要结构、VLAN的创建和管理方法，以及可以采用ACL进行流量管理和用户权限的设置。这些局域网络都有一些共性的地方，下面先思考如下几个问题：

(1) 校园网、企业、公司或单位内部的网络，可以称为什么样的网络？这样的网络有什么共同的特征？

(2) 在上述网络中，给该网络中的每台网络设备和主机分配一个公共IP地址，这样做可行吗？

(3) 如果内网都使用私有IP地址，通过什么样的方法可以访问外面的互联网络，并与外网的终端进行通信呢？

(4) 在内网中，像WWW、Email服务器等终端需要外网能够方便且稳定地访问，其余主机不需要被外网直接访问。面对这样的需求，在设置NAT时有什么不同呢？如果网络服务提供商分配给单位的公共IP地址受限时，又设置什么样的NAT较好呢？

我们再回顾一下第2章校园网项目设计与子项目分解中的图2-1，是一个校园网的整体拓扑结构图，校园网一般由一台边界网络设备提供两个出口，一个是中国教育科研网，另一个是通过租用中国电信、中国联通或中国移动的网络连接互联网。其他企业、公司或单位内部的网络和校园网的整体拓扑结构类似，通常也是一台边界网络设备，且只有一个互联网出口，这种网络可以称为存根网络(Stub Network)。存根网络具有一些共同的特征，例如：

(1) 都属于大型的局域网，都有一台边界网络设备，通常为高性能路由器或网闸，对外有一个出口连接互联网。

(2) 边界网络设备的后面都有一台或两台防火墙，防火墙的安全区(DMZ)都会连接高性能交换机并上连 WWW、Email、DNS 等需要对内和对外提供服务的服务器。

(3) 内部骨干网都采用层次结构，通常为核心层、汇聚层和接入层，有些现代智慧校园网还采用网络虚拟化新技术，骨干网采用大二层的网络架构，各层网络设备均采用高性能交换机，提供千兆到桌面的网络连接，提升整体网络的可靠性和稳定性。

(4) 内部的子网、服务器和终端主机等都使用私有 IP 地址，但都需要访问互联网络。

接下来看第二个问题。私有 IP 地址是不能在互联网络中被识别和路由的。那么，在上述网络中，能否给该网络中的每台网络设备、服务器和终端主机等分配一个公共 IP 地址呢？答案是不可行的。原因主要有以下几个方面：

(1) IP 地址资源不够。在 IPv4 编址范围内，总的公共 IP 地址数量是有限的。随着各类组织、单位、终端主机数量的快速增长，公共 IP 地址的需求量与日俱增。因此，有限的公共 IP 地址资源已经无法持续满足这种对 IP 地址快速增长的需求。

(2) 整体网络性能降低。如果局域网内部每个子网、每台服务器和终端主机都分配一个公共 IP 地址，那么每个局域网内部包含可供路由的 IP 子网数量将变得非常多，使得路由表的路由条目变得异常多，这给路由器的 CPU、内存等带来繁重负担，且不利于路由协议的更新和快速收敛，大幅降低网络性能。

(3) 安全无法保障。如果局域网内部均使用公共 IP 地址，这时候的局域网已经没有内网、外网之分了，互联网上的所有主机都能直接访问局域网内的任何一台设备和终端主机，相当于边界网络设备的安全屏障失去了作用，无法及时阻止外网的恶意数据包访问内网，从而网络安全无法得到保障。综上所述，给局域网内部的每台网络设备、服务器和终端主机都分配一个公共 IP 地址是不可行的。

再看第三个问题。前面已经阐明，不能为内网的设备和主机分配公共 IP 地址，那就只能用私有 IP 地址，而私有地址是无法在互联网络上被识别和路由的。也就是说，私有地址是无法直接上网的。然而，不管哪个局域网，其服务器和终端主机都有上网需求。现代校园网，移动终端都需要加入到互联网中形成移动互联网。那么，采用什么技术能够使得采用私有 IP 地址的内部主机访问外网呢？答案是采用网络地址转换技术，也称 NAT 技术。NAT 能够在网络边界设备上将私有 IP 地址转换为公共 IP 地址，通过转换的公共 IP 地址在网络中被识别和路由，从而访问互联网，并与外网的终端进行通信。

最后看第四个问题。NAT 根据应用场景的不同，可以分成静态 NAT、动态 NAT 和端口映射 NAT。下面来看有哪些不同的场景：

(1) 在局域网内网中，WWW、Email 等服务器终端需要外网能够方便且稳定地访问，其余主机不需要被外网直接访问。面对这样的需求，在设置 NAT 时有什么不同呢？这种场景下，可以将需要对外提供服务的服务器全部部署在防火墙的 DMZ 区，为每台服务器申请一个公共 IP 地址，然后配置静态 NAT，将其私有 IP 地址和申请的公共 IP 地址建立一对一映射关系，实现外网主机可以访问内网的 WWW、Email 等服务器。

(2) 除了对外提供服务的服务器之外，其他内部子网、内部服务器和内部主机也有访问互联网的需求，他们采用什么方式进行地址转换呢？如果学校、企业等单位向网络服务提供商(Internet Service Provider，ISP)，如中国电信、中国联通、中国移动等，申请的公共 IP 地址数量比较多，是一个连续的地址池时，可以采用动态 NAT 对内部私有 IP 地址进行动态转换。

(3) 如果单位向 ISP 申请的公共 IP 地址受限时，设置什么样的 NAT 较好呢？这时可以采取端口映射的方式，也称为 PAT(Port Address Translation)，这样仅需少量的公共地址，就可以让内网成千上万台终端主机共享访问互联网。

综上所述，采用 NAT 技术可以使局域网中所有使用私有 IP 地址的网络设备、服务器和主机等进行地址映射，将其私有 IP 地址转换到公共 IP 地址上，从而访问互联网。

12.1.2 NAT 术语

NAT 协议涉及的 IP 地址术语比较多，容易混淆，如图 12-1 所示，主要有如下几种。

(1) 内部本地地址(inside local address)。即 NAT 转换前的内部源地址，分配给内部网络中每一台主机的 IP 地址。通常是由 RFC1918 定义的私有 IP 地址，这些地址通常只有内部本地主机知道。图 12-1 中边界路由器 X 的 fa0/0 接口以内的所有设备和主机的地址采用内部本地地址，都是私有 IP 地址。

(2) 内部全局地址(inside global address)。即转换后的源地址，是从 ISP 或 NIC (Internet Network Information Center)注册的公共 IP 地址，也称为公网 IP 地址，分配给内部主机、以执行 NAT 映射处理的地址。对外进行 IP 通信时，代表一个或多个内部本地地址的公共 IP 地址，这种内部全局地址可以被外部网络识别和路由，也能被外部主机看到。图 12-1 中边界路由器 X 的 S0/0/1 接口使用的地址是内部全局地址。

(3) 外部本地地址(outside local address)。即外部局域网的内部本地地址，相对于本局域网而言是外部本地地址，这些地址也是分配给外部局域网的私有 IP 地址，无法在网络上被识别和路由，要访问网络也需要先通过 NAT 协议将其私有地址转换到外部全局地址上。在图 12-1 中，相对于路由器 X 所在的局域网而言，路由器 Y 所在的局域网内部主机使用的是外部本地地址。

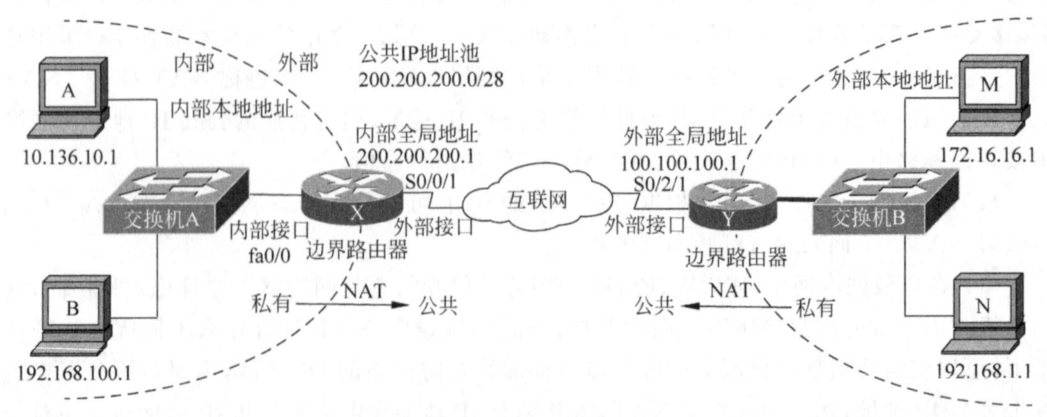

图 12-1　NAT 地址类型

(4) 外部全局地址(Outside Global Address)。即外部目标地址,分配给外部网络上主机的公共 IP 地址。在图 12-1 中,相对于路由器 X 而言,所有在互联网上能被识别和路由的公共 IP 地址都是外部全局地址,如路由器 Y 的外部接口地址就是外部全局地址。

(5) 地址池(Address Pool)。本地局域网所在的单位向 NIC 或 ISP 申请、能够用来进行 NAT 使用的多个公共 IP 地址的集合组成一个地址池。

(6) 静态 NAT。能够在内部本地地址(私有 IP 地址)和内部全局地址(即公共 IP 地址)之间进行一对一的映射,必须为网络中的每台主机提供一个公共 IP 地址(公网 IP)。主要用于局域网中需要对外提供服务的服务器上,如门户网站 WWW、Email、DNS 等服务器需要采用静态 NAT 进行地址转换,以方便外网能够顺利访问到这些服务器。

(7) 动态 NAT。能够将局域网内部的私有 IP 地址映射到向 NIC 或 ISP 申请的公共 IP 地址池中的一个地址,在实际使用过程中,必须申请足够多的公共 IP 地址,让连接到因特网的多台主机都能够同时发送和接收数据包。

(8) NAT 端口复用(PAT)。属于一种特殊的动态 NAT,利用源端口将多个内部私有 IP 地址和一个公共 IP 地址进行多对一映射,也被称为端口地址转换(Port Address Translation,PAT),PAT 有时只需要使用一个内部全局 IP 地址,就可将数千台内部主机连接到互联网 Internet。

(9) 边界路由器。网络边界的边缘或末点的路由器,提供了对外界网络的基本安全保护,或者从缺乏网络控制的区域进入到专用网络区域。图 12-1 中,路由器 X 和路由器 Y 都是边界路由器,都将各自的局域网 Stub 网络连接到外网。NAT 在边界路由器执行 IP 地址转换。

12.1.3　NAT 概述

NAT 典型工作在存根网络(Stub Network)的边缘,由边界路由器(局域网网闸)执行 NAT 功能。

NAT 是将局域网内部私有 IP 地址转化为公共 IP 地址的转换技术,它被广泛应用于各种类型 Internet 接入方式和各种类型的局域网中。NAT 不仅完美地解决了 IP 地址资源不足的问题,而且还能够有效地避免来自网络外部的攻击,隐藏并保护局域网络内部的网络设备和终端主机。

网络地址转换是一个过程,而不是一个结构化协议。具体地说,NAT 可以动态改变通过路由器的 IP 数据包的内容(修改数据包的源 IP 地址和/或目的 IP 地址)。离开路由器的数据包的源地址或目的地址会转换成与原来不同的地址。这种功能对于申请了少量公共 IP 地址空间,但上网主机的数量远远超过了公共 IP 地址数目的校园网、政务网、园区网等组织机构来说十分有用,不仅可以降低维护公共 IP 地址的成本,而且可以阻止外部网络直接与内部网络的通信从而达到一定程度上的安全保证。

12.1.4　NAT 主要功能

NAT 主要可以实现以下几方面功能:数据包伪装、端口转发、负载均衡、失效终结和透明代理。

(1) 数据包伪装。可以将局域网内部数据包中的私有 IP 地址信息更改成统一的对外公共 IP 地址信息,不让内网主机直接暴露在互联网上,从而保证内网主机的安全。同时,该功能也常用来实现共享上网。

(2) 端口转发。当内网主机对外提供服务时,由于使用的是内部私有 IP 地址,外网无法直接访问。因此,需要在边界路由器上进行端口转发,将特定服务的数据包转发给内网主机。

(3) 负载均衡。目的地址转换 NAT 可以重定向一些服务器连接到其他随机选定的服务器上,以便实现对服务器访问的负载均衡。

(4) 失效终结。目的地址转换 NAT 可以用来提供高可靠性的服务。如果一个系统有一台通过路由器访问的关键服务器,一旦路由器检测到该服务器主机,它就可以使用该目的地址来转换 NAT,并透明地把连接转移到一台服务器上。

(5) 透明代理。NAT 可以把连接到互联网的 HTTP 连接重定向到一台指定的 HTTP 代理服务器以缓存数据和过滤请求。一些互联网服务提供商使用这种技术来减少带宽的使用,而不用让客户配置浏览器支持代理连接。

根据内部本地地址和内部全局地址之间的映射转换关系,可以将 NAT 分为静态 NAT、动态 NAT 和端口映射 PAT 三种,下面将分别从工作原理和配置方法两方面进行详细阐述,最后再给出典型应用的案例分析。

12.2 静态 NAT 原理与配置方法

本节主要介绍静态 NAT 的工作原理与配置方法。

12.2.1 静态 NAT 原理

在设置、运行 NAT 的边界路由器(NAT 路由器)中,当局域网数据包被传送时,NAT 可以转换数据包中包头部分的 IP 地址和 TCP/UDP 数据段的端口号。NAT 路由器至少要有一个内部(Inside)接口和一个外部(Outside)接口,内部接口连接内网的防火墙、核心交换机等内部设备和用户,外部接口一般连接到互联网。当 IP 数据包离开内部网络时,NAT 负责将内网 IP 源地址(通常是私有 IP 地址)转换为合法的公共 IP 地址;当 IP 数据包从外网想要进入内网时,NAT 路由器检查 NAT 表,将合法的公共 IP 地址转换为对应内网的私有 IP 源地址。

静态 NAT 要求将内部本地地址(私有 IP 地址)与内部全局地址(公共 IP 地址)进行一对一的明确转换。这种方法主要用在局域网内部有需要对外提供服务的服务器上,如学校的门户网站 WWW 服务器、电子邮件 Email 服务器、域名系统 DNS 服务器等,这些服务器需要对外提供服务,被校外的主机访问到。这些服务器在校园网内部也使用私有 IP 地址,但学校需要向 NIC 或 ISP 为每台对外提供服务的服务器申请一个公共 IP 地址,采用静态 NAT 的方式建立一对一映射关系,以便外部用户可以使用这些网络服务。如图 12-2 所示,学校门户网站 WWW 服务器使用的内部私有 IP 地址为 10.128.0.243,为其申请的公共 IP 地址是 125.77.121.2;Email 服务器使用的内部私有 IP 地址为 10.128.0.245,为其申请的公共 IP 地址是 125.77.121.3;DNS 服务器使用的内部私有 IP 地址为 10.128.0.249,为其

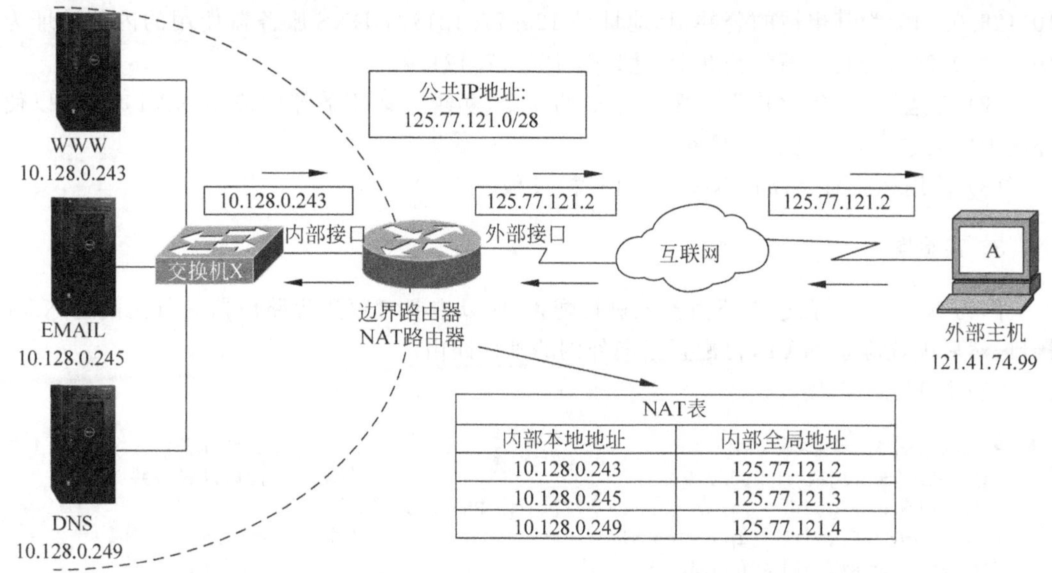

NAT表	
内部本地地址	内部全局地址
10.128.0.243	125.77.121.2
10.128.0.245	125.77.121.3
10.128.0.249	125.77.121.4

图 12-2 静态 NAT 工作原理

申请的公共 IP 地址是 125.77.121.4。

在边界 NAT 路由器配置好了静态 NAT 协议之后，当 WWW 服务器访问外网主机时，NAT 路由器将其数据包的源 IP 地址由 10.128.0.243 转换为 125.77.121.2，目的地址保持不变，然后发送到外网，并把这个转换写入 NAT 转换表，当外面主机的数据包返回 WWW 服务器时，NAT 路由器检查 NAT 表，将返回的数据包目标 IP 地址 125.77.121.2 转换成局域网内部地址 10.128.0.243，从而返回给服务器。外部主机 A 要访问学校 WWW 服务器时，NAT 路由器检查访问请求数据包的目标地址为 125.77.121.2，查找 NAT 转换表，找到对应的内部地址为 10.128.0.243，将访问请求转发给 WWW 服务器，服务器返回的数据包经过 NAT 路由器时，通过检查 NAT 转换表，将源 IP 地址由 10.128.0.243 转换为 125.77.121.2，然后数据包路由给外部主机 A。

静态 NAT 方法的优点是能够提供稳定的网络访问服务，缺点是需要独占宝贵的公共 IP 地址资源，如果某个公共 IP 地址已经被定义为静态 NAT 地址转换，即使该地址当前没有被使用，也不能被用作其他类型的地址转换。

12.2.2 静态 NAT 配置方法

1. 拓扑结构图

本实验的拓扑结构图如图 12-2 所示，学校校园网有三台需要对外提供服务的服务器，分别为学校门户网站 WWW 服务器、Email 服务器和 DNS 服务器，在实际校园网中，这些服务器一般部署在防火墙的 DMZ 区，为这些服务器提供更安全的数据保护。

2. 实验需求

(1) 如图 12-2 所示，学校门户网站 WWW 服务器使用的内部私有 IP 地址为 10.128.0.243，学校为其向 ISP 申请的内部全局地址为 125.77.121.2；Email 服务器使用的内部地址为

10.128.0.245，为其申请的公共 IP 地址是 125.77.121.3；DNS 服务器使用的内部地址为 10.128.0.249，为其申请的公共 IP 地址是 125.77.121.4。

(2) 在边界 NAT 路由器上配置合适的命令，实现上述服务器的静态 NAT 转换，以便外网主机能够访问到这三台服务器。

(3) 使用相关命令查看 NAT 地址转换过程。

3. 实验操作

因为 NAT 主要在边界路由器上进行配置，所以主要考察边界路由器。首先配置 NAT 接口，然后配置静态 NAT，再配置指向外网的默认路由。

(1) 配置 NAT 接口。

```
Router(config)# name NATStatic                                  //设置 NAT 路由器名称
NATStatic(config)# int s0/0/0                                   //给外部接口设置公共 IP 地址
NATStatic(config-if)# ip address 125.77.121.1 255.255.255.0
NATStatic(config-if)# ip nat outside                            //指定为 NAT 外部接口
NATStatic(config-if)# no shut
NATStatic(config-if)# int fa0/0                                 //给内部接口设置私有 IP 地址
NATStatic(config-if)# ip address 10.128.0.254 255.255.255.0
NATStatic(config-if)# ip nat inside                             //指定为 NAT 内部接口
NATStatic(config-if)# no shut
```

(2) 配置静态 NAT。

在全局配置模式下进行静态 NAT 配置：

```
NATStatic(config)# ip nat inside source static 10.128.0.243 125.77.121.2        //WWW
NATStatic(config)# ip nat inside source static 10.128.0.245 125.77.121.3        //Email
NATStatic(config)# ip nat inside source static 10.128.0.249 125.77.121.4        //DNS
```

(3) 配置默认路由。

```
NATStatic(config)# ip route 0.0.0.0 0.0.0.0 125.77.121.254 //配置默认路由，指向 ISP 路由器
```

同理，默认路由也需要回程路由，在 ISP 路由器上，配置一条静态路由，目标网络为向 ISP 申请的公共 IP 地址段 125.77.121.0/24，指向 NAT 路由器的外部接口 s0/0/0，这样外部主机就可以访问校园网内部的服务器了。

4. 实验结果分析

(1) 当内部服务器 ping 外网主机地址时，在 NATStatic 路由器上使用 debug ip nat 命令，查看地址转换信息，结果如下：

```
NATStatic# debug ip nat
*Mar 4 02:02:12.779: NAT*: s=10.128.0.243->125.77.121.2, d=121.41.74.99 [20240]
*Mar 4 02:02:12.791: NAT*: s=121.41.74.99, d=125.77.121.2->10.128.0.243 [14435]
(部分内容省略)
*Mar 4 02:02:25.563: NAT*: s=10.128.0.249->125.77.121.4, d=121.41.74.99 [25]
*Mar 4 02:02:25.579: NAT*: s=121.41.74.99, d=125.77.121.4->10.128.0.249 [25]
(部分内容省略)
```

静态 NAT 的转换过程为：首先，当 WWW 服务器访问外部主机 121.41.74.99 时，处于边界的 NATStatic 路由器将访问外网主机的数据包的源 IP 地址（内网的私有地址）10.128.0.243 一对一转换成公共 IP 地址 125.77.121.2；然后，新的源地址变为 125.77.121.2，由该地址访问外网主机的目的地址 121.41.74.99。当外网主机 121.41.74.99 返回数据包时，NATStatic 路由器再把返回数据包的目的公共地址 125.77.121.2 转换成目的私有地址 10.128.0.243，到达 WWW 服务器。

（2）在 NATStatic 上使用 show ip nat translations 命令，查看 NAT 的地址映射表，结果如下：

```
NATStatic# show ip nat translations
Pro Inside global Inside local Outside local Outside global
 - - - 125.77.121.2  10.128.0.243 - - -   - - -
 - - - 125.77.121.3  10.128.0.245 - - -   - - -
 - - - 125.77.121.4  10.128.0.249 - - -   - - -
```

可以看到当内网服务器访问外网时，内部全局地址和内部本地地址之间的一对一映射关系，说明静态 NAT 配置成功，正常工作。

5. 常用命令总结

（1）show ip nat translations。查看 IP NAT 转换条目时，可能看到很多包含同一目标地址的转换条目，这通常是由于有很多到同一台服务器或外部主机的连接。显示转换表，其中包含所有活动的 NAT 条目。

（2）debug ip nat。验证 NAT 配置，在该命令的每个调试输出行中，都包含发送地址、转换条目和目标地址。

（3）clear ip nat translation *。清除 NAT 表中的所有转换条目。

（4）show ip nat statistics。显示 NAT 配置摘要、活动转换条目数、命中现有转换条目的次数、没有匹配转换条目（这将导致试图创建新转换条目）的次数以及到期的转换条目数。

6. 配置总结

配置静态 NAT 有如下方面需要重点关注：

（1）定义私有 IP 地址和公共 IP 地址之间一对一的映射关系。

（2）定义好 NAT 内部接口和外部接口，且方向不要配置错误。

如果已定义了静态 NAT 命令，但 NAT 还是不工作，则确认边界 NAT 路由器的每个接口下面所定义的 NAT 方向是否合理。

12.3 动态 NAT 原理与配置方法

本节主要介绍动态 NAT 的工作原理与配置方法。

12.3.1 动态 NAT 原理

动态 NAT 需要借助内部全局地址（公共 IP 地址）池，通过该地址池，将内部本地地址与内部全局地址进行一对一的地址转换。与静态 NAT 不同的是，动态 NAT 是从该地址池中动态地选择一个未使用的公共 IP 地址对内部本地地址进行转换，且该地址是地址池中排在最前面的一个。当数据传输完毕后，路由器再将使用完的内部全局地址返回到地址池中，以供其他内部本地地址进行转换，使得这个公共 IP 地址可以动态循环使用。

需要注意的是：未使用的公共 IP 地址在同一时刻只能使用一次，即在该公共 IP 地址被使用时，不能用该地址再进行一次转换。因此，当局域网内部主机需要同时上网的数量较大时，需要较多数量的内部全局地址，对于一个单位而言，其每年的公共 IP 地址租赁费用就比较多。

如图 12-3 所示，默认情况下，局域网内部的私有 IP 地址是无法被外面互联网识别和路由的，假如信息学院内部主机 10.136.10.2 要访问外部互联网的某数据库服务器 S，NAT 路由器采用动态 NAT 转换的话，该访问请求包到达边界路由器执行 NAT 时，NAT 查找申请到的公共 IP 地址池，找到一个合法的公共 IP 地址 125.77.120.2，然后将 IP 包头的源地址 10.136.10.2 替换成公共 IP 地址 125.77.120.2，并在 NAT 转发表中保存这条记录。外部服务器 S 发送回一条应答数据包到学院内网，NAT 路由器收到后再执行 NAT，查看当前的 NAT 转换表，将公共 IP 地址 125.77.120.2 转换成内网私有 IP 地址 10.136.10.2，然后将数据包转发给内部主机。

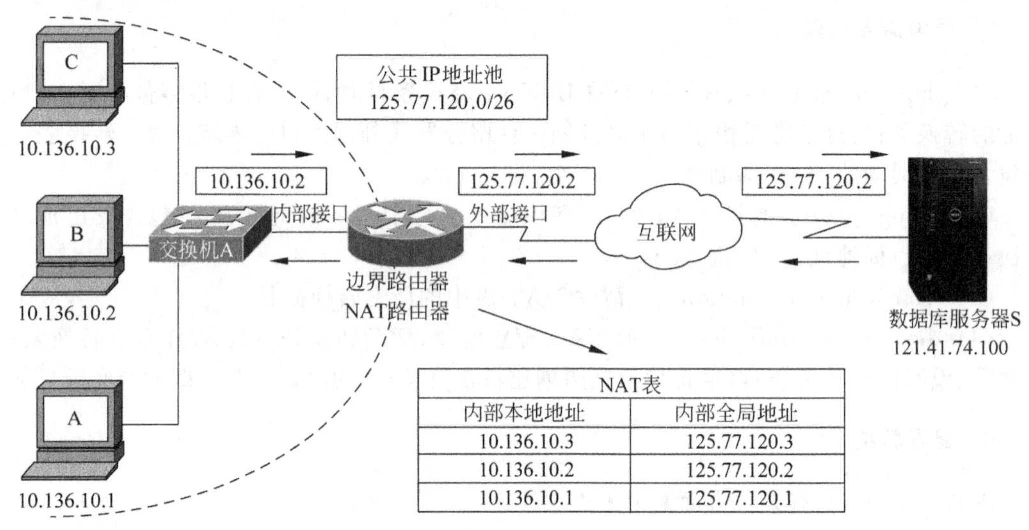

图 12-3 动态 NAT 转换示例

12.3.2 动态 NAT 配置方法

1. 拓扑结构图

本实验的拓扑结构图如图 12-3 所示，学校校园网有一台边界路由器，内部有许多主机需要访问外网。

2. 实验需求

(1) 如图 12-3 所示，学校内部主机使用的私有 IP 地址段为 10.136.10.0/24，学校为其向 ISP 申请的内部全局地址为 125.77.120.0/26。

(2) 在边界 NAT 路由器上配置合适的命令，实现内部主机的动态 NAT 转换，以便内部主机能够访问外网。

(3) 使用相关命令查看 NAT 地址转换过程。

3. 实验操作

因为 NAT 主要在边界路由器上进行配置,所以主要考察边界路由器。首先配置动态 NAT,然后将配置应用到 NAT 接口,再配置指向外网的默认路由。

(1) 配置动态 NAT。

在全局配置模式下进行动态 NAT 配置:

```
Router(config)# name NATDynamic                                    //设置 NAT 路由器名称
NATDynamic(config)# ip nat pool NATDynamic 125.77.120.1 125.77.120.60 netmask 255.255.255.192
//定义动态 NAT 地址池,命名为 NATDynamic,公共 IP 地址区间为 125.77.120.1～125.77.120.60
NATDynamic(config)# access-list 1 permit 10.136.10.0 0.0.0.255  //定义 ACL,允许访问外网的内部
                                                                 //私有地址段
NATDynamic(config)# ip nat inside source list 1 pool NATDynamic  //定义 ACL 与地址池的关联关系
```

(2) 配置 NAT 接口。

```
NATDynamic(config)# int s0/0/0                                  //给外部接口设置公共 IP 地址
NATDynamic(config-if)# ip address 125.77.120.61 255.255.255.192
NATDynamic(config-if)# ip nat outside                           //指定为 NAT 外部接口
NATDynamic(config-if)# no shut
NATDynamic(config-if)# int fa0/0                                //给内部接口设置私有 IP 地址
NATDynamic(config-if)# ip address 10.136.10.254 255.255.255.0
NATDynamic(config-if)# ip nat inside                            //指定为 NAT 内部接口
NATDynamic(config-if)# no shut
```

(3) 配置默认路由,指向外网。

```
NATDynamic(config)# ip route 0.0.0.0 0.0.0.0 125.77.120.62 //配置默认路由,指向 ISP 路由器
```

同理,默认路由也需要回程路由,在 ISP 路由器上,配置一条静态路由,目标网络为向 ISP 申请的公共 IP 地址段 125.77.120.0/26,指向 NAT 路由器的外部接口 s0/0/0,这样内部主机就可以访问外网啦。

4. 实验结果分析

(1) 当内部主机 ping 外网主机地址 121.41.74.100 时,在 NATDynamic 路由器上使用 debug ip nat 命令,查看地址转换信息,如下所示:

```
NATDynamic# debug ip nat
IP NAT debugging is on
NATDynamic# clear ip nat translation *                    //清除动态 NAT 表,重新生成 NAT 表
 *Mar 4 01:34:23.075: NAT*: s=10.136.10.1->125.77.120.1, d= 121.41.74.100 [19833]
 *Mar 4 01:34:23.087: NAT*: s=121.41.74.100, d=125.77.120.1 ->10.136.10.1 [62333]
(部分内容省略)
 *Mar 4 01:28:49.867: NAT*: s= 10.136.10.3 ->125.77.120.3, d=121.41.74.100 [62864]
 *Mar 4 01:28:49.875: NAT*: s=121.41.74.100, d=125.77.120.3 ->10.136.10.3 [54062]
(部分内容省略)
```

注意：若动态 NAT 地址池中没有足够的公共 IP 地址作为动态映射，则会出现丢包的情况，表明 NAT 地址转换失败。

```
* Apr 22 09:02:59.075: NAT: translation failed (A), dropping packet s = 10.136.10.100 d =
121.41.74.100
```

(2) 在 NATDynamic 路由器上使用 show ip nat translations 查看 NAT 地址转换列表，结果如下：

```
NATDynamic# show ip nat translations
Pro       Inside global       Inside local      Outside local       Outside global tcp
          125.77.120.1        10.136.10.1       121.41.74.100       121.41.74.100
 - - -    125.77.120.2        10.136.10.2       121.41.74.100       121.41.74.100
          125.77.120.3        10.136.10.3       121.41.74.100       121.41.74.100
```

当主机 A 和主机 B 等第一次访问外网地址 121.41.74.100 的时候，NATDynamic 为主机 A 和主机 B 动态分配两个全局 IP 地址 125.77.120.1 和 125.77.120.2，并在 NAT 表中生成两条动态映射的记录。在动态映射过期(过期时间为 86 400s)之前，若再有应用从相同主机发起，NAT 路由器可以直接查 NAT 表，然后为应用分配相应的端口号，而无须重新映射新的全局地址。

(3) 在 NATDynamic 使用 show ip nat statistics 时，可以查看 NAT 的地址转换统计信息。

5. 配置总结

配置动态 NAT 有以下几点需要重点关注：

(1) 定义公共 IP 地址池，注意地址池的起始地址和结束地址。

(2) 定义好访问控制列表，一般配置标准 ACL，允许内部的某个或多个子网，注意通配符掩码不要配错。

(3) 定义好地址池和访问控制列表的关联关系，告知边界路由器内部子网 IP 和地址池的映射关系。

(4) 定义好 NAT 内部接口和外部接口，且方向不要配置错误。如果同学们已定义了动态 NAT 命令，但 NAT 还是不工作，则确认边界 NAT 路由器每个接口下所定义的 NAT 方向是否合理。

(5) NAT 地址池并非必须与边界路由器外部接口上所配置的公共 IP 地址所在的子网相同，可以是不同子网的公共 IP 地址。

12.4 端口复用 PAT 原理与配置方法

本节主要介绍端口复用 PAT 的工作原理与配置方法。

12.4.1 端口复用 PAT 原理

端口复用转换也称为端口地址转换(Port Address Translation，PAT)，是一种特殊的动态 NAT,其内部全局地址池中只有一个公共 IP 地址,局域网内部主机通过不同端口号复用这一个公共 IP 地址实现 NAT 转换。NAT 路由器将通过记录 IP 地址、应用程序端口等唯一标识一个地址转换,通过这种转换,可以使多个内部本地地址同时与同一个内部全局地址进行转换并对外部网络进行访问。这对于只申请到少量公共 IP 地址甚至只有一个公共 IP 地址,但却有很多内部用户同时要求访问外网的需求时,这种 PAT 转换方式非常实用。理想情况下,一个单一的公共 IP 地址可以同时为 4000 台内部主机提供 PAT 转换服务。

接下来看一个更复杂的实例,如图 12-4 所示,边界路由器执行 NAT 时,使用端口复用 PAT 的转换方法,通过该方法转换后的所有局域网内部主机都使用同一个公共 IP 地址 125.77.120.2。目前,可用的互联网公共 IP 地址之所以没有耗尽,主要是因为有了端口复用(PAT)功能。在该 NAT 表中,除内部本地 IP 地址和外部全局 IP 地址外,它还包括端口号,PAT 能够使用传输层端口号来标识局域网本地的每一台主机。这些端口号能够让 NAT 路由器确定应该将返回的数据包精确转发给局域网内部的哪台主机。

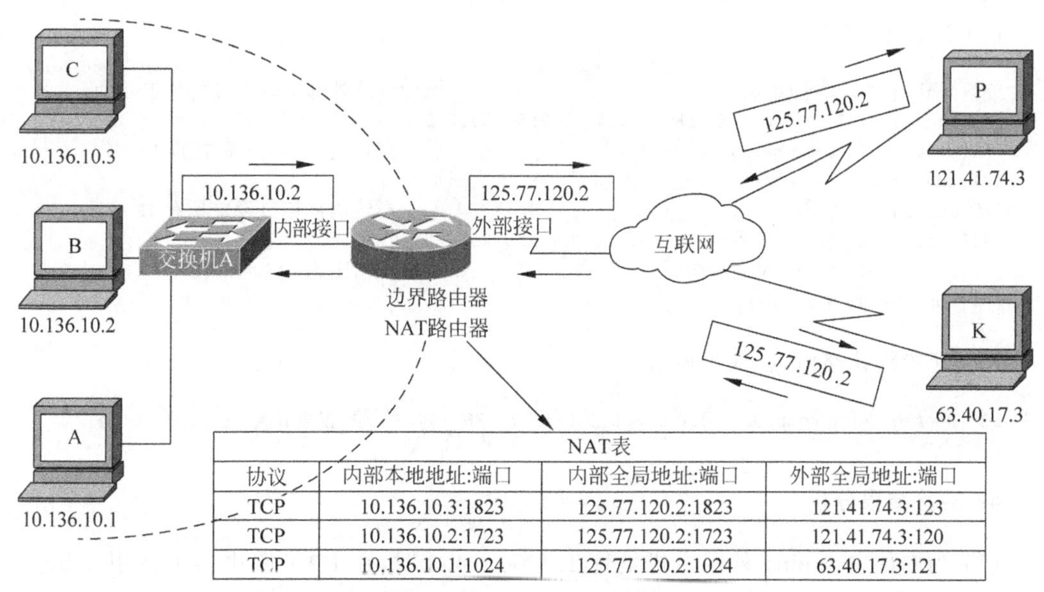

NAT表			
协议	内部本地地址:端口	内部全局地址:端口	外部全局地址:端口
TCP	10.136.10.3:1823	125.77.120.2:1823	121.41.74.3:123
TCP	10.136.10.2:1723	125.77.120.2:1723	121.41.74.3:120
TCP	10.136.10.1:1024	125.77.120.2:1024	63.40.17.3:121

图 12-4　端口复用 PAT 示例

12.4.2　端口复用 PAT 配置方法

1. 拓扑结构图

本实验的拓扑结构图如图 12-4 所示,学校校园网有边界路由器和若干内部主机,内部主机需要通过边界路由器访问外网。

2. 实验需求

(1) 如图 12-4 所示,学校内网使用私有 IP 地址段 10.136.10.0/24,学校向 ISP 申请到唯一的一个公共 IP 地址 125.77.120.2,内部主机需要通过边界路由器访问外网。

(2) 在边界 NAT 路由器上配置合适的命令,实现端口映射 PAT 转换,以便内部主机能够访问外网。

(3) 使用相关命令查看 NAT 地址转换过程。

3. 实验操作

因为 NAT 主要在边界路由器上进行配置,所以主要考察边界路由器。首先配置 PAT,然后将其应用到边界路由器接口,再配置指向外网的默认路由。

(1) 配置 PAT。

在全局配置模式下进行 PAT 配置:

```
Router(config)# host name PAT                                  //设置 PAT 路由器名称
PAT(config)# ip nat pool PAT 125.77.120.2 125.77.120.2 netmask 255.255.255.0
//定义 PAT 地址池,命名为 PAT,唯一的公共 IP 地址: 125.77.120.2
PAT(config)# access-list 1 permit 10.136.10.0 0.0.0.255//定义允许访问外网的内部私有地址段
PAT(config)# ip nat inside source list 1 pool PAT overload
//定义 ACL 与地址池的关联关系,overload 表示开启重载、端口复用 PAT
```

(2) 配置 PAT 接口。

```
PAT(config)# int s0/0/0                                    //给外部接口设置公共 IP 地址
PAT(config-if)# ip address 125.77.120.2 255.255.255.0
PAT(config-if)# ip nat outside                             //指定为 PAT 外部接口
PAT(config-if)# no shut
PAT(config-if)# int fa0/0                                  //给内部接口设置私有 IP 地址
PAT(config-if)# ip address 10.136.10.254 255.255.255.0
PAT(config-if)# ip nat inside                              //指定为 PAT 内部接口
PAT(config-if)# no shut
```

(3) 配置默认路由,指向外网。

```
PAT(config)# ip route 0.0.0.0 0.0.0.0 125.77.120.254   //配置默认路由,指向 ISP 路由器
```

4. 实验结果分析

(1) 当内部主机 ping 外网主机地址 121.41.74.3 时,在 PAT 路由器上使用 debug ip nat 命令,查看地址转换信息,如下所示:

```
Mar 4 01:53:47.983: NAT*: s=10.136.10.3 ->125.77.120.2, d=121.41.74.3 [20056]
*Mar 4 01:53:47.995: NAT*: s=121.41.74.3, d=125.77.120.2 ->10.136.10.3 [46201]
(部分内容省略)
*Mar 4 01:54:03.015: NAT*: s=10.136.10.2 ->125.77.120.2, d=121.41.74.3 [20787]
*Mar 4 01:54:03.219: NAT*: s=121.41.74.3, d=125.77.120.2 ->10.136.10.2 [12049]
(部分内容省略)
```

上述结果显示,内部主机访问外网时,转换的内部全局地址均为 125.77.120.2。

(2) R1 查看 NAT 地址转换表,结果如下:

```
PAT# show ip nat translations
Inside local         Inside global        Outside local          Outside global
10.136.10.3:1823     125.77.120.2:1823    121.41.74.3:123 tcp    121.41.74.3:123
10.136.10.2:1723     125.77.120.2:1723    121.41.74.3:120 icmp   121.41.74.3:120
10.136.10.1:1024     125.77.120.2:1024    63.40.17.3:121 tcp     63.40.17.3:121
```

上述结果显示，内部主机访问外网时，转换的内部全局地址均为 125.77.120.2。但针对不同的应用，端口号会不同。

（3）注意动态 NAT 的过期时间是 86 400s，PAT 的过期时间是 60s，可以通过下面的命令来修改过期时间：

```
PAT(config)# ip nat translation timeout timeout
```

当主机的数量不多，可以直接使用接口地址配置 PAT，不必定义地址池，命令如下：

```
PAT(config)# ip nat inside source list 1 interface s0/0/0 overload
```

5. 配置总结

配置 PAT 有以下几点需要重点关注：

（1）定义公共 IP 地址池，注意地址池的起始地址和结束地址相同，表示只有一个唯一的公共 IP 地址。

（2）定义好访问控制列表，一般配置标准 ACL，允许内部的某个或多个子网，注意通配符掩码不要配错。

（3）定义好地址池和访问控制列表的关联关系，告知边界路由器允许哪个内部子网 IP 映射到唯一的公共 IP 地址上。相比动态 NAT，不要忘记 overload。

（4）定义好 NAT 内部接口和外部接口，且方向不要配置错误。如果同学们已定义了动态 NAT 命令，但 NAT 还是不工作，则确认边界 NAT 路由器每个接口下面所定义的 NAT 方向是否合理。

（5）边界路由器外部接口上所配置的公共 IP 地址通常就是用来 PAT 的地址，即地址池中定义的地址。

12.5 NAT 典型应用分析

下面通过 4 个具体的应用场景分析 NAT 的典型应用，主要从应用场景分析、NAT 类型分析、NAT 配置方法、命令分析等方面阐述 NAT 在不同应用场景下的强大功能。

12.5.1 网吧组网项目

1. 项目介绍

高新园区有座写字楼，写字楼里面有一个网吧公司，规模中等，大概有 250 台主机，还有其他许多初创的小公司，这些公司都需要租用互联网络服务提供商（ISP），如中国电信、中国联通或中国移动。

在网吧公司的组网中，使用一台具有两个快速以太网接口的 Cisco 路由器，作为网吧边界路由器承载 NAT 功能，fa0/0 连接到网吧内部网络，而 fa0/1 则连接到另外一个局域网网段，网吧公司、其他初创公司和 ISP 路由器共享该网段，如图 12-5 所示。在网吧内部网络中，使用 192.168.10.0/24 地址空间中的 IP 地址，网吧公司向 ISP 申请的公共 IP 地址块为

125.77.121.0/24。网吧公司路由器的接口 fa0/1 使用 IP 地址 125.77.121.1，而 ISP 路由器接口则使用 IP 地址 125.77.121.2，而将那些从 125.77.121.3～254/24 的地址区间全部留给网吧内部主机做 NAT 转换。

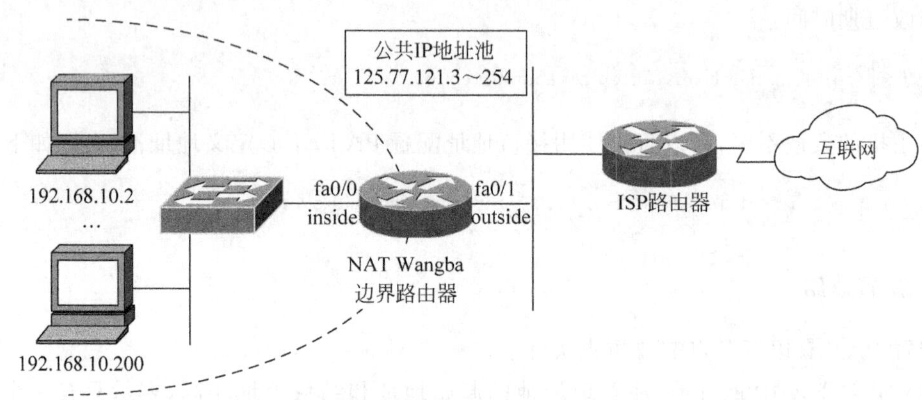

图 12-5　网吧组网 NAT 应用示例

网吧公司希望网络管理员在边界路由器上配置相关命令，以使其内部主机能够使用向 ISP 申请的公共 IP 地址空间中的全局可路由地址，以访问 Internet 互联网。

2. NAT 设计

网吧公司的主机具有使用率高、使用时间长，用户以玩大型网络游戏为主等特征，因此，主机配置高、性能好。此外，还有重要一点就是都需要快速、稳定上网。该网吧公司主机大概 250 台左右，正好一个/24 的地址块够用。由于网吧效益好、盈利大，老板为了客户获得较好的体验也愿意为网络服务投资，故向 ISP 申请了一个/24 的公共 IP 地址块用于 NAT。鉴于以上分析，网吧管理员采用动态 NAT 转换比较合适。

3. 配置方法

```
1 NATWangba(config)# ip nat pool wangba 125.77.121.3 125.77.121.254 netmask 255.255.255.0
2 NATWangba(config)# access-list 10 permit 192.168.10.0 0.255.255.255
3 NATWangba(config)# ip nat inside source list 10 pool wangba
4 NATWangba(config)# interface fa0/0
5 NATWangba(config-if)# ip address 192.168.10.254 255.255.255.0
6 NATWangba(config-if)# no shutdown
7 NATWangba(config-if)# ip nat inside
8 NATWangba(config)# interface fa0/1
9 NATWangba(config-if)# ip address 125.77.121.1 255.255.255.0
10 NATWangba(config-if)# no shutdown
11 NATWangba(config-if)# ip nat outside
```

4. 配置命令分析

上述配置的前 3 行命令为动态 NAT 主体配置命令，根据前面场景介绍，125.77.121.1 和 125.77.121.2 两个地址分别用于网吧边界 NAT 路由器外部接口 fa0/1 和 ISP 路由器接口,所以用于定义动态 NAT 地址池的起始公共 IP 地址是 125.77.121.3,结束地址为 125.77.121.254。

第 1 行首先定义存放内部全局地址的 NAT 池,命名 wangba。由于 125.77.121.1 和 125.77.121.2 这两个地址和动态 NAT 地址池所在的子网是同一子网地址,所以 NAT 路由器可以使用自己的 MAC 地址回答来自 ISP 路由器的 ARP 请求,这就允许 ISP 路由器从动态 NAT 地址池中解析出 IP 地址,并使用从动态 NAT 地址池中取出的目的 IP 地址将数据包发送给网吧边界 NAT 路由器,而非其他公司的路由器。

第 2 行定义访问控制列表,这里允许所有来自网络 192.168.10.0/24 的主机能够通过 NAT 访问外网,所以配置标准 ACL 即可,表号这里定义为 10,操作为 permit,允许来自 192.168.10.0/24 的所有数据包。

第 3 行定义 NAT 地址池和标准 ACL 的关联关系,将 ACL 允许的内部私有 IP 地址映射到公共 IP 地址池的可路由地址上,为实现 NAT 做好准备。

配置好动态 NAT 之后,接下来要将 NAT 配置应用到边界 NAT 路由器的接口上。

第 4~7 行,进入到内部接口 fa0/0 模式下,配置好私有 IP 地址,定义 NAT 入口方向,ip nat inside,为 NAT 内部接口。

第 8~11 行,进入到外部接口 fa0/1 模式下,配置好公共 IP 地址,定义 NAT 出口方向,ip nat outside,为 NAT 外部接口。

注意: 如果不将 NAT 路由器的接口明确定义为一个 NAT 内部或 NAT 外部接口,或者定义的不正确,则 NAT 就不能正常工作。如果不定义 NAT 接口,NAT 根本不工作,并且使用 debug ip nat detail 命令也不会输出任何结果。

12.5.2 校园网项目

1. 应用环境介绍

大学校园网规模庞大,内部师生均有访问 Internet 的需求。在校园网内部,有多种服务器需要对外提供服务,要求能够从 Internet 访问到门户网站 WWW 服务器、邮件 Email 服务器,还有 DNS 服务器、图书馆数据库系统等,以便那些能够浏览 Web 的用户能够了解学校,也方便教师在家或者出差时能够访问学校相关部门和数据库。这些需要对外提供服务的服务器通常位于内部网络中防火墙的 DMZ,并且能够从 Internet 上的任一主机访问该 DMZ 区内的所有服务器,如图 12-6 所示。因学校需要上网的师生非常多,且对外提供服务的服务器数量也比较多,所以特向 ISP 申请了 125.77.110.0/24 的地址块作为内部全局地址。边界 NAT 路由器快速以太网接口 fa0/0 连接到内部网络,而串行接口 s0/0/1 则通过 PPP 链路连接到 ISP 路由器。在校园网内部网络中,使用 10.128.0.0/16 中的地址,有些是再继续子网化之后的地址,而内部全局地址池中的公共 IP 地址范围是 125.77.110.0/24。在该校园网中,将假定 ISP 使用静态路由来找到路由器,其中路由器地址在 125.77.110.0/24 地址范围内,并且 ISP 将该路由传送到互联网 Internet 上。

2. NAT 设计

校园网属于大型局域网,需要对外提供服务的服务器比较多,单纯对内提供服务的服务

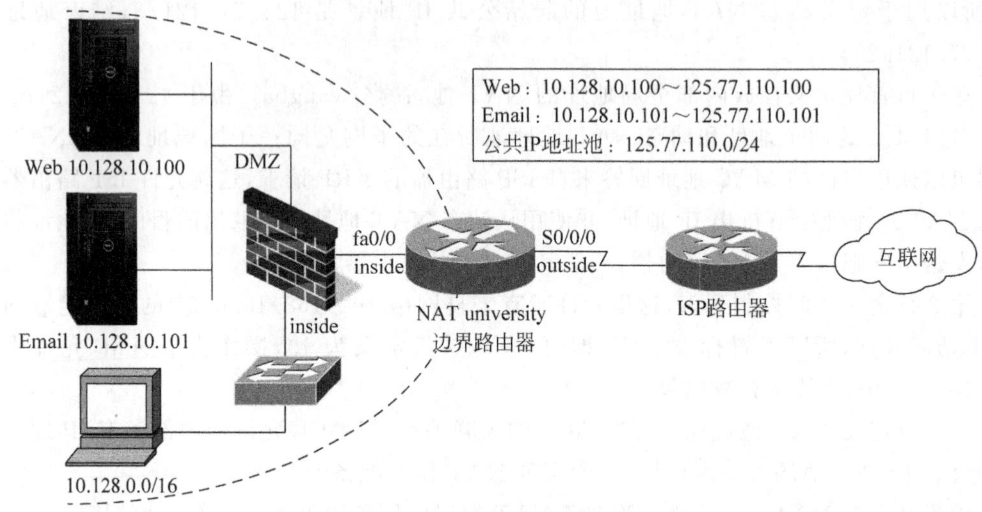

图 12-6　校园网 NAT 应用示例

器也比较多，针对 NAT 技术，主要考虑对外提供服务的服务器，位于防火墙的 DMZ，这是一个安全区域，一般敌手无法攻击该区域内的网络设备，以确保服务器稳定对外提供服务。这些服务器需要采用静态 NAT 建立一对一映射关系，假设内部的 Web 服务器和 Email 服务器所分配的私有 IP 地址为 10.128.10.100 和 10.128.10.101，由于 Web 服务器和 Email 服务器必须能够通过 Internet 来访问，所以从服务器请求的数据包的源私有 IP 地址在转发给 ISP 路由器之前，必须在校园网边界的 NAT 路由器上被转换成内部全局地址，网络管理员分别为 Web 服务器和 Email 服务器分配 125.77.110.100 和 125.77.110.101 作为其 NAT 转换的内部全局地址。另外，还需要将 125.77.110.1 分配给 NAT 路由器的外部接口 s0/0/0，将 125.77.110.254 保留给 ISP 路由器使用，除了这 4 个地址外，全局地址池的其他公共 IP 地址可以供校园网内部师生的主机和服务器采用动态 NAT 的方式实现地址转换和访问互联网的需求。需要注意的是，从内部全局地址池的中间拿出来 2 个公共 IP 地址分配给服务器，将原来一个大的地址区间分成了两个地址区间，在定义动态 NAT 地址池时需要关注这一点。

3. 配置方法

```
NATUniversity(config)# ip nat inside source static 10.128.10.100 125.77.110.100
                                                        //Web 静态 NAT 转换
NATUniversity(config)# ip nat inside source static 10.128.10.101 125.77.110.101
                                                        //Email 静态 NAT 转换
NATUniversity(config)# ip nat pool university prefix-length 24 address 125.77.110.2 125.
77.110.99
address 125.77.110.102 125.77.110.253
NATUniversity(config)# access-list 10 permit 10.128.0.0 0.0.255.255
NATUniversity(config)# ip nat inside source list 10 pool university
NATUniversity(config)# interface fa0/0
NATUniversity(config-if)# ip address 10.128.10.254 255.255.255.0
NATUniversity(config-if)# ip nat inside
```

```
9 NATUniversity(config-if)# no shut
10 NATUniversity(config)# interface s0/0/0
11 NATUniversity(config-if)# ip address 125.77.110.1 255.255.255.0
12 NATUniversity(config-if)# ip nat outside
13 NATUniversity(config-if)# no shut
```

4. 配置命令分析

上述配置的前2行命令为静态NAT配置命令，分别将Web服务器和Email服务器的内部私有IP地址一对一映射到申请的公共IP地址125.77.110.100和125.77.110.101。

因为上述两个地址位于内部全局地址池的中间，所以将地址池分成了两个不同的地址范围，幸好Cisco扩展了NAT语法，可以拆分NAT地址池所用的公共IP地址范围。第3～5行命令定义动态NAT，首先定义了两个不同的内部全局地址范围：125.77.110.2～125.77.110.99，以及125.77.110.102～125.77.110.253，这些地址从总的地址块里去掉首尾两个和中间两个剩下的地址，注意prefix-length 24命令表示前缀长度为24，即IP地址中的/24的含义，等同于子网掩码为255.255.255.0；然后定义允许内部主机的标准ACL，允许内部10.128.0.0/16的地址块进行动态NAT转换；再定义ACL和地址池的关联关系。

第6～9行配置NAT路由器的内部接口fa0/0，设置IP地址为10.128.10.254，作为内部主机网关，指定NAT内部接口，ip nat inside。

第10～13配置NAT路由器的外部接口s0/0/0，设置IP地址为125.77.110.1，和外部ISP路由器相连，指定NAT外部接口，ip nat outside。

12.5.3　初创企业项目

1. 应用环境介绍

在软件园中新成立一家小型软件开发公司，规模不大，刚开始只有十多个员工，但内部有一台Web服务器，作为公司的门户网站对外宣传公司产品和企业文化，还有一台FTP服务器供员工在办公室或出差在外地访问。

该初创公司使用一台Cisco路由器，将快速以太网接口fa0/0连接内网交换机再连接内部员工主机，将串行接口s0/0/0通过PPP链路连接到ISP路由器。如图12-7所示，在内部网络中，公司使用192.168.100.0/24地址范围内的地址。因公司规模小，资金不是很充裕，老板仅从ISP申请了一个单一的全局可路由的公共IP地址125.77.100.1。公司希望能够从Internet互联网访问到公司内部的FTP和Web服务器，并且对Web服务器的请求应被送到Web服务器所在的内部地址192.168.100.100，而FTP请求则被送到FTP服务器所在的内部地址192.168.100.101。

2. NAT设计

因该公司仅申请了一个唯一的公共IP地址，因此该地址必须应用于执行NAT功能的公司边界路由器的外部串行接口s0/0/0上。另外，唯一的公共IP地址要实现公司所有内部主机访问互联网，只能选用PAT技术，PAT能够将其所有的内部本地地址转换成单一的

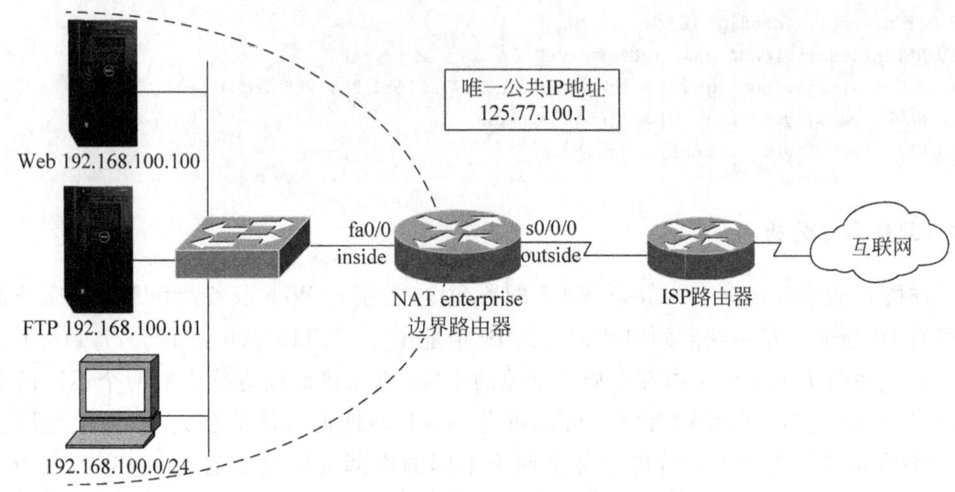

图 12-7 初创公司 NAT 应用示例

内部全局地址 125.77.100.1，需要注意的还有两台需要对外提供服务的服务器 Web 和 FTP，所以还需要采用和普通静态 NAT 有所区别的静态 NAT。

3. 配置方法

```
1 NATEnterprise(config)# ip nat pool enterprise 125.77.100.1 125.77.100.1 netmask 255.255.255.0
2 NATEnterprise(config)# access-list 10 permit 192.168.100.0 0.255.255.255
3 NATEnterprise(config)# ip nat inside source list 10 pool enterprise overload
4 NATEnterprise(config)# ip nat inside source static tcp 192.168.100.100 80 125.77.100.1 80 //Web
5 NATEnterprise(config)# ip nat inside source static tcp 192.168.100.101 21 125.77.100.1 21 //FTP
6 NATEnterprise(config)# interface fa0/0
7 NATEnterprise(config-if)# ip address 192.168.100.1 255.255.255.0
8 NATEnterprise(config-if)# ip nat inside
9 NATEnterprise(config-if)# no shut
10 NATEnterprise(config)# interface s0/0/0
11 NATEnterprise(config-if)# ip address 125.77.100.1 255.255.255.252
12 NATEnterprise(config-if)# ip nat outside
13 NATEnterprise(config-if)# no shut
```

4. 配置命令分析

上述配置的第 1～3 行命令为 PAT 配置命令，和动态 NAT 相似，只是地址池的起始地址和结束地址均为公司申请的唯一公共 IP 地址 125.77.100.1，且定义关联关系的时候要加入 overload 命令表示内部主机需要重载、复用该唯一的内部全局地址访问外面的互联网。该公司申请到的唯一的公共 IP 地址必须用于 NAT 路由器的外部接口 s0/0/0，所以，还可以有另外一种配置方法，无须定义地址池，定义完标准 ACL 允许内部所有主机后，直接将 ACL 所允许的内部主机地址复用到这个外部接口上，在全局配置模式下，使用命令 ip nat inside source list 10 interface serial0/0/0 overload，能够实现相同的功能。

第4～5行为静态NAT的配置命令，因为只有一个单一的内部全局IP地址125.77.100.1，所以只能根据IP地址以及TCP或UDP端口来定义静态映射。在本案例中，将目的地址为125.77.100.1和目的TCP端口为80的数据包地址转换成TCP端口80上的192.168.100.100的内部主机地址，即该公司的Web服务器；同时，还将目的地址为125.77.100.1和目的TCP端口为21的数据包地址转换成TCP端口21上的192.168.100.101的内部主机地址，即该公司的FTP服务器。这样，就使用单一的内部全局地址通过不同的端口号为不同的内部服务器上提供了Web和FTP服务。注意的是，该命令语法允许指定内部服务器的IP地址和端口，所以可以在内部提供多台对外服务器，如DNS、Email服务器等。

第6～9行配置NAT路由器内部接口fa0/0，设置IP地址为192.168.100.1，NAT方向为ip nat inside。

第10～13行配置NAT路由器外部接口s0/0/0，设置IP地址为125.77.100.1，NAT方向为ip nat outside。

即使初创公司只申请到一个全局可路由的公共IP地址，通过上述方法也会使Cisco NAT的功能更加强大。

12.5.4 复杂园区网项目

1. 应用环境介绍

高新园区有一台具有两个接口的边界路由器，分别是快速以太网接口和串行接口，fa0/0连接到园区内部网络，而串行接口s0/0/0则通过点到点协议(PPP)链路连接到ISP路由器。在内部网络中，园区网内部使用的地址来自私有IP地址空间172.16.0.0/16，该地址空间在Internet上是不可路由的，高新园区管委会向ISP申请到的公共IP地址块为125.77.10.0/24，边界路由器到ISP的PPP链路两端使用来自185.100.100.0/30的子网地址，如图12-8所示。高新园区希望在边界NAT路由器上配置合适的命令，以便内部用户可以通过使用有效的、全局可路由的地址空间125.77.10.0/24访问互联网Internet。同时，高新园区打算在边界NAT路由器与上游的ISP路由器相互交换OSPF路由更新信息，从而可以从该路由器接收默认路由，并将其通知ISP路由器。

同时，高新园区对外业务繁忙，需要多台Web服务器对外提供服务。因此，在园区网内部，设置了三台Web服务器，但希望对于外网主机看来内部就像是只有一台服务器一样，仅通过一个全局地址125.77.10.254/24访问Web服务。

2. NAT设计

该高新园区内部使用私有地址172.16.0.0/16，向ISP申请到的公共IP地址块为125.77.10.0/24，很容易想到可以设计动态NAT转换。与其他不同的是，边界NAT路由器外部接口s0/0/0和ISP路由器使用的地址是185.100.100.0/30，和申请到内部全局地址不在同一个子网，而又需要和ISP路由器相互交换OSPF路由更新信息，所以这一点需要特别注意，是本项目设计的难点。

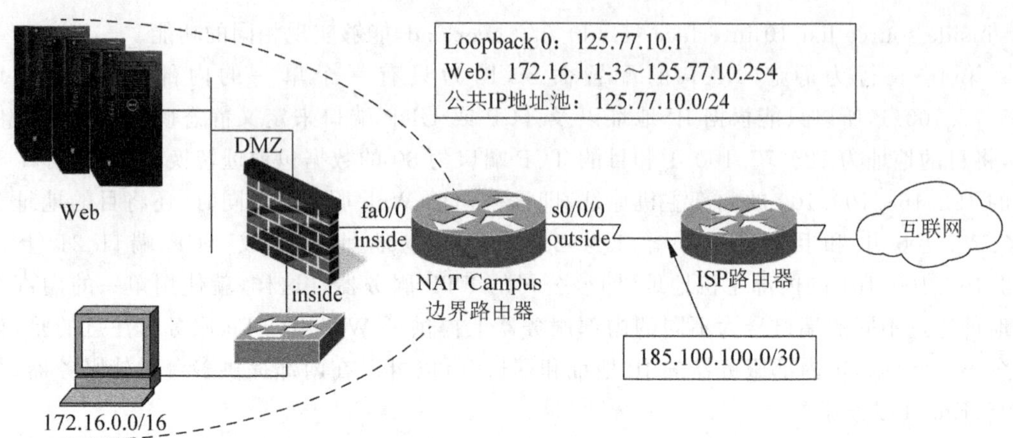

图 12-8　复杂园区网项目示例

同时，注意到内部有三台 Web 服务器需要对外提供服务，外部仅通过一个地址访问进来，需要设计反向的 NAT 转换，一个内部全局 IP 地址 125.77.10.254/24 映射到三个内部私有 IP 地址上。

3. 配置方法

```
1 NATCampus(config)#  interface fa0/0
2 NATCampus(config-if)#  ip address 172.16.1.254 255.255.255.0
3 NATCampus(config-if)#  ip nat inside
4 NATCampus(config-if)#  no shut
5 NATCampus(config)#  interface s0/0/0
6 NATCampus(config-if)#  ip address 185.100.100.1 255.255.255.252
7 NATCampus(config-if)#  ip nat outside
8 NATCampus(config-if)#  no shut
9 NATCampus(config)#  interface loopback 0
10 NATCampus(config-if)#ip address 125.77.10.1 255.255.255.0
11 NATCampus(config-if)#ip ospf network point-to-point
12 NATCampus(config)#  ip nat pool Campus 125.77.10.2 125.77.10.253 netmask 255.255.255.0
13 NATCampus(config)#  ip nat pool Campus 125.77.10.2 125.77.10.253 prefix-length 24
                                                        //以上两条命令等价
14 NATCampus(config)#  access-list 10 permit 172.16.0.0 0.0.255.255
15 NATCampus(config)#  ip nat inside source list 10 pool Campus
16 NATCampus(config)#ip access-list 20 permit 125.77.10.254  //Web 服务器对应的公共 IP 地址
17 NATCampus(config)#ip nat pool web 172.16.1.1 172.16.1.3 prefix-length 24 type rotary
                                                        //轮询方式访问
18 NATCampus(config)#ip nat inside destination list 20 pool web     //目的地址转换
19 NATCampus(config)#  ip route 125.77.10.0 255.255.255.0 null0
20 NATCampus(config)#  router ospf 1
21 NATCampus(config-router)#  network 185.100.100.0 0.0.0.3 area 0
22 NATCampus(config-router)#  network 125.77.10.0 0.0.0.255 area 0
```

4. 配置命令分析

在本项目中，我们换一种配置思路，可以先配置边界 NAT 路由器的各个接口并注意接口方向。第 1～4 行，先配置连接内网的快速以太网接口 fa0/0，分配私有 IP 地址

172.16.1.254/24,NAT 方向为 ip nat inside;第 5～8 行,再配置连接 ISP 的外部串行接口 s0/0/0,采用内部全局地址 185.100.100.1/30,NAT 方向为 ip nat outside。

由于 s0/0/0 接口的公共 IP 地址和向 ISP 申请的用于 NAT 转换的公共 IP 地址池不在同一个子网,这种情况比较特殊,需要采用一种特殊方法来通告 ISP 路由器有关动态 NAT 地址池的信息。这种方法是先创建一个环回接口(loopback),第 9～11 行,从向 ISP 申请到的内部全局地址池中给其分配一个公共 IP 地址 125.77.10.1,并通过将 network 125.77.10.0 0.0.0.255 area 0 语句将该地址宣告到 OSPF 路由进程下面,从而将该环回地址作为 OSPF 路由的一部分。

注意,我们将用于环回接口的公共 IP 地址 125.77.10.1 从 NAT 池中拿出来之后,这时动态 NAT 地址池的起始地址是 125.77.10.2,从而减少了动态 NAT 池的地址和用于环回接口上的公共 IP 地址重叠的可能性。默认情况下,OSPF 将环回接口看成是一个 OSPF stub 网络,并且将接口的/32 位网络作为路由处理,而非整个子网,即 OSPF 进程会发送 125.77.10.1/32 而非 125.77.10.0/24。在这种情况下,在环回接口下面使用接口命令 ip ospf network point-to-point 将环回接口设置成 OSPF 点对点类型,告诉 OSPF 传送该接口的路由,就像该网络是点到点网络一样,而不是一个 stub 网络。这意味着 ip ospf network point-to-point 命令将通过 OSPF 传送整个 125.77.10.1/32 网络信息。

接下来定义动态 NAT,第 12～15 行,其中第 12 和第 13 行等价,目的是定义动态 NAT 地址池,注意 125.77.10.1 用作环回接口,125.77.10.254 用作对外 Web 服务器建立映射。所以地址池大小为 125.77.10.2-253,prefix-length 24 的作用等价于 netmask 255.255.255.0,定义前面 IP 地址范围的大小,第 14 行定义标准 ACL,第 15 行定义允许内网主机访问动态 NAT 地址池的映射关系。

然后第 16～18 行定义对外提供服务的服务器轮询方式配置。要使得外部访问内部三台 Web 服务器像访问一台一样,需要对应到一个内部全局 IP 地址 125.77.10.254 上,则外网访问 Web 服务器的目的地址 125.77.10.254,在边界路由器上被 NAT 反向转换到内部的三个私有 IP 地址上,即内部的三台 Web 服务器轮流对外网提供服务。第 16 行定义 ACL,允许全局 IP 地址 125.77.10.254 能够被外网访问,第 17 行定义内部三台 Web 服务器的私有 IP 地址组成的地址池,注意命令 type rotary 表明使用 round-robin 策略从 NAT 池中取出相应的私有 IP 地址用于转换进来的 IP 数据包,即采取轮询的方式访问内部 Web 服务器,第 18 行定义目的地址转换,用 inside destination list 语句,而不使用 inside source list 语句,将 ACL 定义的全局 IP 地址转换到内部 Web 服务器的私有 IP 地址上,以实现通过轮询的方式访问内部 Web 服务器。

在前几个项目中,边界 NAT 路由器的外部接口使用的 IP 地址是向 ISP 申请的地址块/池中的公共 IP 地址,ISP 路由器能够直接连接到分配给 NAT 地址池的子网上。这种情况下,ISP 路由器只发出一个 ARP 请求,以请求 NAT 地址池中的单个 NAT 地址,而边界 NAT 路由器则使用自己的 MAC 地址来响应,此时 NAT 工作正常。但是,在本项目中,边界 NAT 路由器和上游的 ISP 路由器之间使用 185.100.100.0/30,并不直接连接到 NAT 地址池 125.77.10.0/24,所以必须告诉 ISP 路由器如何通过路由协议或静态路由的方法到达 NAT 地址池所在的子网。第 19～22 行,启用了 OSPF 并且为 125.77.10.0/24 重新分配一条静态路由到 OSPF 中。上游的 ISP 路由器会接收到该路由,并且将所有目的地址为

NAT 池中地址的数据包转发到路由器中。然后，ISP 路由器可以配置一条静态路由，用来将所有发往 125.77.10.0/24 网络的数据包全部指向局域网的边界 NAT 路由器。

注意：一个大型局域网通常会在其边界路由器和 ISP 路由器之间运行外部边界网关协议(Border Gateway Protocol，BGP)。本例选择 OSPF 路由协议，目的是为了分析 ip ospf network point-to-point 命令是否正确使用。

12.6 实战演练

1. 实战拓扑图

本实战拓扑图如图 12-9 所示，校园网共有 3 台路由器，其中内网路由器模拟 Web 服务器对外提供服务，外部模拟 ISP 路由器，在边界路由器上实施 NAT。内网设计两个 VLAN，分别为 VLAN20 和 VLAN30，外网一台主机用于测试。

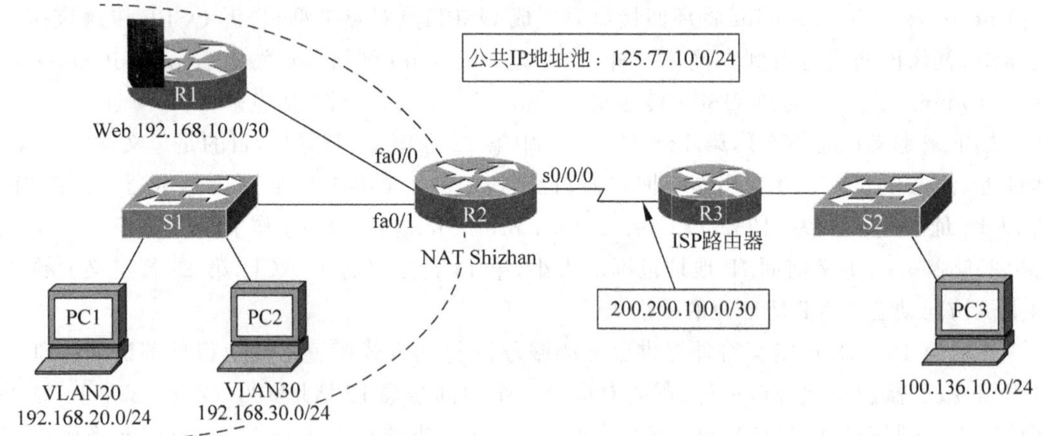

图 12-9 NAT 实战拓扑图

2. 实战需求

(1) 本校园网内部使用私有 IP 地址，192.168.10.0/30、192.168.20.0/24 和 192.168.30.0/24 等，学校向 ISP 申请了一个全局公共 IP 地址池，为 125.77.10.0/24，边界路由器与 ISP 路由器共享外网公共 IP 地址 200.200.100.0/30，要求配置合适的 NAT 技术，使得内网主机能够顺利访问外网主机 PC3。

(2) 在内部交换机 S1 和边界路由器 R2 之间配置单臂路由，使内网全网互通，但边界路由器不能与 ISP 路由器共享动态路由协议，从而内网的 PC 不能访问外网。

(3) 在边界路由器 R2 上配置默认路由指向 ISP 路由器，使其可以访问外网。

(4) 在内部路由器 R1 上关闭路由功能，开启 HTTP 服务，用于模拟 Web 服务器。

(5) 在边界路由器 R2 上配置静态 NAT，实现 PC3 能够访问 R1 的 WWW 服务。

(6) 在边界路由器 R2 上配置动态 NAT，实现 PC1、PC2 能访问外网，但 PC3 不能 ping 通 PC1、PC2。

(7) 删除 R2 配置的动态 NAT,改用 PAT,实现 PC1、PC2 能访问外网,但 PC3 不能 ping 通 PC1、PC2。

习题与思考

1. 在校园网的边界路由器上,需要将边界路由器的所有直连子网都宣告进校园网的路由协议进程中吗?是否有必要和外部网络共享校园网路由信息?为什么?

2. 通过本章的学习,总结在什么情况下使用静态 NAT、什么情况下使用动态 NAT、什么情况下只能使用 PAT。

3. 你熟悉 IPv6 吗?它的编址规则是什么?在 IPv6 环境下,还需要 NAT 技术吗?为什么?

4. 再次回顾下第 2 章的校园网整体结构图,本章学习的内容在拓扑图的哪个位置可以找到原型?第 3～11 章可以从哪里找到原型?请大家思考。

附录A Cisco实验模拟器安装与使用

为了满足不同层面的实验需求，不同的公司开发出多种类型的Cisco实验仿真环境，常见的模拟器有如下几种：Packet Tracer、GNS3、Web IOU和EVE-NG等。

(1) Cisco Packet Tracer Student。Cisco Packet Tracer Student是Cisco官方推出的模拟器软件。它只是一款模拟Cisco主要网络设备的软件，便于初学者安装和使用，但是没有运行设备镜像，只能模拟一些设备的基础功能。因此，想要深入学习Cisco网络知识，仅使用Packet Tracer作为学习软件是远远不够的。

(2) GNS3。GNS3是一款具有图形化界面的网络设备模拟软件。使用设备IOS镜像进行模拟。因此可以模拟绝大部分路由器功能，但是对交换机高端配置的模拟有所欠缺。同时，GNS3对CPU和内存的资源占用比较大。

(3) Web IOU。由Cisco官方的CCIE考试模拟器Cisco IOU变化而来，基于Ubuntu系统，所以安装时的命令大部分与Linux相似，使用时以浏览器Web登录的方式，拓扑的搭建和设备的配置都在Web界面中操作，占用的CPU和内存资源小。使用者可以根据实验需要自己导入IOL镜像对设备进行模拟。

(4) EVE-NG。EVE-NG可以说是Web IOU的升级版。在模拟Cisco网络设备的同时，加入了防火墙、操作系统的模拟功能，只要导入镜像文件，便可以实现模拟。同时在安装和使用的方式上也更加便利。由于EVE-NG在近几年内得到了广大网络学习者的青睐，许多论坛和官网都有详细的使用方式和资源分享，对于想要深入学习的同学，EVE-NG是一款值得推荐的模拟器。

下面重点介绍两种模拟器，便于同学们可以在宿舍、家里等无真机的环境下完成本书所有实验。

A.1 Cisco Packet Tracer Student

Cisco Packet Tracer Student是Cisco官方推出的便于网络初学者使用的网络模拟器软件，支持路由器、交换机、防火墙、服务器等设备的基础配置。

Cisco Packet Tracer Student的最新安装包已经上传到百度云：https://pan.baidu.com/s/1BZ-b_Lzg_onaQKBmCOTdkg，密码：uz34。

下载安装好。下面按照步骤简要介绍如何使用Cisco Packet Tracer Student。

Cisco Packet Tracer Student模拟器安装完成后，打开软件，显示操作界面，如图A-1所示。空白处可以搭建网络拓扑结构，其网络设备和链路可以从下方设备选型处选择，单击鼠标选中设备并拖到上方空白处，松开鼠标即完成设备选型，同样方法可以选择不同的链路，并将各设备连接好。

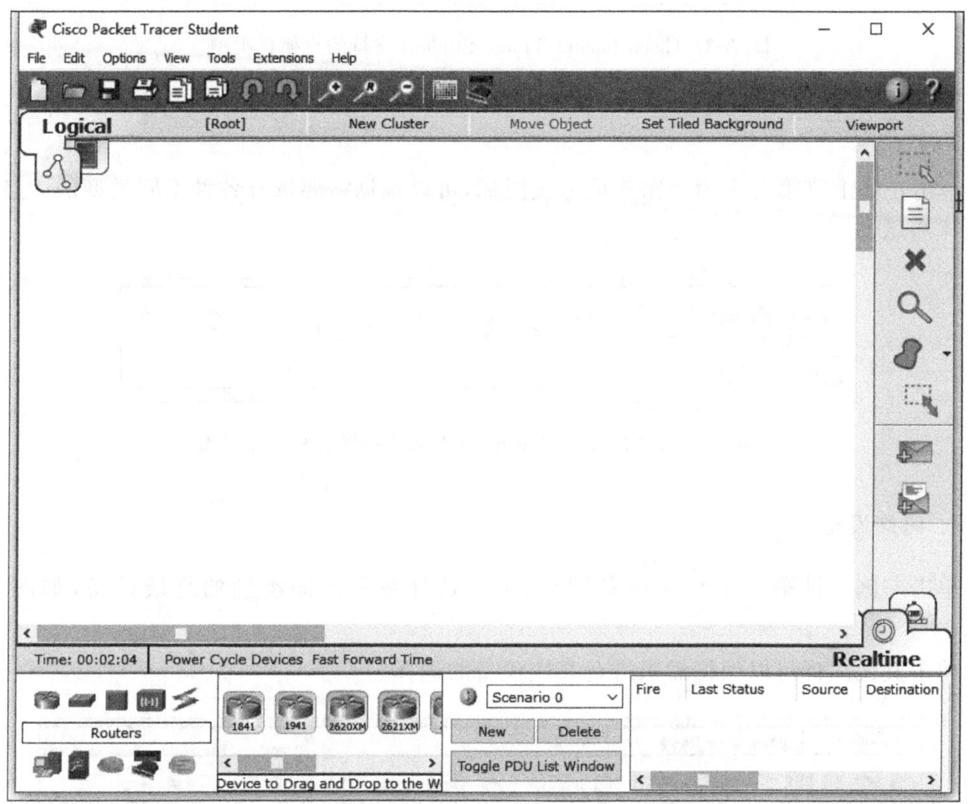

图 A-1 Cisco Packet Tracer Student 操作主界面

在控制界面下方的设备类型处，包含如下几种主要的设备类型。

1. 路由器

单击左侧上排的第一个路由器图标，在右边会显示模拟器支持的所有系列的路由器，如图 A-2 所示，可以根据实验需要选择适当的型号。

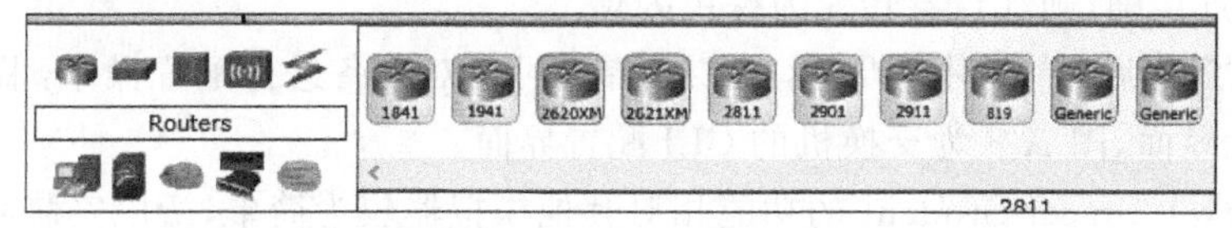

图 A-2 Cisco Packet Tracer Student 支持的路由器类型

2. 交换机

单击左侧上排第二个交换机图标，在右边显示模拟器支持的各种不同型号的交换机供同学们选择，如图 A-3 所示。

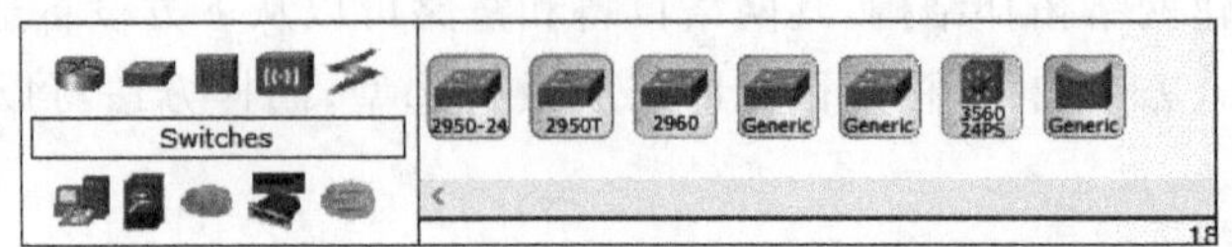

图 A-3 Cisco Packet Tracer Student 支持的交换机类型

3. 连接方式

单击左侧上排第五个为线路连接方式图标,可以根据需要选择各种不同类型的线路,如图 A-4 所示。

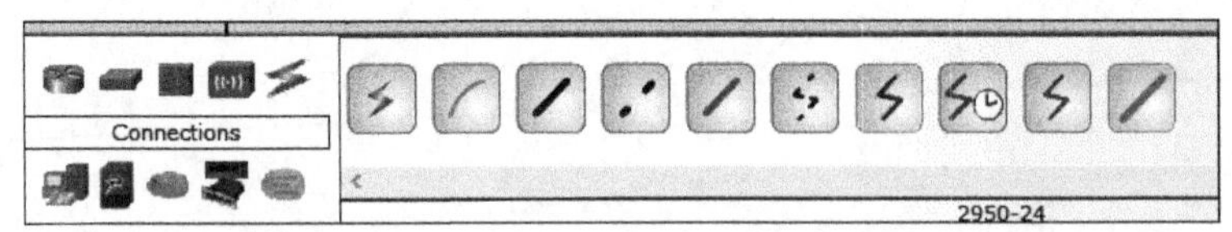

图 A-4 Cisco Packet Tracer Student 支持的各种线路类型

4. 终端设备

单击左侧下排第一个终端设备图标,可以选择各种不同类型的终端设备,如图 A-5 所示。

单击其他图标可以根据需求进行相应设备的选择。

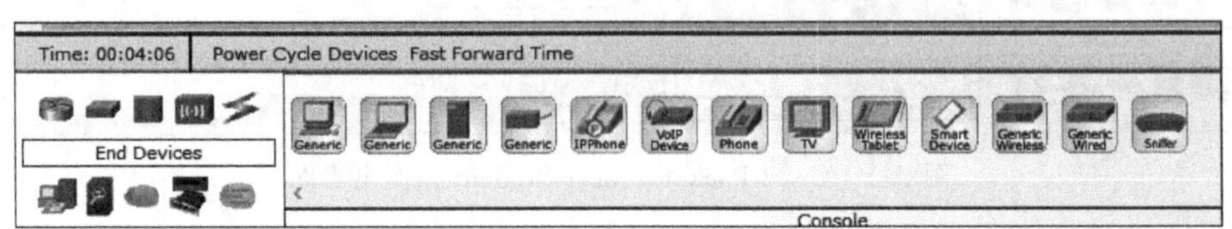

图 A-5 Cisco Packet Tracer Student 支持的各种终端设备类型

熟悉各种设备、线缆和终端类型后,就可以根据实验需求选择设备设计网络拓扑结构了,如图 A-6 所示。选择完设备并与线缆连接后,线缆会自动检测两端设备的通信情况。由于尚未对设备进行配置,线缆的两端会显示红点,表示该接口还没有配置或者两端配置不匹配;如果配置正确,则红点会转变为绿色闪烁。

完成拓扑搭建后,单击对应设备,在 CLI 界面可以对设备进行配置操作:图 A-7 为路由器的 CLI 配置界面,图 A-8 为交换机的 CLI 配置界面。

Cisco Packet Tracer Student 的功能相对其他模拟器较为简单,所以安装和使用也相对容易,但是因为 Cisco Packet Tracer Student 仅用软件来模拟 Cisco 设备,而不是用真正的 IOS 镜像,所以只能支持一些基础的配置命令。

下面介绍一款功能强大的模拟器 EVE-NG,这款模拟器可以实现几乎所有 Cisco 真机设备的功能。

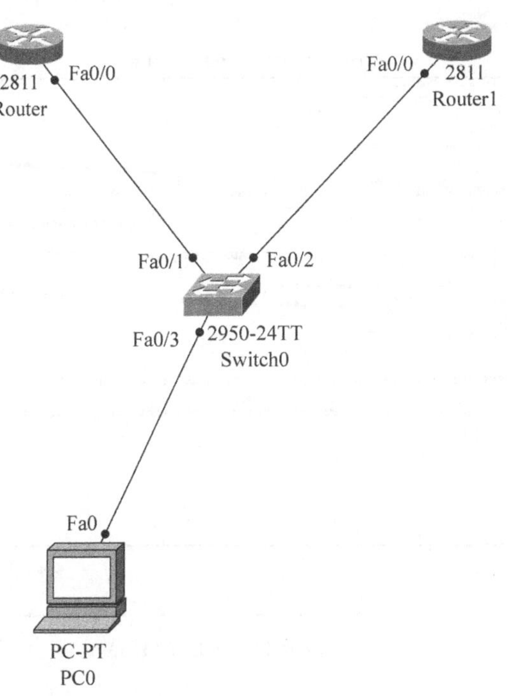

图 A-6　选择设备搭建简单拓扑结构

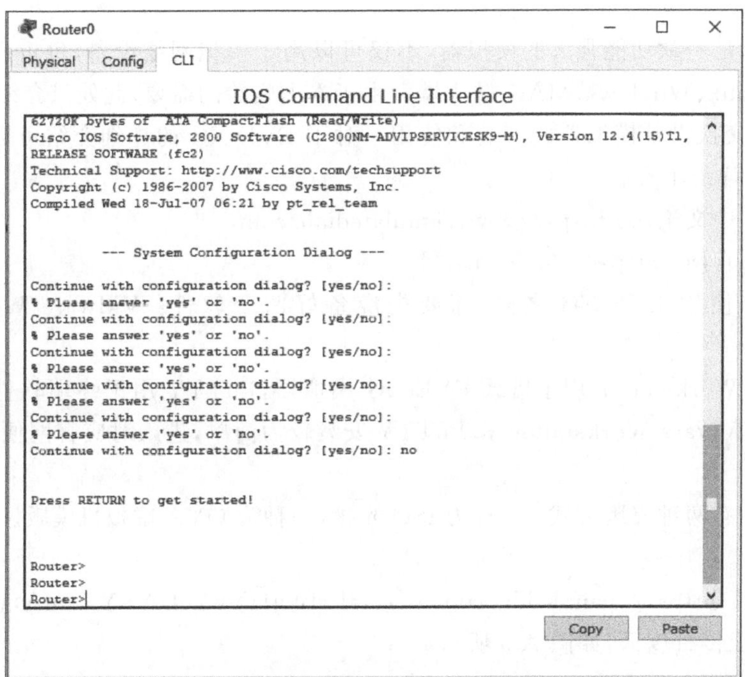

图 A-7　路由器的 CLI 配置界面

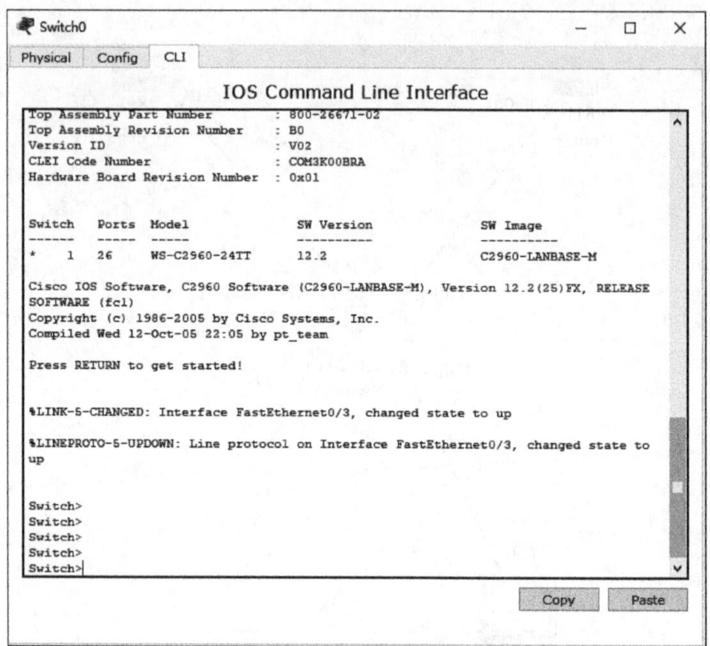

图 A-8　交换机的 CLI 配置界面

A.2　EVE-NG

EVE-NG 是一款功能强大的模拟器，不仅可以用于模拟网络设备，也可以搭建其他虚拟机，例如 Linux、Windows、MAC、防火墙。由于本书实验的需要，此处只介绍 EVE-NG 作为 Cisco 路由交换设备模拟器的安装和使用。对于 EVE-NG 的详细介绍可以进入中文论坛和官网进行详细了解。

EVE-NG 中文论坛：http://www.emulatedlab.com。

EVE-NG 官网：http://eve-ng.net/。

在安装和使用 EVE-NG 之前，需要先准备好两个软件：VMware Workstation 和 PuTTY。

VMware Workstation 用于搭载 EVE-NG 模拟器，PuTTY 用于终端软件对设备进行配置。由于 VMware Workstation 和 PuTTY 安装较为简单，进入对应官网便可下载，这里不做介绍。

EVE-NG 有两种安装方式：一种为 ISO 光盘，一种为 OVA 虚拟机模版。这里以 OVA 形式为例。

资源链接：https://pan.baidu.com/s/1HaI-rBfejHYwZeDANYXxmA，密码：ic2z，社区版-86 已经上传百度云，如图 A-9 所示。

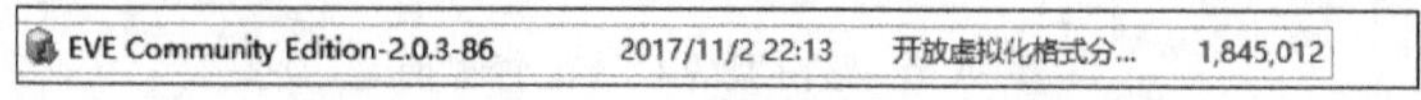

图 A-9　EVE 社区版-86

EVE-NG 的官网地址为 http://www.emulatedlab.com/eve-ng。

1. 导入 EVE-NG

单击下载好的 EVE-NG ova，导入 VMware Workstation 中，虚拟机名称和存储路径可以自己选择，如图 A-10 和图 A-11 所示。

导入虚拟机

存储新虚拟机

为新的虚拟机提供名称和本地存储路径。

新虚拟机名称(A):

EVE Community Edition-2.0.3-68

新虚拟机的存储路径(P):

C:\Users\zjj\Documents\Virtual Machines\EVE Com　浏览(R)...

帮助　导入(I)　取消

图 A-10　将 EVE-NG ova 导入虚拟机

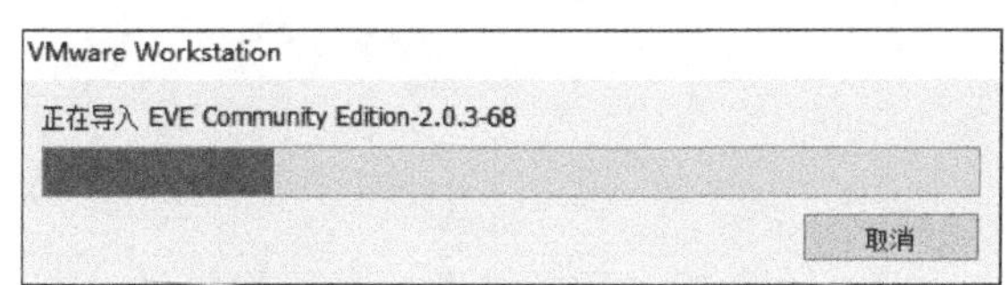

图 A-11　正在导入虚拟机

2. 分配模拟器资源

导入完成后，为 EVE 分配模拟器资源。因为 EVE-NG 的底层构造为 KVM 运行的 F5、ISE 等虚拟机，所以它对内存的要求特别高，一般为 EVE-NG 分配内存为 4～6G。另外 CPU 也会对 EVE 的运行造成一定的影响。

单击编辑虚拟机设置，如图 A-12 所示。

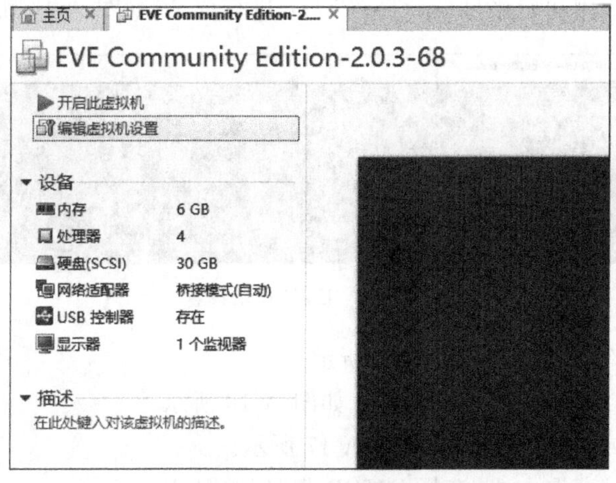

图 A-12　编辑虚拟机

推荐分配内存为 4～6G,CPU 数量为 4,网络适配器模式为自定义(vmnet8-nat 模式),如图 A-13 所示。

图 A-13　虚拟机设置

3. EVE 初始化配置

EVE 初始化配置包含如下 8 个步骤。

(1) 打开虚拟机,用初始账号 root、密码 eve 进行登录,如图 A-14 所示。

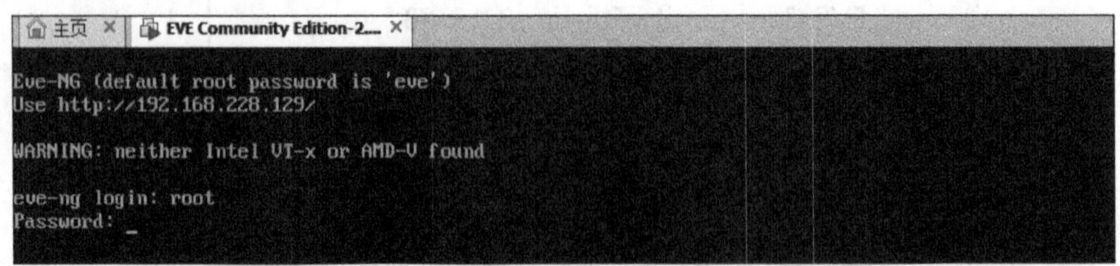

图 A-14　EVE 登录设置

(2) 修改 EVE 登录密码,如图 A-15 所示。

(3) 修改主机名 hostname,默认即可,如图 A-16 所示。

(4) 修改 DNS 域名,默认即可,如图 A-17 所示。

(5) 选择 IP 地址获取方式,选择 DHCP 获取,如图 A-18 所示。

图 A-15　修改 EVE 登录密码

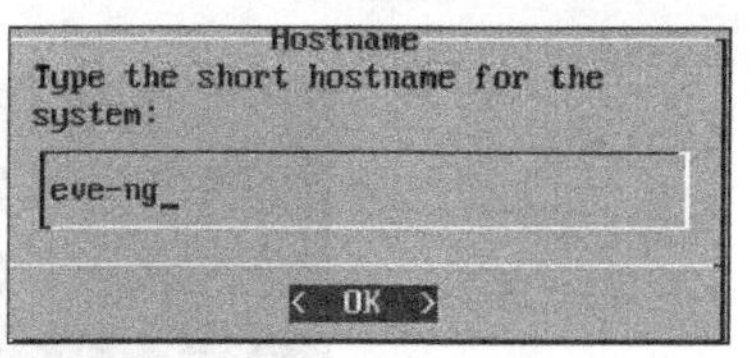

图 A-16　修改主机名

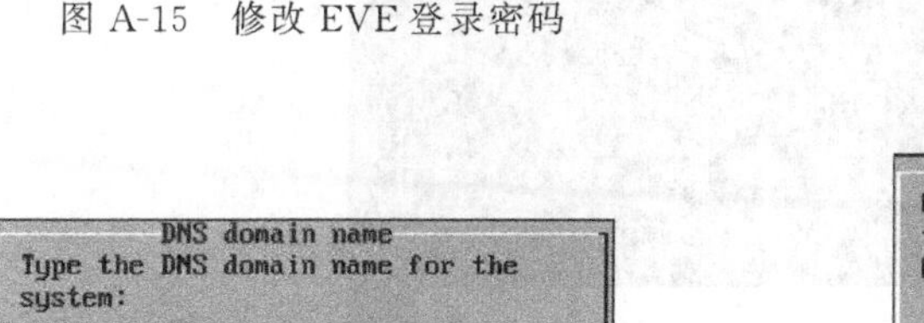

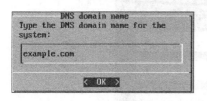

图 A-17　修改 DNS 域名

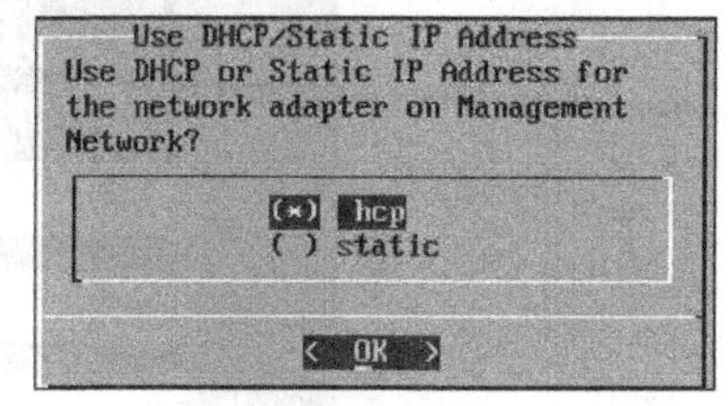

图 A-18　IP 地址获取方式

(6) 选择 NTP 方式,默认即可,如图 A-19 所示。

(7) 选择接入 Internet 连接方式,默认即可,如图 A-20 所示。

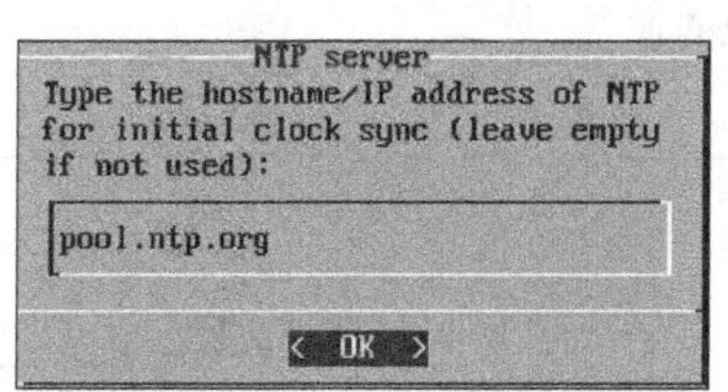

图 A-19　选择 NTP 方式

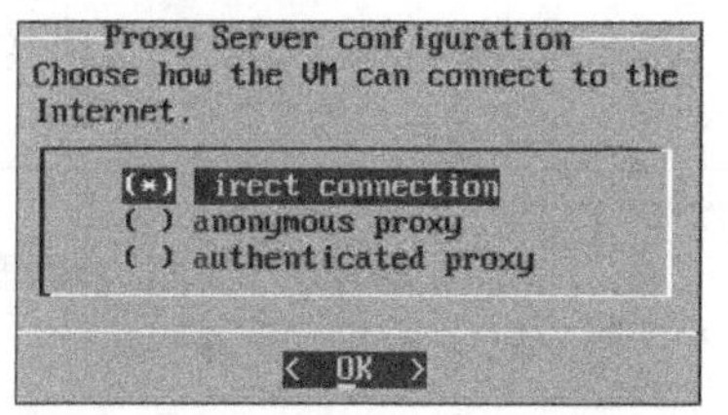

图 A-20　接入 Internet 连接方式

初始化配置完成后,便可以用浏览器(推荐使用火狐浏览器)进入 EVE 界面,网址为 EVE 获取的 IP 地址,即 http://192.168.228.130,如图 A-21 所示。

图 A-21　进入 EVE 的 IP 地址

默认用户名为 admin,密码为 eve,如图 A-22 所示。

登录成功后,进入系统中,可以设置多个实验项目,每个项目都可以进行单独的文件管理,如图 A-23 所示。

由于没有导入 IOL 镜像,目前还无法进行拓扑的搭建和实验。下面介绍如何导入 IOL 镜像文件。

4. EVE 导入 IOL 镜像

相关工具和所需 IOL 镜像文件已经上传百度云。

相关工具链接: https://pan.baidu.com/s/110qR-2FSdnJE16uhz44cgg 密码: svzk。

IOL 镜像文件链接: https://pan.baidu.com/s/1t5s86yRwJcm2YgzE4muN9Q 密码: q203。

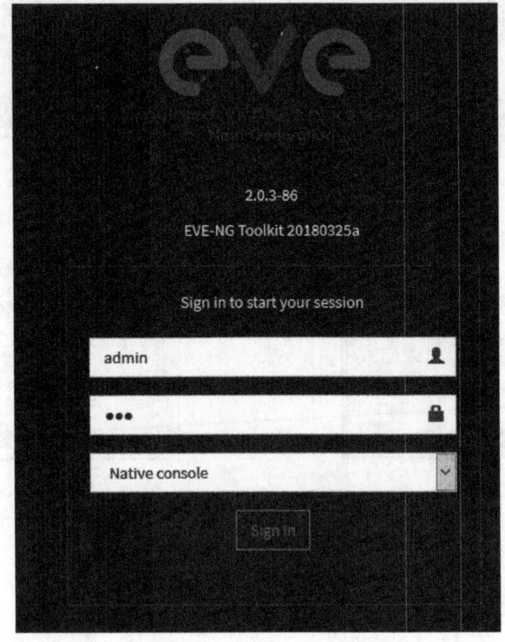

图 A-22　EVE登录界面

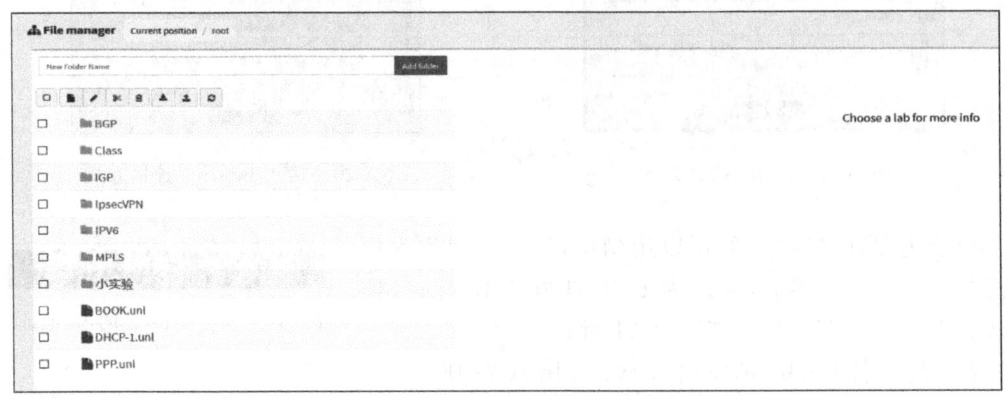

图 A-23　EVE文件管理主界面

用 Winscp 连接 EVE,如图 A-24 所示。

将下载好的 IOL 镜像文件和 CiscoIOUKeygen 上传到/opt/unetlab/addons/iol/bin 目录下,大部分 Cisco 设备的 IOL 都是由 Linux 封装。L2 为三层交换机,L3 为路由器,如图 A-25 所示。

上传完成后,需要对 IOL 文件的读写权限进行修改,类似 Linux 的命令,如图 A-26 所示。

```
/opt/unetlab/wrappers/unl_wrapper -a fixpermissions
```

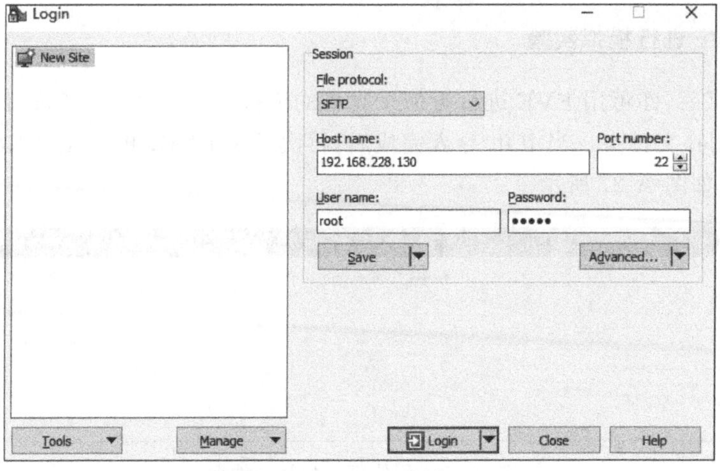

图 A-24　Winscp 连接 EVE

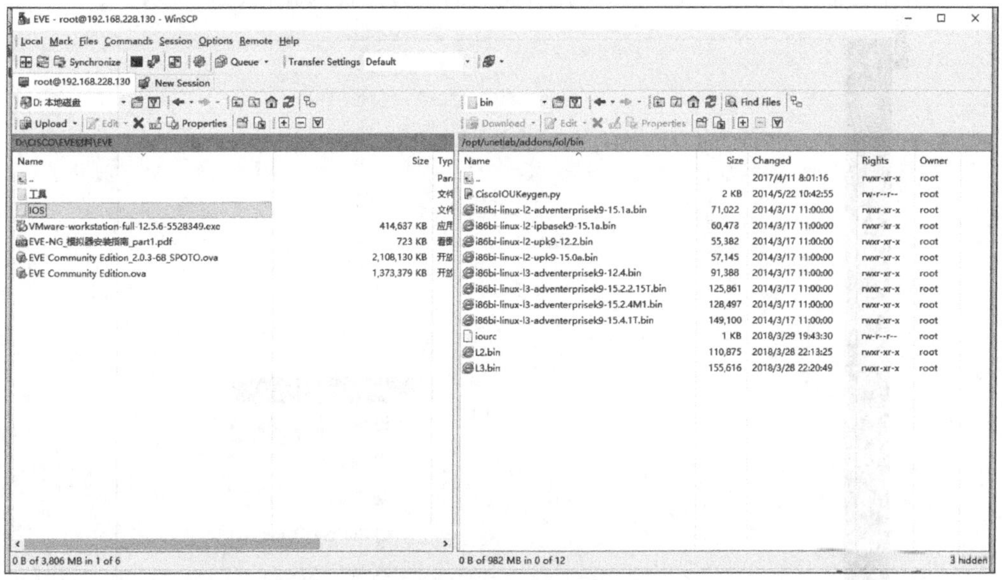

图 A-25　导入 IOL 镜像文件

```
Eve-NG (default root password is 'eve')
Use http://192.168.228.130/

WARNING: neither Intel VT-x or AMD-V found

eve-ng login: root
Password:
Last login: Fri Sep  7 11:13:42 EEST 2018 on tty1
Welcome to Ubuntu 16.04.4 LTS (GNU/Linux 4.9.40-eve-ng-ukms-2+ x86_64)

 * Documentation:  https://help.ubuntu.com
 * Management:     https://landscape.canonical.com
 * Support:        https://ubuntu.com/advantage
root@eve-ng:~#
root@eve-ng:~#
root@eve-ng:~# /opt/unetlab/wrappers/unl_wrapper -a fixpermissions

root@eve-ng:~#
```

图 A-26　修改读写权限

5. 使用 EVE 进行模拟实验

上述配置完后，即可用 EVE 进行近似于真机的模拟实验。主要包含如下步骤：

(1) 创建拓扑文件夹。当 IOL 导入完成后，再次登录 EVE，单击 Add New lab，创建新的拓扑文件夹，如图 A-27 所示。

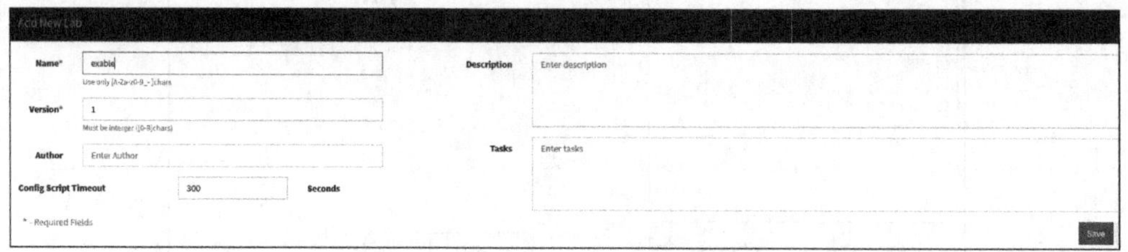

图 A-27 创建新的拓扑文件夹

(2) 选择设备。单击 Node，可以选择所需要的实验设备，如图 A-28 所示。

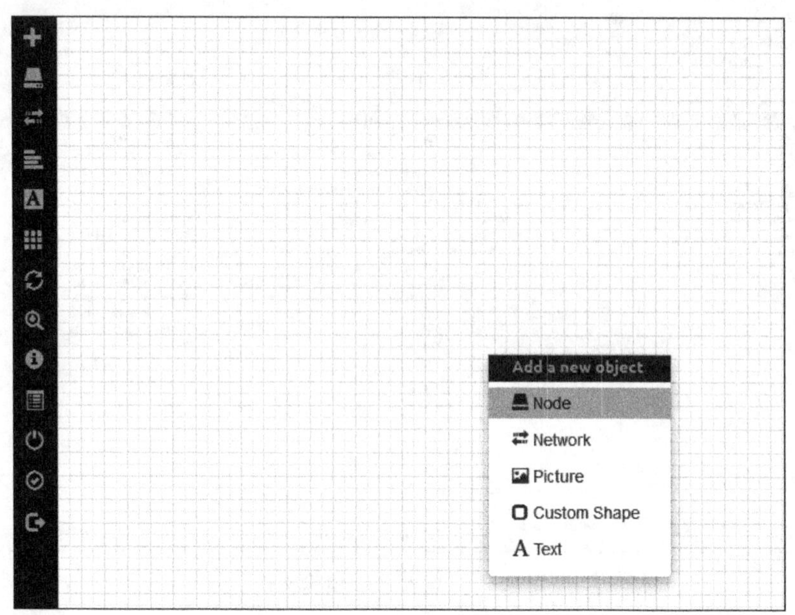

图 A-28 单击 Node 可以添加设备

单击 Cisco IOL，出现空白条框，如图 A-29 所示。

选择 IOL 镜像版本，设置设备名称和图标，选择分配的内存空间，以及以太网卡和串行口数量，如图 A-30 所示。

(3) 连接设备。拖动设备图标旁边的插头，可以完成设备的连接，如图 A-31 所示。

可以选择连接的接口类型和接口号，如选择路由器 R1 的 e0/0 接口连接交换机 SW 的 e0/0 接口，如图 A-32 所示。

(4) 开启设备进行配置。选择某个设备，单击 Start Selected 按钮，便可开启设备，如图 A-33 所示。

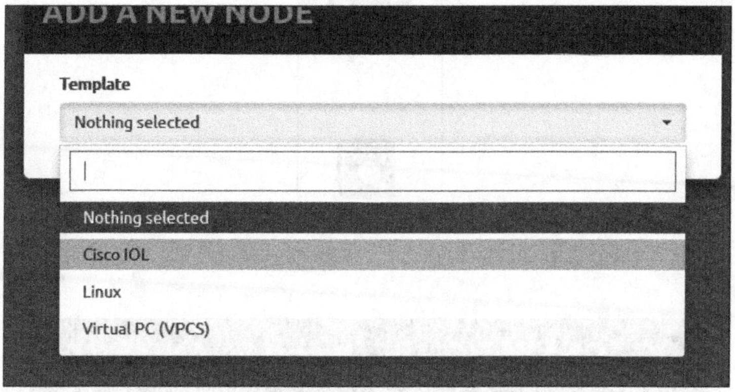

图 A-29　单击 Cisco IOL

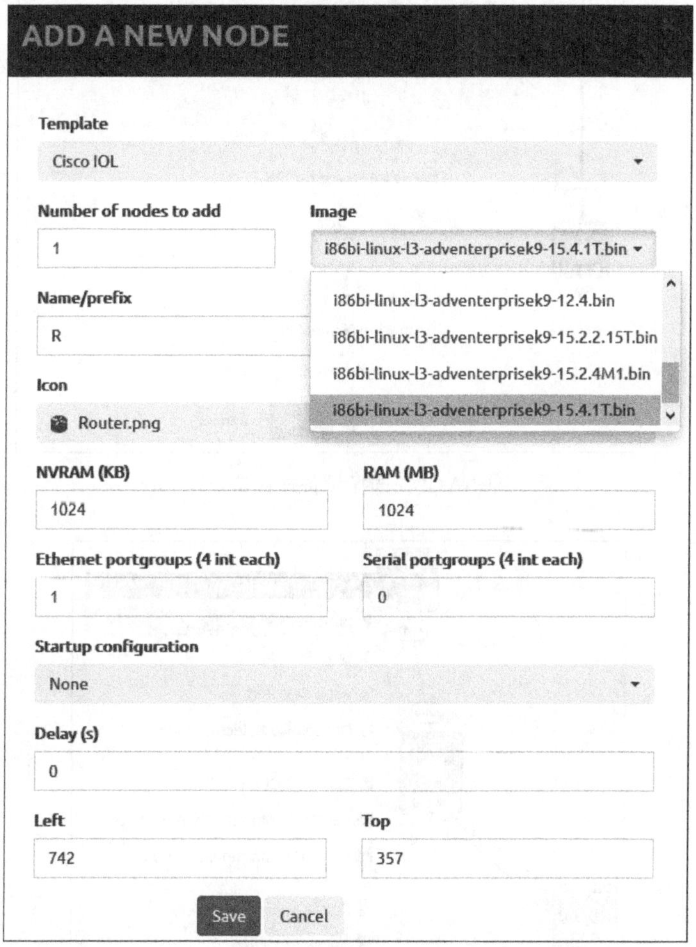

图 A-30　配置新的设备

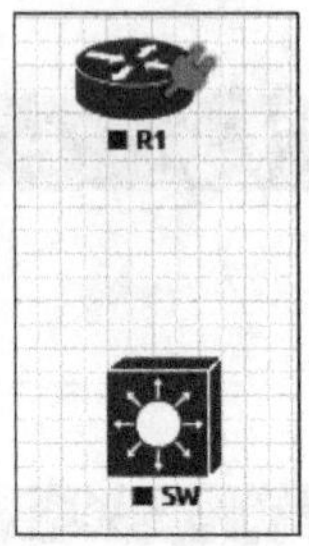

图 A-31 设备连接

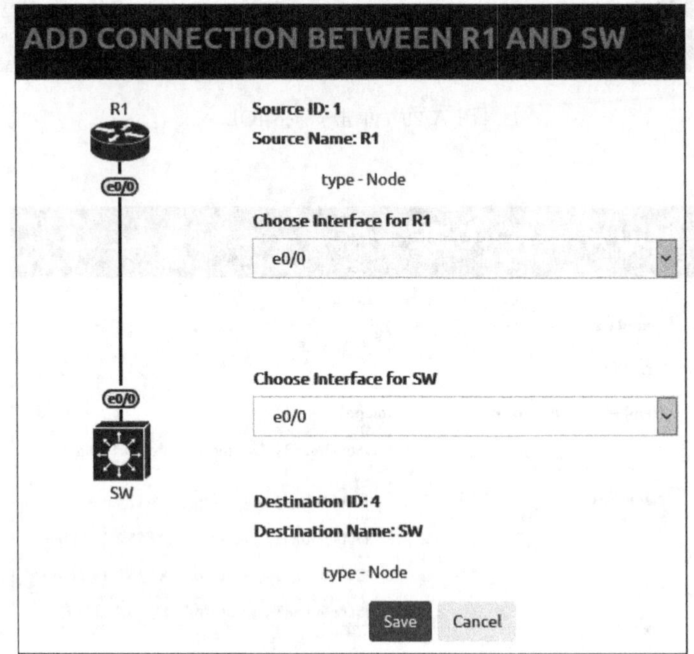

图 A-32 选择设备连接接口

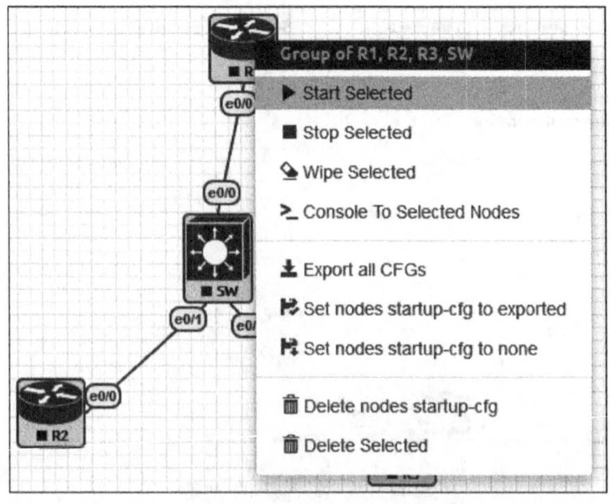

图 A-33 准备开启网络设备

单击对应设备,便可用 PuTTY 对设备进行配置,界面和 CLI 是类似的,和真机配置界面是完全一样的,也是命令行形式,如图 A-34 所示。

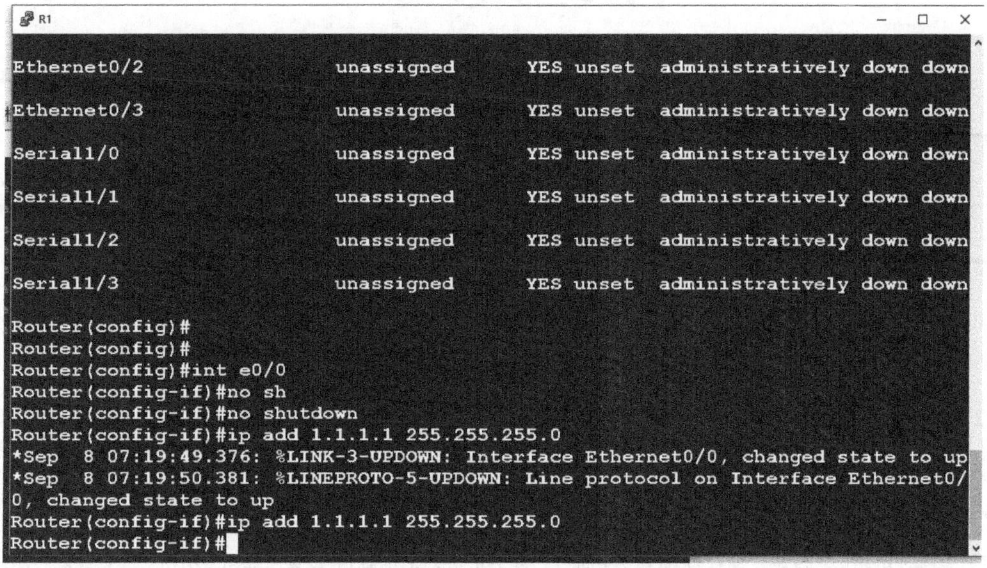

```
R1
Ethernet0/2            unassigned      YES unset  administratively down down
Ethernet0/3            unassigned      YES unset  administratively down down
Serial1/0              unassigned      YES unset  administratively down down
Serial1/1              unassigned      YES unset  administratively down down
Serial1/2              unassigned      YES unset  administratively down down
Serial1/3              unassigned      YES unset  administratively down down
Router(config)#
Router(config)#
Router(config)#int e0/0
Router(config-if)#no sh
Router(config-if)#no shutdown
Router(config-if)#ip add 1.1.1.1 255.255.255.0
*Sep  8 07:19:49.376: %LINK-3-UPDOWN: Interface Ethernet0/0, changed state to up
*Sep  8 07:19:50.381: %LINEPROTO-5-UPDOWN: Line protocol on Interface Ethernet0/
0, changed state to up
Router(config-if)#ip add 1.1.1.1 255.255.255.0
Router(config-if)#
```

图 A-34　对设备进行配置的命令行界面

这里只介绍了 EVE 作为 Cisco 网络设备模拟器时的使用方法,如果同学们感兴趣,在学习的过程中可以对 EVE 进行深入的学习。

参考文献

[1] Todd Lammle. CCNA 学习指南[M]. 袁国忠，徐宏译. 7 版. 北京：人民邮电出版社，2012.

[2] 叶阿勇. 计算机网络实验与学习指导——基于 Cisco Packet Tracer 模拟器[M]. 北京：电子工业出版社，2014.

[3] 叶阿勇，赖会霞，张桢萍，等. 计算机网络实验与学习指导：基于 Cisco Packet Tracer 模拟器[M]. 2 版. 北京：电子工业出版社，2017.

[4] 赖会霞. 中小型企业网络构建[M]. 北京：科学出版社，2016.

[5] 杨陟卓，杨威，王赛. 网络工程设计与系统集成[M]. 3 版. 北京：人民邮电出版社，2014.

[6] 田果，彭定学. 趣学 CCNA：路由与交换[M]. 北京：人民邮电出版社，2015.

[7] 梁广民，王隆杰. 思科网络实验室 CCNA 实验指南[M]. 北京：电子工业出版社，2009.

[8] 梁广民，王隆杰. 思科网络实验室 CCNP[M]. 北京：电子工业出版社，2012.

[9] 谌玺，张洋. 思科 CCNA 认证详解与实验指南[M]. 北京：电子工业出版社，2014.

[10] Gary Heap. CCNA 实验指南[M]. 北京：人民邮电出版社，2002.

[11] 崔北亮. CCNA 学习与实验指南[M]. 北京：电子工业出版社，2012.

[12] 王道论坛组. 2019 年计算机网络考研复习指导[M]. 北京：电子工业出版社，2018.

[13] 谢希仁. 计算机网络[M]. 6 版. 北京：机械工业出版社，2013.

[14] 钱渊，单勇，张晓燕. 现代交换技术[M]. 2 版. 北京：北京邮电大学出版社，2014.

[15] W. Richard Stevens，TCP-IP 详解卷 1：协议[M]. 范建华，胥光辉，张涛，等译. 北京：机械工业出版社，2000.

[16] W Richard Stevens，TCP/IP 详解 卷 2：实现[M]. 陆雪莹，等译. 北京：机械工业出版社，2004.

[17] W Richard Stevens，TCP/IP 详解卷 3：TCP 事务协议、HTTP、NNTP 和 UNIX 域协议[M]. 胡谷雨等，译. 北京：机械工业出版社，2000.

[18] 鸟哥. 鸟哥的 Linux 私房菜——服务器架设篇[M]. 3 版. 北京：机械工业出版社，2012.

[19] 徐敬东，张建忠，张建. 计算机网络实验指导书[M]. 北京：清华大学出版社，2005.

[20] 沈鑫剡. 计算机网络技术及应用学习辅导和实验指南[M]. 北京：清华大学出版社，2011.

[21] Wendell Odom，思科网络技术学院教程 CCNA 1 网络基础[M]. 北京邮电大学思科网络技术学院，译. 北京：人民邮电出版社，2008.

[22] 刘易斯. 思科网络技术学院教程 CCNA 3 交换基础与中级路由[M]. 北京：人民邮电出版社，2008.

[23] Allan Reid，思科网络技术学院教程 CCNA 4 广域网技术[M]. 北京邮电大学思科网络技术学院，译. 北京：人民邮电出版社，2008.

[24] Henry Benjamin，CCNP 实战指南：路由[M]. 刘忠庆，译. 北京：人民邮电出版社，2004.

[25] Wendell Odom，CCENT CCNA ICND1 100-105 认证考试指南[M]. 欧阳宇，译. 5 版. 北京：人民邮电出版社，2018.

[26] Cisco Networking Academy. 思科网络技术学院教程. CCNA 安全[M]. 北京邮电大学思科网络技术学院，译. 2 版. 北京：人民邮电出版社，2013.

[27] 李凤华. 熊金波. 复杂网络环境下访问控制技术[M]. 北京：人民邮电出版社，2016.

[28] 百度百科：https://baike.baidu.com/.

[29] 维基百科：https://www.wikipedia.org/.

[30] 51CTO：http://www.51cto.com/.

[31] CSDN：https://www.csdn.net/.

[32] Linux 公社：https://www.linuxidc.com/.

[33] 博客园：https://www.cnblogs.com/.

[34] EVE-NG 中文论坛：http://www.emulatedlab.com/.

[35] 即时通讯：http://www.52im.net/.

[36] 豆瓣读书：https://book.douban.com/.

[37] 图灵社区：http://www.ituring.com.cn/.

图书资源支持

感谢您一直以来对清华版图书的支持和爱护。为了配合本书的使用，本书提供配套的资源，有需求的读者请扫描下方的"书圈"微信公众号二维码，在图书专区下载，也可以拨打电话或发送电子邮件咨询。

如果您在使用本书的过程中遇到了什么问题，或者有相关图书出版计划，也请您发邮件告诉我们，以便我们更好地为您服务。

我们的联系方式：

地　　址：北京市海淀区双清路学研大厦 A 座 701

邮　　编：100084

电　　话：010-83470236　010-83470237

资源下载：http://www.tup.com.cn

客服邮箱：2301891038@qq.com

QQ：2301891038（请写明您的单位和姓名）

资源下载、样书申请

书圈

扫一扫，获取最新目录

课 程 直 播

用微信扫一扫右边的二维码，即可关注清华大学出版社公众号"书圈"。